基礎物理学シリーズ——9

清水忠雄・矢崎紘一・塚田　捷

監修

電磁気学 I

—静電気学・静磁気学・電磁力学—

清水忠雄

著

朝倉書店

まえがき

「電磁気学」の教科書はこれまで数多く出版されている．内外・古今を問わず名著と呼ばれているものでも十指に余る．現在書店で比較的容易に入手できるものに限っても数十種類はあるのではなかろうか．大げさに言えば大学で行われている講義の数だけ教科書があるようなものである．同じく古典物理学の双璧である「力学」の教科書より種類が多いように思える．

電磁気学は完成された古典物理学の体系の一つと考えられるが，その記述法には力学以上に自由度がある．まずは数多い電磁現象のうちのどれを取り上げるかの選択がある．ことに大学の授業のように日程が限られていると，この選択には講師の主観が入る．つぎに電磁気学という舞台上で演じる役者である「電磁気量という物理量」のどれを登場させ，どれに主役を割り振るかの自由度がある．そしてその電磁気量を記述するのに必要な単位系を選ばなくてはならない．電磁気学の構成にも演繹的な記述法をとるか，帰納的な記述法をとるかの好みもある．おそらく先生方は数冊の教科書を参照しながら，シラバスを組み立てているうちに，新しい電磁気学の教科書を作り上げてしまうのではないだろうか．そこであえて新たに電磁気学の教科書を上梓させようとすると，その意図や特徴を書かなければならない．

本書では数学的定式化・演算・その結果の解釈に重点をおいたつもりである．多種多様な物理現象が，きわめて少数の数学の方程式で記述できることは，まことに見事である．文字通りの自然現象と，人間が作った約束事を基盤として構築された数学との対応が，かくも完全にあるということはミステリーにさえ思える．そこで現象を方程式に移し変える段取り，その演算の結果の解釈，さらに再び物理現象への対応については，くどいくらいていねいに説明を行ったつもりである．また数学的演算の過程も読者が十分にフォローできる程度に詳しく示した．

ミステリーという言葉を使ったが，「自然現象がなぜこうもうまく数学で記述できるのだろう？」という疑問は裏返せば，「なぜこう記述しなければならないのだろう？ 他の記述法はないのだろうか？」という疑問に変わってくる．実はこれに対する答えは与えられずじまいである．強いていえばそうしてできた体系が自己矛盾をおこすことなく，また発見される諸現象をよく説明するということで納得するかどうかである．このことは電磁気学に限らず，物理学のほかの分野でも見られることであるが，電磁気学については本文中の電磁ポテンシャルやそのゲージ，基礎方程式の相対論的記述，電磁場の量子化などについての議論に如実に現れる．読者に再考していただきたい．

21 世紀は「光」の時代だとするコメントもあるくらいである．だからというわけではないが，「光」は物理学の重要な考察対象である．人類あるいは物理学者が「光」の本性を理解しようとして，努力してきた紆余曲折は，それだけで興味深い物理学史である．そしてその過程で物理学の理論が整備されてきた．また，光と物質の相互作用を通して，物質の正しい理解が生まれてきた．「光」は物理現象を探るよいプローブである．逆に物質との相互作用は，第 2 の光といわれるまったく新しい「光」（レーザー光）を創出した．そこにはこれまで見られなかった新しい性質が現れ，あらためて「光」の本性に関する考察を誘起している．このような事情，つまり「光」の認識の歴史はまだ当分続くであろう．

「光」に対する整備された物理学的な認識の出発点は，「光」は伝播する電磁現象とすることである．一方，多くの電磁現象のなかでも，光（電磁波）の性質や振る舞い，それと物質との相互作用の解明は，おそらく最も重要な項目であろう．本書では採りあげるテーマをやや意図的に選択し，光（電磁波）の性質や振る舞いと，それと物質との間の相互作用を記述し，理解するために必要な物理学に重きをおいた．そうはいっても電磁現象の基礎的な事項については一般性があり，ことに前半の静電磁気学の項目は類書と大きな違いはないと考えている．本書の後半に使う物理量についての数学的な準備・解釈を入念に行ったことが特徴かもしれない．後半では量子電磁気学，量子光学とのつながりを強く意識している．

本書の内容は通常「電磁気学（時間に依存しない電磁現象）」，「電気力学（時間に依存する電磁現象）」と呼ばれる分野，および「量子電磁力学」「量子光学」の入門の部分をカバーしている．一貫した構想のもとにかかれているが，量的なことも考慮して，便宜上 I, II に分冊してある．分冊 I では静電磁気学とマクスウェル方程式とその解としての電磁波の伝播の諸相が解説されている．物理学を専門としない主として工学方面に進まれる方々にとっては，電磁現象の基礎知識とその定式化についての知識として，分冊Iの範囲で十分ではないかと思われる．物理学を専門にする方々にとっては，遅延ポテンシャルやローレンツ変換での共変性，場の量子化の議論，物質との相互作用すなわち光の吸収・放出などに関する量子力学の知識なども必要と考え，これらを分冊IIに記述した．また量子光学にもスムーズに移行できるようにレーザーの原理とその応用についても概略を説明している．

電磁気量の定義・名称・記号・次元・単位については最近の傾向を反映させた．最近の電磁気学の教科書では，磁荷（単磁極）は存在しないものとし，電場 $\boldsymbol{E}$ と磁場 $\boldsymbol{B}$ を基本的な電磁気量と考えるいわゆる $\boldsymbol{E}$-$\boldsymbol{B}$ 対応の記述法をとっている．本書もこれにしたがった．$\boldsymbol{B}$ は従来「磁束密度」と呼ばれた量で，いまでもこの呼称を採る書物が多いが，本書では $\boldsymbol{B}$ をあえて磁場と呼んだ．基本量であるからにはそのほうがふさわしいし，また磁束密度以上の一般性をもった物理量だからである．$\boldsymbol{B}$ を磁場とすることで，磁化，磁化率，磁気感受率などの定義も異なってくる．本書では電気感受率，磁気感受率を無次元量として定義している．ほかの教科書と整合しないこともあるが，これはISO（国際標準化機構），IUPAP（国際純粋および応用物理学連合），IUPAC（国際純粋および応用化学連合）の最近の文書や勧告に従ったものである．単位はSI国際単位系を用いた．この単位系の長所を随所で強調した．（これらについて入手しやすい文献として，『国際単位系（SI）』（国際度量衡局が発行した同名の国際文書の邦訳），日本規格協会（2007），『物理化学で用いられる量・単位・記号』（IUPACが発行した同名の第3版の邦訳），講談社（2009）がある．）

本書は前著『電磁波の物理』，朝倉書店（1982），『電磁気学』東海大学出版会（1985）をベースにして修正・加筆して再構成したものである．そこに参考文献としてあげた教科書の著者である先輩の先生方に感謝する．マクスウェルが電磁現象を定式化する段階で考慮されたポテンシャルに相当する量に関する議論については，シカゴ大学の岡武史教授の示唆に富んだご教示に感謝したい．さらに著者が大学で行った講義の際の経験も参考にしている．いま通して読み返してみると，繰り返しやくどい説明も随所に見受けられる．これは講義の際の名残としてご容赦願いたい．

本書の脱稿までには非常に時間がかかり，関係者ことに朝倉書店の編集の方々にたいへんご苦労とご迷惑をおかけした．ここにおわびと感謝を申し述べさせていただきたい．

2009年8月

清水忠雄

目　　次

【電磁気学 II】 目　　次

記 号 一 覧

$\boldsymbol{A}$：ベクトルポテンシャル

$\boldsymbol{B}$：磁場

$\boldsymbol{D}$：電束密度，電気変位

$\boldsymbol{E}$：電場

$\boldsymbol{G}$：運動量の流れ

$\boldsymbol{H}$：磁場 $\boldsymbol{H}$

$\boldsymbol{i}$：電流密度

$\boldsymbol{M}$：磁化

$\boldsymbol{P}$：分極

$\boldsymbol{S}$：ポインティングベクトル，面積ベクトル

e：電子の電荷

q：電荷

ρ：電荷密度

Φ：スカラーポテンシャル，静電ポテンシャル

χ_e：電気感受率

χ_m：磁気感受率

1 電磁気学の構成

1.1 電磁気学を構成する物理量

電磁気学は力学とともに古典物理学の双璧を形づくっているが，その生い立ちをみると力学と同様に身のまわりで観測されるさまざまな現象を数少ない法則にまとめあげることによって成立してきたものである．そして，やがてこの法則はミクロスコピックな世界，すなわち原子や分子の内部の世界，あるいは原子・分子相互の間に働く力（相互作用）にもそのまま適用できるということが明らかにされた．電磁力は自然界に存在する４つの力[*1)] のうちの１つであるが，陽子と電子を結びつけて原子を構成し，その原子が結合して分子や固体を構成するときに働いている力で，いわばすべての物質をつくり上げている基本的な力である．

われわれの住む現代社会から電磁現象を取り除いたら，どういうことになるだろうか．早い話，大規模な停電（black out）が起こったときの世界を想像してみればよい．電気器具や機械が停止するだけでなく，水道やガスのライフラインも停止する．ガソリンエンジンで動く自動車は影響を受けなさそうであるが，実はエンジンは搭載されているバッテリーのエネルギーで電気的に制御されている．太陽からくる光や熱放射は電磁波であるから，これもこなくなる．なによりも先に，原子･分子を構成しているのは電磁相互作用なので，物質界自体が少なくとも現在の形では存在しなくなる．

電磁力あるいは電磁相互作用は，このように重要で基本的なものである．そして，その電磁現象はほとんどすべての場合が事実上，軽い素粒子の１つであ

---

*1) ほかの３つの力は万有引力（重力）と素粒子の世界にだけで働く強い力（相互作用）と弱い力（相互作用）である．

る電子によって引き起こされている．素粒子はその本来の属性として，質量・電荷・スピンなどをもつ．電荷は電気的相互作用の源であり，スピンは磁気的相互作用の源である．そして電荷の運動（電流）も磁気現象を引き起こす．したがって電磁現象のほとんどすべては，電子またはその集団の存在形態および運動とかかわりをもつ．

さまざまな電磁現象をまず数式でかき表し，数学の約束にしたがって演算を行い，その結果として新しく導かれた数式の意味を吟味し，その式に対応する現象が存在するかどうか，実験や観測によって実証するという手続きを繰り返して電磁気学が構成されてきた．その演算に必要な量として，以下に述べるような多くの電磁気量が定義される．まず現象の原因となる電荷（electric charge，電気量：スカラー量）q とスピン（spin：ベクトル量）$\boldsymbol{s}$ の存在を認めよう．この仮定の可否は，これに基づいて構成される電磁気学（および量子力学）の諸法則が，観測される自然現象をよく説明し，矛盾を起こさないという事実によって判定される．さて，電荷の間には電気的な力（クーロン力），運動する電荷（電流）の間には磁気的な力（アンペール力）が働く．スピンはその大きさに比例する磁気モーメント $\boldsymbol{\mu}_{\mathrm{m}}$ という量として磁気的な相互作用（力）を発現するがこれについては後に述べる．

電荷の存在によりその周囲の空間には力の場ができると考える．たとえば，この空間内にほかの電荷をもち込むとそれに力が働く．場とはそこになんらかの物理現象を引き起こす可能性をもった空間である．この空間を数学的に表現するために，電荷に働く力（ベクトル量）に比例する量をもって電場（electric field）$\boldsymbol{E}$ という概念を導入する．$\boldsymbol{E}$ は力に比例するので，$\boldsymbol{E}$ も大きさと方向（力の働く方向）をもったベクトル量である．しかも一般的にはその方向も大きさも空間座標の関数である．このように空間の各点で 1 つのベクトルがきまるような空間をベクトル場（vector field）という．場とは本来空間に対する呼称である．したがって $\boldsymbol{E}$ は電場の強さとよぶべきであるが，往々にして $\boldsymbol{E}$ を電場（工学の分野では電界）とよぶ．これに対して電荷 q は大きさだけをもつ量でスカラー量である．スカラー量が座標の関数となっているような空間をスカラー場（scalar field）という．q に働く力は $q\boldsymbol{E}$ と表される（これは後に述べるクーロンの法則の 1 つの表現である）．この表現は，力の大きさが q と $|\boldsymbol{E}|$ の積できまり，力の方向がベクトル $\boldsymbol{E}$ の方向を向いているということを意味する〔ベクトル記号に絶対値記号をつけることで，その大きさ（スカラー

量）を表す〕．当然ながら，q と $\boldsymbol{E}$ とは同じ座標点の値をとる．

電磁気学の発端となるのは，電荷の間に力が働くことを記述したクーロンの法則である．通常はクーロンの法則は，場を仲立ちとしないで離れた場所にある 2 つの電荷 q' と q の間に，直接力が働くというかたちで表現される．このような表現をとる理論形式を遠隔作用論という．これに対して上に述べたように，q' がその周囲一帯に場をつくり，q はそれが存在する場所の場から力を受けるという表現方法を近接作用論という．場を仲介として力が働くという表現は回りくどいようであるが，近接作用論の方が電磁気学を体系化するのに優れた方法であることが後にわかる．

電荷が運動している状態を電流（電荷の流れ）$\boldsymbol{I}$ で表す．単位面積あたりに流れる電流の大きさと方向で，電流密度（electric current density）$\boldsymbol{i}$ を定義する．$\boldsymbol{i}$ も，場所（空間座標）の関数なのでベクトル場である．さて，電流はその周囲に電場とは性質の異なる新しい場，磁場（magnetic field）$\boldsymbol{B}$ をつくる．電流 $\boldsymbol{I}'$ が $\boldsymbol{B}$ の場をつくり，その場のなかにほかの電流 $\boldsymbol{I}$ が流れていると，その電流にはベクトル積 $\boldsymbol{I}\times\boldsymbol{B}$ に比例した力が働く（アンペール力）．$\boldsymbol{I}$ と $\boldsymbol{B}$ も同じ座標点の値をとる．遠隔作用論では，アンペールの力は，後に述べるように離れた場所にある電流 $\boldsymbol{I}$ と $\boldsymbol{I}'$ の間に直接力が働くという形式で記述される．さらに，スピンに起因する磁気モーメントも磁場をつくる．そして，その磁場は電流がつくる磁場と同じ物理量であることが確かめられている．

古い電磁気学の教科書では，電流のつくる場 $\boldsymbol{B}$ は磁束密度とよばれている．磁場という呼称は，電荷と似た性質をもつ磁荷が，電荷がクーロンの法則によってつくる電場と同じかたちでつくると考えられる場 $\boldsymbol{H}$ に対してあたえられていた．しかし現在まで，大変な努力にもかかわらず，実験的に磁荷は観測されていない．したがって磁荷に対応する磁場という概念を捨てて，電荷によってつくられる場 $\boldsymbol{E}$ と電流によってつくられる場 $\boldsymbol{B}$ とを第一義的物理量（電場と磁場）として電磁気学を構築していくのが最近の考え方である．このような立場をとる方法を $\boldsymbol{E}$-$\boldsymbol{B}$ 対応の電磁気学という．なお，これに対して昔流に磁荷による場を一義的な量として進めていく議論を $\boldsymbol{E}$-$\boldsymbol{H}$ 対応の電磁気学という．本書では $\boldsymbol{E}$-$\boldsymbol{B}$ 対応で議論を進めていくので，$\boldsymbol{B}$ も磁場とよび，また単に磁場というときは $\boldsymbol{B}$ を指すことにする．磁場 $\boldsymbol{H}$ は後に述べる磁化に結び付けて別に定義する．磁場 $\boldsymbol{H}$ は磁場 $\boldsymbol{B}$ から誘導される場とする．$\boldsymbol{E}$ に関連づけて後に定義されるもう 1 つの場 $\boldsymbol{D}$（電束密度または電気変位）については後に述べるが，$\boldsymbol{D}$ は電場とはよばない．

磁場 $\boldsymbol{B}$ をつくる原因にはマクロスコピックな電流とは別に，ミクロスコピックな粒子が固有の物理量としてもつ角運動量（スピン）に起因してできる磁気双極子モーメント μ_{m} がある．スピン角運動量はイメージとしては粒子の自転に伴う角運動量に対応するものであるが，正しくは量子力学によって説明される．古典電磁気学では電荷を担う粒子（多くの場合電子）は，本来，磁気双極子モーメントをもっているものであると認めて議論を進める．磁気双極子モーメントがつくる磁場は，微小な環状電流がつくる磁場と等価になることが後に証明される．なお原子の内部で，原子核にクーロン力で束縛された電子が核のまわりで周回運動をすることに伴う軌道角運動量も存在する．多くの安定な原子の場合，原子のなかの複数の電子の軌道角運動量のベクトル和はゼロになっているが，総和がゼロでない場合には，これによってできる磁気双極子モーメントも考慮する必要がある．

自由な電荷や電流が電場や磁場から力を受けた結果，なんらかの変位を示すことを解くことは比較的に簡単であるが，物質内に束縛されている電荷や電流が力を受けるときは，やや複雑な現象が起きる．これらを記述するマクロスコピックな物理量として分極（polarization）$\boldsymbol{P}$ や磁化（magnetization）$\boldsymbol{M}$ という新しい概念を導入する．$\boldsymbol{P}$ や $\boldsymbol{M}$ は，それぞれ $\boldsymbol{E}$ や $\boldsymbol{B}$ に対して物質が示すマクロスコピックな応答である．原子のように正負の電荷が打ち消しあって電気的に中性である粒子が，電場 $\boldsymbol{E}$ のなかに置かれると，正の電荷 q（原子核が担う），負の電荷 $-q$（電子が担う）は逆方向に力を受けて，その位置が $\boldsymbol{r}$ だけずれる．$\boldsymbol{r}$ の大きさは $\boldsymbol{E}$ による外力と正負の電荷が引き合う力（束縛力または内力）との釣り合いできまる．q と $\boldsymbol{r}$ の積を大きさとし，$\boldsymbol{r}$ の方向を向くベクトル $\mu_{\mathrm{e}} = q\boldsymbol{r}$ を電気双極子モーメントという．$\boldsymbol{P}$ は単位体積のなかにある電気双極子モーメント μ_{e} の総和（ベクトル和）で，$\boldsymbol{E}$ に比例するマクロスコピックな量である．同じように磁場によって誘導される磁気双極子モーメント μ_{m}（小さな円周上を流れる電流と等価）の単位体積内の総和としてマクロスコピックな量として現れたものが $\boldsymbol{M}$ である．磁場によって物質内に磁気双極子モーメントが誘導されるメカニズムについては後に詳しく説明する．そしてこの $\boldsymbol{P}$ や $\boldsymbol{M}$ が，また $\boldsymbol{E}$ や $\boldsymbol{B}$ をつくり出す．前にふれた $\boldsymbol{D}$ や $\boldsymbol{H}$ は，それぞれ $\boldsymbol{P}$ や $\boldsymbol{M}$ に関連づけて定義される．$\boldsymbol{D}$ や $\boldsymbol{H}$ は，物質（誘電体や磁性体）が存在するときの電磁現象を記述する際に便利な物理量である．

電磁現象をわれわれが定量的にとらえるには，力学の助けが必要である．すでに説明に使ってきたように力とか変位とかいう概念である．これを利用して検電器や電流計など，指針の変位の指示値によって，われわれは間接的に電磁気量の大きさを知るわけである．この際に，力学的な量（力）が電磁気量の関数として表せられることが必要である．しかし電磁気学で新たに定義された電荷や電場などの物理量は力学量を表す基本単位である長さ［m］，質量［kg］，時間［s］だけではうまく表現できない．

実は，ここでは「単位」というより「次元」という用語を使って説明するほうがより一般的な議論ができる．「次元」とは長さとか時間のように物理量の本性を表す概念である．「単位」も物理量の性質を規定するが，同時に数値と組み合わされて物理量の大きさを表す要素となる．したがってその基本となる量，たとえば1 m の長さとか 1 秒の長さを具体的にきめる物差しや時計が必要である．これらを「計量標準」または単に「標準」という．以下の議論ではしばらくの間必ずしも「標準」の存在を前提とする必要がないので「次元」という言葉で説明したほうがよいが，「次元」と「標準」の違いを認識した上で，あえてなじみのある「単位」という言葉を使って説明することにする．

1つの学問の体系を記述するのにいくつの単位（次元）が“必要”[*2)] であるかということは，その学問が扱う範囲による．たとえば幾何学（giometry）では，長さの単位［m］が1つあれば十分である．面積は［m^2］，体積は［m^3］，角度は［m^0］のように［m］から誘導される単位で表せる．ものの運動を論じる運動学（kinematics）では，［m］のほかに時間［s］が“必要”であろう．位置は［m］，速度は［$m\ s^{-1}$］，加速度は［$m\ s^{-2}$］という組み合わせ単位で表現できる．力学（mechanics）になると，さらに質量［kg］の単位が“必要”になる．運動量［$m\ kg\ s^{-2}$］，力［$m\ kg\ s^{-2}$］，エネルギー［$m^2\ kg\ s^{-2}$］，密度［$kg\ m^{-3}$］などなどの物理量が使われるからである．統計力学や熱力学を論じるにはさらに新しい概念として温度［K］という単位が“必要”である．

さて，話を電磁気学にもどそう．［m］，［kg］，［s］に加えてなにか新しい単

---

*2)　ここの文節で“必要”という言葉にクォーテーションをつけたのは，理論を構成する上で必須ということではないという意味である．自然単位系とよばれる系では，たとえば光速の値を1と定義し直すことで，長さと時間を同じ単位で表すとか，さらにプランク定数を1と定義し直すことで質量を長さと同じ単位で表して議論を展開する．

位（次元）を1つだけ導入すれば，それらの組みあわせですべての電磁気量の単位（次元）を記述できる．これまでの話の筋からいえば，この新しい量として電荷をとりたいところであるが，歴史的な事情で現在は電流の単位［A］（アンペア）をとることに約束されている．どの単位を基本にとるかは，その［標準］がいかに正確に，精度よく，そして容易に実現できるかによっている．

さて，ともかく1つの新しい単位［A］を導入すれば，電磁気学に現れるどのような量も，その単位はすべて［m］，［kg］，［s］，［A］の4つの単位の組みあわせで表現できる．しかも単位の間の関係を表す式には基本の単位のべき乗を表す整数指数だけが現れて，比例定数や数係数はなんら現れない（このような単位系をコヒーレントな単位系という）．たとえば電荷の単位［C］（クーロン）は［s A］，電場の強さの単位［$\mathrm{V\ m^{-1}}$］は［$\mathrm{m\ kg\ s^{-3}\ A^{-1}}$］，分極の単位［$\mathrm{C\ m^{-2}}$］は［$\mathrm{m^{-2}\ s\ A}$］という具合である．この単位系はかつて基本単位の頭文字を綴って MKSA 単位系（または実用単位系）とよばれていたが，さらに温度［K］，光度［cd］，物質量［mol］の単位を加え，整備されて国際単位系（International System of Unit，SI 単位系）とよばれるようになった．この単位系ではマクロスコピックな物理量を表す数値が適当な大きさになるという利点もある[*3)]．SI 単位系では電磁気量の単位は，すべて［m］，［kg］，［s］，［A］の4つの単位の組み合わせで表せられるわけであるが，それでもやや煩雑なので，頻繁に使われる物理量には，電荷はクーロン［C］＝［A s］，電圧はボルト［V］＝［$\mathrm{m^2\ kg\ s^{-3}\ A^{-1}}$］，磁場はテスラ［T］＝［$\mathrm{kg\ s^{-2}\ A^{-1}}$］，静電容量はファラド［F］＝［$\mathrm{m^{-2}\ kg^{-1}\ s^4\ A^2}$］などの例のような組み合わせ単位に，それぞれ固有の単位名称と単位記号をあたえている（表1.1を参照）．

力学的単位［m］，［kg］，［s］と電磁気的単位［A］はそれぞれ独立に定義

*3) 昔は長さ，質量，時間の力学量だけで電磁気量を“無理に”表す単位系が使われた．たとえば cgs 静電単位（esu）系では，長さ［cm］，質量［g］，時間［s］の3つだけを基本にとる．まず電荷の単位は，クーロンの法則の右辺（電荷の2乗/長さの2乗）が左辺の力の単位［$\mathrm{cm\ g\ s^{-2}}$］に等しいとしてもとめると，［$\mathrm{cm^{3/2}\ g^{1/2}\ s^{-1}}$］となる．電場の強さの単位は，力の単位を電荷の単位で除して［$\mathrm{cm^{-1/2}\ g^{1/2}\ s^{-1}}$］，電気抵抗の単位は［$\mathrm{cm^{-1}s}$］というような具合である．このようにべき指数に半奇数が現れたり，単位の間の関係を表す式に数係数がついたり，また，電磁気量に力学量と同じ単位が現れたりして大変複雑であり混乱を生じやすい．さらに，べき指数（ことに半奇数）の意味するところも不分明である．本文に述べる SI 単位系は少なくとも実用的な意味において，はるかに優れた単位系である．ちなみに cgs/esu 単位と SI 単位との間の換算は

$$1\mathrm{C} = 3\times10^9\,\mathrm{cm^{3/2}\ g^{1/2}\ s^{-1}},\ 1\frac{\mathrm{V}}{\mathrm{m}} = \frac{1}{3}\times10^{-4}\,\mathrm{cm^{-1/2}\ g^{1/2}\ s^{-1}},\ 1\Omega = \frac{1}{9}\times10^{-11}\,\mathrm{cm^{-1}\ s}$$

などで，cgs/esu 単位は実用的に使われる単位とかけはなれた大きさをもっていることがわかる．

表 1.1　電磁気学の諸量とその SI 単位

	記号	SI 単位	SI 基本単位による表現
電流	I	A（アンペア）	A
電荷	q, Q	C（クーロン）	s A
電位（差），電圧	ϕ	V（ボルト）	$\mathrm{m^2\ kg\ s^{-3}\ A^{-1}}$
電場	$\boldsymbol{E}$	V/m	$\mathrm{m\ kg\ s^{-3}\ A^{-1}}$
電気変位	$\boldsymbol{D}$	$\mathrm{C/m^2}$	$\mathrm{m^{-2}\ s\ A}$
磁場（磁束密度）	$\boldsymbol{B}$	T（テスラ）	$\mathrm{kg\ s^{-2}\ A^{-1}}$
磁場	$\boldsymbol{H}$	A/m	$\mathrm{m^{-1}\ A}$
磁束	Φ	Wb（ウエーバー）	$\mathrm{m^2\ kg\ s^{-2}\ A^{-1}}$
静電容量	C	F（ファラド）	$\mathrm{m^{-2}\ kg^{-1}\ s^4\ A^2}$
電気抵抗	R	Ω（オーム）	$\mathrm{m^2\ kg\ s^{-3}\ A^{-2}}$
コンダクタンス	σ	S（ジーメンス）	$\mathrm{m^{-2}\ kg^{-1}\ s^3\ A^2}$
インダクタンス	L	H（ヘンリー）	$\mathrm{m^2\ kg\ s^{-2}\ A^{-2}}$
誘電率（電気定数）	$\varepsilon(\varepsilon_0)$	F/m	$\mathrm{m^{-3}\ kg^{-1}\ s^4\ A^2}$
透磁率（磁気定数）	$\mu(\mu_0)$	H/m	$\mathrm{m\ kg\ s^{-2}\ A^{-2}}$
電気双極子モーメント	μ_{e}	C m	m s A
分極	$\boldsymbol{P}$	$\mathrm{C/m^2}$	$\mathrm{m^{-2}\ s\ A}$
磁気双極子モーメント	μ_{m}	$\mathrm{A\ m^2}$	$\mathrm{m^2\ A}$
磁化	$\boldsymbol{M}$	A/m（イコール）	$\mathrm{m^{-1}\ A}$
分極率（表 5.1 参照）	$\varepsilon_0\chi_{\mathrm{e}}$	C/(V m) = F/m	$\mathrm{m^{-3}\ kg^{-1}\ s^4\ A^2}$
磁化率（表 5.1 参照）	χ_{m}/μ_0	A/(T m) = m/H	$\mathrm{m^{-1}\ kg^{-1}\ s^2\ A^2}$

されるので，両方の量が現れる式（たとえばクーロンの法則やアンペールの力の法則）では両方の単位で測られた数値を整合させるための変換係数が必要である．後述するようにこの係数として，クーロンの式では電気定数 ε_0，アンペールの式では磁気定数 μ_0 が導入される．新しい定数としては，どちらか 1 つでよいはずであるが歴史的な事情と便利さのため両者が使われる．実際に電気定数 ε_0 と磁気定数 μ_0 の間には

$$\varepsilon_0\mu_0 = \frac{1}{c^2}\quad（ここで\ c\ は真空中の光速，c_0\ とかくこともある）$$

という関係がある．この両定数 ε_0，μ_0 は単位（次元）とその単位で測った数値をもつ量である．SI 単位系は単位系自身をすっきりさせるために，複雑さを電気定数あるいは磁気定数に背負わせたということもできる[*4]．

後に述べるマクスウェルの方程式が如実に示すように，電気現象と磁気現象

[*4] 後に述べるように，現在の SI 単位系における電流の定義では，μ_0 は定義量となる．ε_0 は同じく定義量である光速 c と，上記の式で表されるので，これも事実上定義量となる．最近電磁気量の基本単位を電荷に変えようという動きもあるので，電荷の定義しだいでは，ε_0 も μ_0 も将来は定義量ではなくなる可能性もある．

とは本来は切りはなしては論じられない性質のものである．しかし，電磁気量が時間に依存するか，しないかで，電磁現象はかなり違った様子を示す．実は無限の過去から無限の未来まで一定不変の現象などありえないわけであるが，観測を行っている時間間隔に比べて，十分昔から一定な値を保ち続けている現象に対しては，時間変化はないものとして記述し，演算することが可能である．さらに電気的な現象と磁気的な現象とを切りはなして論じることができる．このような現象を取り扱う学問を静電気学（electricity，electrostatics）および静磁気学（magnetism，magnetostatics）という．電流は電荷が運動することによってできるものである．運動という概念のなかには陰に（インプリシットに）時間の概念が包含されているが，時間的に変化しない電流という量（定常電流：電荷の等速度運動）を導入することで，時間が陽に（エクスプリシットに）現れない式で現象を記述し演算することができる．これが静磁気学を構成する．ここに静電気学・静磁気学という2つの独立した理論の体系ができるが，それぞれの理論に現れる電気的な量（ρ，$\boldsymbol{E}$，$\boldsymbol{P}$，スカラーポテンシャル Φ など）と磁気的な量（$\boldsymbol{i}$，$\boldsymbol{B}$，$\boldsymbol{M}$，ベクトルポテンシャル $\boldsymbol{A}$ など）は，まじり合うことはない[*5] すなわち1つの式のなかに電気的な量と磁気的な量は同時に現れないということである．電気的な量と磁気的な量とが1つの式のなかで結びつくことは，後に述べる時間的に変化する電磁気現象を扱う電気力学（electrodynamics）の式（電磁誘導やマクスウェルの方程式など）ではじめてみられる．

1864年にマクスウェル〔J. C. Maxwell（1831-1879）〕はそれまでに知られていた電磁現象の法則を見事な微分方程式にまとめあげた．その方程式の基となっている現象は電荷の間に働く力を記述するクーロンの法則，電流の間に働く力に関するアンペール〔A. Ampere（1775-1836）〕の力の法則，磁場の時間的変化が電圧を発生させるファラデー〔M. Faraday（1791-1867）〕の電磁誘導の法則，およびその逆の現象（電場の時間的変化が磁場を発生させる）の4つである．この4つの式があれば，ほかの電磁現象は数学的演算ですべて導き出すことができる．ちなみにマクスウェルの方程式は近接作用論の立場でかかれたものである．これらの式に現れる電磁気量は，電場 $\boldsymbol{E}$，磁場 $\boldsymbol{B}$，分極 $\boldsymbol{P}$，

[*5] 実は電流と電場の比例関係を表すオームの法則 $\boldsymbol{i} = \sigma\boldsymbol{E}$ には1つの式のなかに電気的量と磁気的な量が現れている．これは後に述べるように，時間に依存する量の関係式を平均した結果である．

磁化 $\boldsymbol{M}$ の時間または空間微分，電荷の体積密度 ρ，電流の面積密度 $\boldsymbol{i}$ だけである．マクスウェル方程式の特徴は，3 次元空間座標と時間の 4 変数の関数である電磁気量の間の関係が，空間座標と時間座標を合わせた四次元の世界の各点で成立することである．なおマクスウェルの式において時間微分演算をゼロとおくと，電気的な量と磁気的な量が完全に分離されて，それぞれクーロンの法則，アンペールの力の法則の微分方程式による表現，すなわち静電気学，静磁気学の基本式に帰着する．時間に依存した電磁現象を記述する学問を電磁力学（しばしば電気力学ともよばれる）（electro-(magneto) dynamics）という．

電場 $\boldsymbol{E}$ や磁場 $\boldsymbol{B}$ は力に結び付く量で測定ができ，直感的に理解しやすい量であるが，電磁気学ではさらに電気ポテンシャル（スカラーポテンシャル）Φ と磁気ポテンシャル（ベクトルポテンシャル）$\boldsymbol{A}$ を導入し，電場 $\boldsymbol{E}$ や磁場 $\boldsymbol{B}$ をこれらポテンシャルの空間座標微分および時間微分から数学的演算で導く．電気ポテンシャル Φ は静電エネルギー（電場のなかで電荷がもつエネルギー）と結び付く概念なので直感的に理解しやすい量であるが，磁気ポテンシャル $\boldsymbol{A}$ の意味はわかりにくい．その上これらポテンシャルには量的な不定性がある．微分操作によって $\boldsymbol{E}$ や $\boldsymbol{B}$ を導くので，この操作の際に消えてしまう量（たとえば定数，実際にはある関数）をポテンシャルに付け加えておいても $\boldsymbol{E}$ や $\boldsymbol{B}$ にはなんら変化を生じない．$\boldsymbol{E}$ や $\boldsymbol{B}$ を測定で決定できる物理量とする考え方からすると，ポテンシャルは少なくとも定数不定性（実際は関数不定性）をもつことになる．

不定性をもつ量は物理学の対象として考えにくい．しかしポテンシャルを使うと数学的演算が簡単になったり，場合によってはポテンシャルを使うことで初めて微分方程式が解けたりもする．相対性理論や量子力学では，特定の Φ と $\boldsymbol{A}$ のペアを使って方程式を美しくかくことができる（Φ と $\boldsymbol{A}$ の間にある条件を加え，不定性を制限することをゲージをきめるという．相対論的記述が美しい形になるのはローレンツゲージ（後述）を採った場合すなわちローレンツ条件を満足したポテンシャルのペアでかいた場合である）．量子力学で現れるラグランジアンやハミルトニアンは Φ や $\boldsymbol{A}$ のポテンシャルを使うとすっきりかけるが，$\boldsymbol{E}$ や $\boldsymbol{B}$ を使うと煩雑な式になる．このことは古典力学は力を基本概念とした体系であるが，量子力学はエネルギーを基本とした体系であることと関係している（II 巻 12.4 節参照）．

電磁ポテンシャルが単に数学的便利さのために導入されたものなのか，物理的な意味をもつ“実在”のものか議論されてから久しい．2つの点における静電ポテンシャル（電位）の差は電圧として電気回路論ではなじみのある量で，しかも差をとることで定数不定性は消えるので，あまり議論の槍玉にあがらない．しかし，ベクトルポテンシャルは関数不定性をもち，また直感的な把握が難しいこともあって，議論の対象にされてきた．アハラノフ（Aharanov）とボーム（Bohm）は，電子の波動関数の量子力学的位相が磁場 $\boldsymbol{B}$ ではなく，ポテンシャル $\boldsymbol{A}$ によって影響を受けることを検出できる可能性のある実験（アハラノフ-ボーム効果，AB 効果）を提案した．この効果が実験で検証されたかどうかについてはいまだ微妙な段階にある．この実験で，$\boldsymbol{A}$ という量に基づいた位相の差が検出されたとしても，その位相差は $\boldsymbol{A}$ の大きさそのものできまるのではなく，$\boldsymbol{A}$ の微分量の周回積分という量できまり，$\boldsymbol{A}$ のゲージの取り方にはよらない確定量になる．現象としては $\boldsymbol{B}$ の影響を排除した $\boldsymbol{A}$ だけの効果を“観測”しているようにみえて，測定量は数学的には $\boldsymbol{B}$ に相当する量できまっているということである．このことは量子力学では重要な議論であるが，電磁気学では，いまこれに決着をつけないでも直接困ることはないので，ここではこれ以上立ち入らないことにする．

以上，本章で定義された諸量の間の関係をつけることで電磁気学は構成される．基本的な電磁現象はマクスウェルの方程式とよばれる2つのベクトル微分方程式と2つのスカラー微分方程式で表現されている．これらの方程式をさまざまな条件のもとで解くことによってあらゆる電磁現象が説明され，解明され，予言される．

ニュートン力学の法則（1615 年頃）は，相対性理論の出現（1915 年）によりかき直されなければならなくなった．光速に比べて無視できない速度をもった運動・現象を正しく記述していなかったからである．しかしマクスウェルの方程式（1865 年）は，相対性理論が現れてもなんらかき直しの必要がなかった．その式は，ローレンツ変換によってかたちを変えないことが証明される．つまり，たがいに運動するどの座標系からみても，法則の形が変わらないことが保証されている．電磁現象は光速 c で空間を伝播する．このような現象を記述するには，はじめから相対論的な要請にかなうものでなければならなかったわけである．

時間に依存しない電気現象と磁気現象はたがいにまじり合わない異質の世界の現象であるようにみえた．それが時間の概念の導入によって，1つの世界の異なった断面であることが明らかになった．静止した電荷がつくっている静電場も運動する座標系からみれば電流が流れていることになり，したがって，磁場が感じられることは直感的にも理解できる．実際に静電場にローレンツ変換（静電場に対して相対的に運動している系で電磁気量を記述すること）を行うと，磁場が現れることを数学的に示すことができる．時間を含めて電磁気学は完成するのであるが，電磁気学の諸量やその間の基本的な関係式や演算の方法を理解するのに，まず時間に依存しない静電気学，静磁気学を論じるのは教育的であろう．

電磁気学を体系づけるには，いくつかの方法が考えられる．たとえばその一つは公理論的電磁気学である．いくつかの物理量を定義し，その振る舞い，あるいはそれの間の関係として公理を設定し，そこから演繹的に電磁現象に関する諸法則を導き出す．体系としてはきれいにまとめあげられるが，初学者にはなじみにくいと思われる．これに対して現象の観察から関係する物理量の間の関係を発見して，法則にまとめあげていく帰納的な手法は泥臭い面もあるが，歴史的には物理学はこうしてつくられてきたのであろうということが感覚的にとらえられて，理解がしやすいように思われる．本書では後者の立場で話を進めていく．

1.2 電　　荷

電荷も前節で議論された電磁気学に現れる1つの物理量ではあるが，ことに重要な量なので，ここで改めて議論しよう．電磁気学において最も基本的で，最初に法則化されたのがクーロンの法則である．これは2つの電荷（電気量）の間には，その間の距離の2乗に反比例した大きさの力が働くという観測事実を数式化したもので，その式のかたちは万有引力の法則とまったく同じである．万有引力における質量の役割をはたすのが電荷である．前節で述べたように電荷とは電磁気的な力の根源となる物理量で，質量などと同じように，電子や陽子など素粒子がその属性として本来もっている物理量である．クーロンの法則と万有引力の法則の決定的な違いは，電荷に正負の2種類があることから生じる．万有引力の場合は正の質量の間に働く引力しかないが，電気力の場合は同符号の電荷の間に働く斥力と，異符号の電荷の間に働く引力との2種類がある．このため電荷と質量とを担ったいろいろな物質粒子が集積していく場合，質量は大きくなっていくばかりであるが，電荷は正と負が打ち消しあうようように集まることが起こりやすい．結果として大きな質量の物体は現れるが，大きな電荷をもった（大きく帯電した）物体が現れてくることは少ない．

電荷についてのもう1つの著しい特徴は，電荷には素量があるということである．つまりどんな物質であっても，それが担う電荷は，ある素量の整数倍になっている．この事実は，ミリカン〔R.W. Millikan（1868-1953)〕の有名な油滴の実験によって最初に確認された．電圧がかかった（電場が存在する）空間を落下する，径が1 μm 程度の油滴の速度の観測から油滴の担う電荷が計算できる．電圧がかかった空間に浮く油滴には，重力と電気的な力が働く．両者が釣りあうところで油滴は等速度運動をするが，この釣り合いの式から電荷の大きさが計算できる．いろいろな油適の電荷量をもとめると，その比はおおむね整数比をなした．これは電荷が連続量でないことを示唆している．そこから単位となる電荷の量（電荷の素量または素電荷という）を推定することができる．得られた実験事実は素電荷を担う電子がいくつか（この実験の場合は数個から数十個）油滴に付着していたと考えると明快に説明できる．後に定義されるが，電荷の大きさを表現する単位として，クーロン［C］をもちいると，この実験から素電荷の値として 1.590×10^{-19} C がもとめられた．ミリカンは1907年から10年ほどの間にこの実験を大気のなかで行った．その後1930年代に電気分解の実験からも電荷素量がもとめられたが，両者の間には0.6％ほどの食い違いが発見された．しかし，やがてこの差は空気の粘性抵抗の補正を改善することで解決された．ミリカンの実験では等速度落下を観測したので，重力と釣り合うのは電気力と空気の粘性抵抗の和であるからである．

現在では電荷素量 e の値が単独の実験できめられることはない．数多くの実験から得られた結果を総合的に調整することで，その数値がきめられる．もう少し具体的に説明すると，ジョセフソン効果の観測からきめられるジョセフソン定数

$$K_{\mathrm{J}}=\frac{2e}{h} \tag{1.1}$$

と量子ホール効果の観測からきめられるフォン・クリッツイング定数

$$R_{\mathrm{K}}=\frac{h}{e^2} \tag{1.2}$$

はともに物理基礎定数の電荷素量 e とプランク定数 h から組み立てられてい

る．電荷素量 e は，プランク定数 h の決定（たとえば分光学的測定，リュウドベリ定数，微細構造定数など，あるいはワットバランスの測定などの実験データ）とからめて，さらには式 (1.1)，(1.2) の理論式の確からしさの判定まで含めて総合的に調整されて決定される．2006 年までに得られた最新の実験データを調整してきめられた結果

$$e = 1.602176487(40) \times 10^{-19}\,\mathrm{C} \tag{1.3}$$

という値が 2006 年の調整値として科学技術データ委員会から 2008 年に推奨されている〔P. J. Mohr, B. N. Taylor and D. B. Newell : *Rev. Mod. Phys.*, **80**, pp. 633-730 (2008)〕．上記数値の括弧内の数は最後の 2 桁の不確かさを示す．この場合の相対不確かさは 2.5×10^{-8} である．

電子・陽子・中性子など素粒子と総称される粒子は，上記 e の値を素量として，その -1 倍か，1 倍か，0 倍の電荷をもつとされている．つまり素電荷とは個々の素粒子がもつ電気量なのである．実は現代の素粒子論では，ハドロンと総称される 1 群の素粒子（陽子，中性子，中間子など）は，$\pm(2e/3)$ とか $\pm(e/3)$ などの“半端”な電荷をもつ 3 つまたは 2 つのクォーク粒子から構成されていると考えられている（クォーク模型）[*6)]．それならば電荷の素量は $e/3$ とすればよいように思われるが，クォークはハドロンのなかに閉じ込められていて，単独には観測されないと考えられている．実際，クォークも半端な電荷も直接観測された例はない．また複数のクォークが合成されてできる素粒子の正味の電荷は，クォークの符号を含めた電荷の代数和となり，必ず e の整数倍になる．素粒子反応でも化学反応でも，粒子は消滅したり生成されたりするが，電荷の代数和は反応の前後で保存される（電荷の保存則）．この点からいえば，電荷は素粒子に付随してしか現れないが，粒子と粒子の間を移り変わるもっと普遍的な保存量であるとも考えられる．

電子は $-e$，陽子は e，中性子は 0 の電荷をもつ．電子と陽子はたがいに反対の符号の電荷をもつわけであるが，電子の電荷を負とし陽子の電荷を正とすることに物理的な根拠はなく，歴史的事情によってきまった約束である．われわれが通常観測する電磁現象として，物質が正または負に帯電するということは，電子が物質から剝ぎ取られるか，付着することである．電荷だけが移動す

---

*6) 素粒子の分類では，電子はハドロンとは別のグループであるレプトンに属する．レプトンはゲージ粒子（後に説明する光子など）やクォークなどとともに基本粒子ともよばれる．

ることはない．電荷は素粒子にその属性として担われていて，素粒子から遊離して存在するものではないからである．電子の移動は電流として観測される．

電子の電荷（$-e$）と陽子の電荷（e）の絶対値は完全に等しいのであろうか．これを調べるため精度の高い実験がいろいろ行われている．電子の電荷を$-e$としたとき陽子の電荷を仮りに（$e+\delta$）としてみよう．水素分子には陽子2つと電子2つが含まれているから，水素分子の全電気量は打ち消しあわず2δだけ残ることになる．水素分子を高い電圧がかかった電極の間を飛ばすと，もし2δの残留の電荷があると進行方向が曲げられるはずである．しかし，そのような効果は観測されなかった．この実験の精度から計算すると，δの値はもしあるとしても$10^{-20}e$以下であると評価されている．また中性子のもつ電荷はゼロとされているが，これについても精密な実験が行われている．その結果，中性子の電荷はもしあるとしても$10^{-11}e$以下であると評価されている（演習問題1.1参照）．

電荷には素量があるといっても，マクロスコピックな現象からは，このことはなかなかわからない．われわれが実用的に使う電荷の単位1クーロンは素電荷が6.24×10^{18}個も集まった量である．たとえば面積が$1\,\mathrm{cm}^2$の2枚の金属板を1mmの間隔で平行におくと，その電気容量は約10^{-12}F（F：ファラドは電気容量の単位）となる．金属板の間に1V（V（ボルト）は電圧の単位）の電圧をかけると，金属板の上には10^{-12}Cの電荷がたまる．つまりそこには約600万個の電子が存在することになる．この状況では，電子1個2個の出入りはとても観測できない．前に述べたミリカンの実験で，電荷の素量が検知できたのは，油滴の径が$1\,\mu\mathrm{m}$の程度に小さかったので，その電気容量は10^{-16}Fと小さく，したがってそこに付着する電子数を数個の程度にまで小さくすることができたからである[*7]．

そうなれば1個とか2個の電子の付着とか脱落を観測することが可能である．通常の（マクロスコピックな世界での）電磁現象を扱う場合の電気量は素量に比べてはるかに大きいので，電荷は連続的な値をとる量と考えていて差し支えを生じない．

電磁気学が対象とする現象，すなわち帯電する，放電する，電流が流れるな

---

*7)　半径aの球の電気容量は$C=4\pi\varepsilon_0 a$である．これに$a=10^{-6}$ m，$\varepsilon_0=8.85\times10^{-8}\,\mathrm{F\,m^{-1}}$（この値については後述）を代入すると，$10^{-16}$ Fが得られる）．

どの現象は，ほとんどすべて電子の移動によって起こる．実際には電子は電荷のほかに，質量，スピン（したがって磁気モーメント）などをもつので，正確な議論ではこれらによる効果も考える必要がある．実際ミクロな世界ではこの効果が効いてくる．しかしマクロな現象ではこれらを無視し，あたかも電荷だけが移動するような扱いが可能である．

■ 演習問題 1.1

$^{85}_{37}$Rb 原子を垂直におかれた間隔 10 mm，長さ 0.1 m，印加電圧 10 V の平行平面電極の中心軸に平行に自然落下させたとき，原子は横方向にどのくらい偏移することになるか．ただし中性子の残留電荷を $10^{-11}e$，陽子・電子の電荷の大きさの差を $10^{-20}e$ として計算せよ．

〔解　答〕

まず Rb 原子のなかには陽子 37 個，中性子 48 個，電子 37 個があるから，原子 1 個の残留電荷 q があるとすれば

$$q = 48\times10^{-11}e\pm(37\times10^{-20}e)$$

となる．この式において第 2 項は無視できるから

$$q = 48\times10^{-11}e\pm(37\times10^{-20}e) \approx 48\times10^{-11}e = 48\times10^{-11}\times1.6\times10^{-19}\ \mathrm{C}$$
$$= 7.7\times10^{-29}\ \mathrm{C}$$

になる．電極間の電場は

$$E = V/d = 10/10\times10^{-3}\ \mathrm{V\ m^{-1}} = 10^{3}\ \mathrm{V\ m^{-1}}$$

だから横方向に働く加速度 α は，原子の質量を m として

$$\alpha = \frac{qE}{m} = \frac{7.7\times10^{-29}\ \mathrm{C}\times10^{3}\ \mathrm{V\ m^{-1}}}{85\times1.7\times10^{-27}\ \mathrm{kg}} = 5.3\times10^{-1}\ \mathrm{m\ s^{-2}}$$

となる．重力加速度を g，落下時間を t，落下距離を $l=(1/2)\,gt^2$ 横方向の偏移を $x=1/2\alpha t^2$ とすると

$$\frac{x}{l} = \frac{\alpha}{g} = \frac{5.3\times10^{-1}}{9.8} = 5.4\times10^{-2}$$

の関係がもとまる．ここで $l = 0.1$ m とすると $x = 5.4$ mm となる．これは十分観測可能な値である．あるいは偏移をこの 1/100 まで観測することができれば，中性子の残留電荷の上限を $10^{-13}e$ までおさえることができることになる．

ところでこのような実験をするためには，原子を電極の間に一度静止させ，次にこれを静かに落下させるというような技術（レーザー冷却とレーザー光による原子操作：II 巻 12.6 節参照）が必要である．レーザー光を使った原子操作が現在は高精

度で可能である．Rb 原子は光で操作しやすい原子なので，例として取り上げた．

なお α の計算式でそれぞれの量を SI 単位で代入すれば，結果はその量（この場合加速度の）SI 単位になることが保証されている．念のため電磁気量を SI 基本単位でかくと

$$[\mathrm{C}] = [\mathrm{s\ A}]$$
$$[\mathrm{V}] = [\mathrm{m^2\ kg\ s^{-3}\ A^{-1}}]$$

であるから，右辺の単位が

$$[\mathrm{m\ s^{-2}}]$$

になることは容易に確かめられる．

2

時間に陽に依存しない電気現象：静電気学

2.1　クーロンの法則

クーロン〔C. A. de Coulomb（1736-1806）〕は帯電した2つの小球体の間に働く力をねじれ秤を使って精密に測定して，その力の大きさは2つの電荷の積に比例し，球体間の距離の二乗に反比例するという法則を発見した．これをクーロンの法則（1785年）とよぶ．クーロンはまさに空間的に離れた2つの電荷の間に働く力を測定したわけであるから，これをまず遠隔作用論の立場で数式に表してみる．図2.1に示すように，ベクトル $\boldsymbol{r}_1$，$\boldsymbol{r}_2$ の先端で表される位置（座標）$[\boldsymbol{r}_1]$，$[\boldsymbol{r}_2]$ に電荷 q_1，q_2 があるとすると，電荷 q_1 に働く力 $\boldsymbol{F}(\boldsymbol{r}_1)$ と電荷 q_2 に働く力 $\boldsymbol{F}(\boldsymbol{r}_2)$ はそれぞれ

$$\boldsymbol{F}(\boldsymbol{r}_1)=\frac{1}{4\pi\varepsilon_0}\cdot\frac{q_1q_2}{{r_{12}}^2}\left[\frac{\boldsymbol{r}_1-\boldsymbol{r}_2}{r_{12}}\right] \tag{2.1}$$

$$\boldsymbol{F}(\boldsymbol{r}_2)=\frac{1}{4\pi\varepsilon_0}\cdot\frac{q_1q_2}{{r_{12}}^2}\left[\frac{\boldsymbol{r}_2-\boldsymbol{r}_1}{r_{12}}\right] \tag{2.2}$$

と表される．この式で r_{12} は位置 $[\boldsymbol{r}_1]$ と $[\boldsymbol{r}_2]$ の間の距離（スカラー量：大きさだけをもつ量），$[(\boldsymbol{r}_2-\boldsymbol{r}_1)/r_{12}]$ は $[\boldsymbol{r}_1]$ から $[\boldsymbol{r}_2]$ へ向かう長さ1のベクトル（単位ベクトル，すなわち方向だけを表すベクトル）を表す．式(2.1)，(2.2)は電荷の符号まで含めて成立している．もし q_1，q_2 が同符号であると単位ベクトルの前にある量は正になるので，電荷 q_1 に働く力 $\boldsymbol{F}(\boldsymbol{r}_1)$ は $(\boldsymbol{r}_1-\boldsymbol{r}_2)$ の方向へ（左向き，図のベクトル $(\boldsymbol{r}_2-\boldsymbol{r}_1)$ とは逆向き），q_2 に働く力 $\boldsymbol{F}(\boldsymbol{r}_2)$ は $(\boldsymbol{r}_2-\boldsymbol{r}_1)$ の方向（右向き）へ向いている．すなわち，この場合電荷はたがいに反発する反発力（斥力）を表す．逆に電荷が異符号であると，力の向きはそれぞれの単位ベクトルと逆の方向に向く．すなわち，電荷はたがいに引き合うこと（引力）を表している．

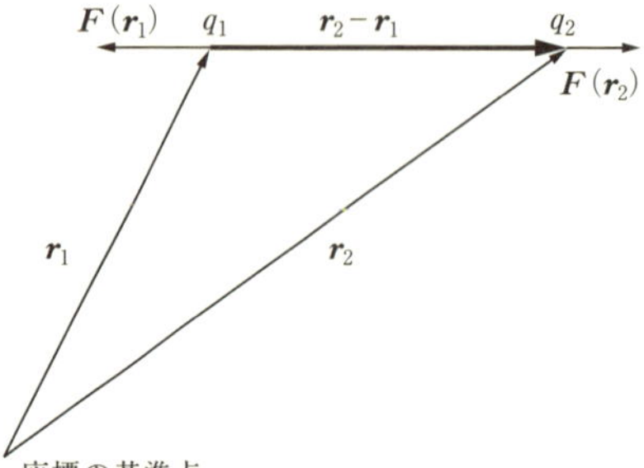

図 2.1　クーロン力を表すベクトル（q_1, q_2は電荷）

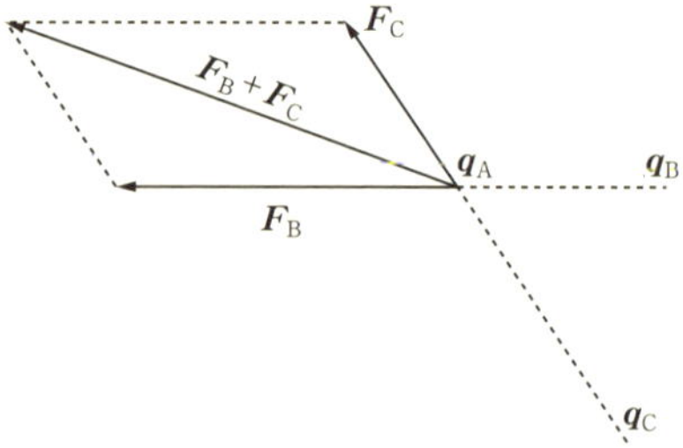

図 2.2　電荷 q_{B}, q_{C} から電荷 q_{A} に働く力の合成，二体力の合成

クーロン力のもう１つの重要な性質は，二体力であることである．これは電荷 q_{A} と電荷 q_{B} の間に働く力は，第３の電荷 q_{C} の存在に影響されないという事実である．したがって，電荷 q_{A} に働く力は電荷 q_{B} からの力（二体力）と電荷 q_{C} からの力（二体力）のベクトル的な和をとればよいことになる（図 2.2）．これは，当たり前のことのようであるが実は大変重要な性質で，このことがなければ力の数学的な記述が困難になる．もし二体力でなければ，たとえば電荷 q を仮りに２つに分けて $q/2$, $q/2$ と考えたとき，両者に働く力の合力は q に働く力と等しくならないようなことも起こりうる．クーロン力が電荷 q の大きさに比例するということもこの二体力という性質が保証している．

なぜこのような力が働くかはいまのところは説明できない．自然界にこういう性質の力が存在するということをわれわれは発見したということである．前にも述べたように電気力（電磁相互作用）はこの宇宙に存在する基本的な４つの力のうちの１つである．したがって，この法則は実験によって精密に検証するほかはない．クーロンは，電荷間の距離が数 cm の領域でこの関係を検証した．また現代になって，原子スペクトルの実験と量子論は，原子を構成する原子核と電子の間でも，クーロンの電気的引力（相互作用）は厳密に成立していることを実証した．すなわち電荷間の距離が 0.1 nm（10^{-10} m）程度の領域でもこの法則が検証されているということである．この力は電磁気学において唯一基本となる力で，すべての電磁現象の発現の原因となる．この式はたがいに静止した電荷の間に働く力を表現しているが，運動している電荷の間では後に述べるように磁気力の形で表現される．

さてこれらの式に現れている係数（$1/4\pi\varepsilon_0$）（これをまとめて k とかくこと

にする）について説明しよう．式 (2.1)，(2.2) の左辺は力学に現れる力で，その単位[*1)] は［N］（ニュートン，力の組み立て単位；長さ，質量，時間の単位を使って［m kg s^{-1}］と表される）である．式 (2.1)，(2.2) の右辺には力学には現れない電磁現象を記述する量が入っている．前にも述べたとおり，もしこの式の係数 k が単位のない量（無次元量，単なる数値）であるとすると，この式を成立させるために電荷の単位は［$m^{3/2}$ $kg^{1/2}$ s^{-1}］としなければならない（静電単位系）．しかし電荷が m，kg，s の半端なべき指数でかかれるということの意味が希薄である．もし力学量と電磁気学量の間に別の関係式があると，電荷の単位がこうなるかどうかわからない．電磁現象は力学にはない新しい現象であるから，それを記述する物理量を無理に力学量だけでかく必要はない．むしろなにか新しい電磁気量（の単位）を定義するほうが自然である．そこで電荷の単位としてクーロン［C］を定義する．そうなると今度は式の両辺の単位（次元）を等しくするために，比例係数 k は単なる数値ではなく，単位（次元）をもつ量としなければならない．その単位は式 (2.1) あるいは式 (2.2) の両辺の単位が等しくなるという条件から［m^3 kg s^{-2} C^{-2}］であることがわかる．k を（$1/4\pi\varepsilon_0$）とかいておくと ε_0 は単なる変換係数ではなく，それ自身意味のある定数となることが後にわかる．ε_0 の単位はもちろん k の単位の逆数［m^{-3} kg^{-1} s^2 C^2］であるが，後に定義する電気容量の単位［F］を使って［F/m］とかかれることが多い（表 1.1 参照）．ε_0 は真空の誘電率ともよばれる．そのわけもいずれ明らかになるが，この言葉はいささか誤解をまねきやすい．真空が誘電体の性質をもつということは古典物理学の範囲ではいえないからである．ここでは ε_0 は力学量と電磁気学量とを結びつける次元をもった係数ということにしておこう．最近では ε_0 は電気定数（electrical constant）とよばれる．ε_0 の SI 単位系における数値はクーロンの式 (2.1)，(2.2) において，左辺の力を［N］の単位で測り，右辺の電荷を［C］，距離を［m］の単位で測れば決定できるわけであるが，実は SI 単位系では ε_0 の数値は

$$\varepsilon_0 = (4\pi)^{-1}c^{-2}\times 10^7 = 8.854187817\cdots\cdots\times 10^{-12}\ \mathrm{m^{-2}\ N^{-1}\ C^2} = \mathrm{F\ m^{-1}}$$

という確定値をもった定数である．第 1 章でもふれたが，光速 c は測定される量ではなく定義されている量なので，上の式から ε_0 も定義量であって，測定

---

*1) 正確な表現では単位というとその大きさを定義する必要がある．次元という言葉を使えばその必要がない．

によってきめられる量ではない．

式 (2.1)，(2.2) で電荷の間に働く力を考えた際に，電荷の間にほかの物質があることは考えなかった．つまり真空中に2つの電荷だけが存在するとしたわけである．もし物質があると，たとえそれが帯電していない中性な物質であっても，物質のなかには多くの陽子や電子が存在しているので，これらも電荷から力を受けるはずである．陽子と電子はたがいに束縛されているが，働く力は逆向きなので，それらの位置は多少ずれるであろう．これが分極である．2つの電荷の間を占める物質に分極が起こると，2つの電荷の間に働く力は弱くなる．この分極の効果をクーロンの法則を表す式 (2.1)，(2.2) に取り入れるには，ε_0 をそれより大きな値をもつ ε に置きかえればよい．分極の起こりやすさを表す係数を χ_e（正の量）とかき，これを電気感受率とよぶ．物質に異方性がなければ $\varepsilon = \varepsilon_0 + \varepsilon_0 \chi_e$ とかける．分極が大きく起こるほど ε は大きくなり，真空の場合と比べて力は弱くなる．分極を起こす物質を誘電体（dielectrics）（絶縁体ともいう）とよび，ε をその物質の誘電率とよぶ．$\chi_e = 0$ の場合（すなわち真空の場合）の誘電率が ε_0 に相当しているわけで，これが ε_0 を真空の誘電率とよぶ理由である（χ_e の定義については表5.1参照）．

式 (2.1)，(2.2) は r_{12} だけはなれた電荷の間に力が直接働くという遠隔作用の表現になっている．近接作用の立場では，電荷が存在するその場所の物理量からその電荷に力が働く形式，すなわち空間の各点で成立する式にかき直さなければならない．次章では，まず電場という場の量が定義され，これを使ってクーロンの式がかき直される．

昔の電磁気学の本には，電荷に対応した磁荷（いままでのところ検出されていないので，実際には存在しないものとして扱われる）の間にも同じかたちの力が働くとして，磁荷に対するクーロンの公式も記述されていた．この現象は実験的には2つの長い棒磁石の突端の間に働く力として近似的に実現できる．棒磁石（実際はマクロスコピックな磁気双極子モーメントと考えるべきであるが）は正負の磁荷が棒の両突端にはなれて存在したものと解釈すれば，棒磁石の先端の近傍では反対側にある磁荷の影響は無視できて，あたかも単独の磁荷があるかのように近似できるからである．しかし，磁荷は存在しないとする現代の電磁気学ではこのような表現はとらない．

▩ 演習問題 2.1

陽子と電子が 0.1 nm はなれて存在するとき（水素原子のモデル）両者の間に働く電気力（クーロン力）と万有引力（重力）を比較せよ．

〔解　答〕

電気力
$$\frac{1}{4\pi\varepsilon_0}\frac{e^2}{r^2}=\frac{1}{4\times3.14\times8.85\times10^{-12}\,\mathrm{F\ m^{-1}}}\frac{(1.60\times10^{-19}\,\mathrm{C})^2}{(10^{-10}\,\mathrm{m})^2}$$
$$=2.3\times10^{-8}\,\mathrm{N}$$

万有引力
$$G\frac{m_e m_p}{r^2}=6.67\times10^{-11}\,\mathrm{N\ m^2\ \ kg^{-2}}\frac{(9.1\times10^{-31}\,\mathrm{kg})(1.67\times10^{-27}\,\mathrm{kg})}{(10^{-10}\,\mathrm{m})^2}$$
$$=1.0\times10^{-47}\,\mathrm{N}$$

このようにミクロの世界では，両者の間に 40 桁の大きさの開きがある．したがってミクロの世界では相互作用はもっぱら電磁力によるものとされ，万有引力は無視される．ただし前節の問題でみたように，最近の精度の高い実験では原子の運動に重力（原子と地球の間の引力）は無視できない．あるいは原子の泉（噴水）を使った原子時計のように，原子に作用する重力を積極的に利用する実験もある．

重力と電磁力の大きさの間になぜ 40 桁もの開きがあるのかは興味ある問題である．Teddington や Dicke という天文学者，物理学者は，これを宇宙の構造と結び付けて議論している．

2.2 電場，電気力線，電束密度

クーロンの法則において，電荷 q_2 に，はなれた位置にある電荷 q_1 の大きさに比例した力が働くということは，q_1 の“影響”がなんらかのかたちで q_2 に達していることである．この影響はテレパシーのように遠く隔たったところに直接伝わるという考え方（遠隔作用論）と，電荷 q_1 がその周囲の空間を“ひずませ”，電荷 q_2 はそれが存在する場所の“ひずみ”に相当する電気的原因から力を受けるという考え方（近接作用論または媒達作用論）とがある．後者の考え方は力学にその例がある．弾性体の場合に，1 点に力を加えると，そのひずみが弾性体のなかに広がり，その結果応力が弾性体の内部全体に分布する．外部からの力が加わっていないほかの点でも，その場所に分布している応力から力を受けるとする考え方である．弾性体の場合は，ひずみや応力を仲介する媒質が存在しているので，この考え方に妥当性がある．しかし電気力の場合は，どちらの考え方が正しいかは，にわかにはきめられない．クーロン力（重力もそうであるが）は，真空のなかでも働く．真空が弾性体のようにひずむということは考えにくい．こういうことから力学の理論を大成したニュートン〔I. Newton（1642-1727）〕以来，物理学では遠隔作用の考え方が優勢であった．

電荷があると，その周囲の空間に電気力線という概念で表現される力の線が空間（場）に分布していて，線上に置かれたほかの電荷はこの力の線に沿った方向に力を受けるという考え方が，ファラデー〔M. Faraday（1791-1867）〕によって提出された．興味深いことにファラデーは正規の大学教育を受けていなかったそうで，このことが当時支配的であった考えとは異なった自由な発想を生んだとも考えられる．これはまさに近接作用の考え方である．後に述べるように時間的に変動する電荷がつくり出す電磁波（光）が真空中でも伝播することを式に表す上で，近接作用の考え方をとる方が，電磁気学を体系化するのに都合がよい．ファラデーの考え方に沿って，近接作用の数学的表現を大成したのはマクスウェル〔C. Maxwell（1831-1879）〕である．マクスウェルは電磁場の関係式を空間の各点，各時刻に成立する式にかきかえた．また弾性体中の応力分布に対応して，電磁場のいわば“ひずみ”を応力テンソルとして記述した．現代の電磁気学の教科書はほとんど近接作用論にしたがってかかれている．

近接作用論では，電荷の周囲の空間のいたるところに，電荷の影響が電場 $\boldsymbol{E}(\boldsymbol{r})$ として存在する．この式をクーロンの法則からまず導こう．座標 $\boldsymbol{r}_1$ にある電荷 q_1 によって座標 $\boldsymbol{r}_2$ にある電荷 q_2 が受ける力は

$$\boldsymbol{F}(\boldsymbol{r}_2)=\frac{1}{4\pi\varepsilon_0}\cdot\frac{q_1q_2}{r_{12}^2}\left[\frac{\boldsymbol{r}_2-\boldsymbol{r}_1}{r_{12}}\right] \tag{2.2}$$

である．これは q_1，q_2 がどこにあっても成立する式である．しばらく q_1 の位置は固定するが q_2 の座標は任意として変数 $\boldsymbol{r}$ でかくと

$$\boldsymbol{F}(\boldsymbol{r})=\frac{1}{4\pi\varepsilon_0}\cdot\frac{q_1q_2\cdot(\boldsymbol{r}-\boldsymbol{r}_1)}{|\boldsymbol{r}-\boldsymbol{r}_1|^3} \tag{2.3}$$

となる．この式から q_2 をとり除いた部分を

$$\boldsymbol{E}(\boldsymbol{r}-\boldsymbol{r}_1)=\frac{1}{4\pi\varepsilon_0}\cdot\frac{q_1\cdot(\boldsymbol{r}-\boldsymbol{r}_1)}{|\boldsymbol{r}-\boldsymbol{r}_1|^3} \tag{2.4}$$

とかく．q_2 を $\boldsymbol{r}$ にある任意の電荷 $q(\boldsymbol{r})$ とかき，これとふたたび組み合わせて

$$\boldsymbol{F}(\boldsymbol{r})=q(\boldsymbol{r})\cdot\boldsymbol{E}(\boldsymbol{r}-\boldsymbol{r}_1) \tag{2.5}$$

とかく．式 (2.4) の $\boldsymbol{E}(\boldsymbol{r})$ を電場と定義する．$\boldsymbol{E}(\boldsymbol{r})$ は大きさと方向とをもった

ベクトルで，$\boldsymbol{r}_1$を中心として，任意の方向$(\boldsymbol{r}-\boldsymbol{r}_1)$に向かった放射状のベクトルを表す（図 2.3）.

式 (2.4) は，$\boldsymbol{E}(\boldsymbol{r})$が方向と大きさをもち，座標の関数であるベクトル場であり，その大きさは$\boldsymbol{r}_1$からの距離の 2 乗に反比例して小さくなることを意味し，式 (2.5) は，任意の電荷（test charge，試験電荷とよぶ）はそれが存在する位置の電場とそれ自身の電荷の大きさとの積に比例した力を受けることを意味している.

先に述べたクーロンの法則にしたがう力の性質から電場ベクトルには加算則が成立するはずであるが，精密な実験の結果からもこのことは保証されている．すなわちいくつかの電荷が空間に分布している場合，試験電荷には，それぞれの電荷がつくる電場をベクトル的に足し合わせた合成電場の方向に，その大きさと自身の電荷に比例した力が働く．合成された電場は

$$\boldsymbol{E}(\boldsymbol{r}) = \sum \boldsymbol{E}_i = \frac{1}{4\pi\varepsilon_0}\sum_i \frac{q_i}{r_i^2}\left(\frac{\boldsymbol{r}-\boldsymbol{r}_i}{r_i}\right) \tag{2.6}$$

と表せる．さらに一般に電荷が体積密度$\rho(\boldsymbol{r}')$で連続的に空間に分布しているときには

$$\boldsymbol{E}(\boldsymbol{r}) = \frac{1}{4\pi\varepsilon_0}\iiint \frac{\rho(\boldsymbol{r}')}{r'^2}\cdot\frac{\boldsymbol{r}-\boldsymbol{r}'}{r'}\,\mathrm{d}V' \tag{2.7}$$

とかくことができる．ここで$r' = |\boldsymbol{r}-\boldsymbol{r}'|$であり，また積分$\iiint\cdots\mathrm{d}V'$は電荷が分布している体積全体に対して行う．空間の各点で試験電荷を使って電場の方向を測定し，それをつぎつぎにつないでいくと，ファラデーが考えた電気力線の図が得られる.

クーロンの法則に基づいてつくられた力の原因となる電気的量の空間的分布（空間座標の関数になっている）が$\boldsymbol{E}(\boldsymbol{r})$で表される電場（または電界）である．この場合，特にクーロン場という．空間の一点にだけ電荷がある場合には，放射状の等方的な電場ができる.

$\boldsymbol{E}(\boldsymbol{r})$の大きさは$r^{-2}$で減少する．これを電気力線でかくと図 2.3 になる．図 2.3 (a)，(b) を比較すると電気力線の密度の高いところ（電荷の近傍）で$\boldsymbol{E}$が大きく，密度が小さいところ（電気力線の間隔がはなれたところ）で$\boldsymbol{E}$が小さいことがわかる．電荷を中心とした同心球の表面積はr^2に比例して増すから，電気力線の面積密度はr^{-2}で減少する．すなわち$\boldsymbol{E}$の大きさは，電気力線の面密度に比例している.

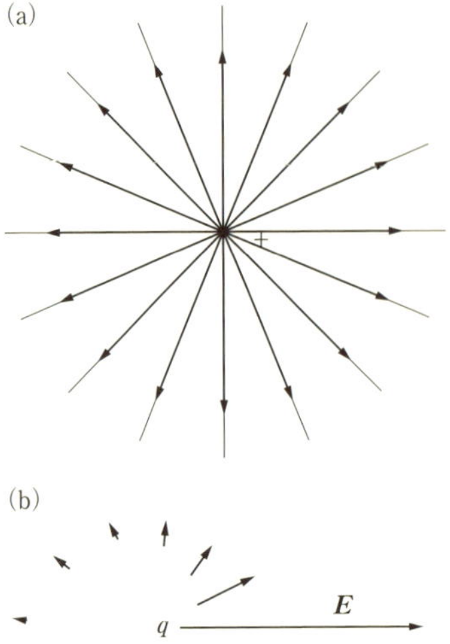

図 2.3
(a) 単一電荷から等方的に発する電気力線．電荷が正の場合には電荷から外向きに出ていく矢印，負の場合には電荷に集まってくる矢印でかくと約束する．
(b) 電荷 q のまわりに放射状の等方的な電場ができる．q から遠ざかるにつれて電場は急激に弱くなる．この図は矢印の起点の位置での電場の強さが矢印の長さに比例するようにかかれている．

図 2.3 において，電荷 q を中心として半径 r の球面を考え，その表面で電場 $\boldsymbol{E}$ の法線成分の大きさ E_{n}（単一電荷の場合には電場は放射状なので $|\boldsymbol{E}| = E$ に等しい）を積分してみる．式 (2.3) より表面では

$$E = \frac{1}{4\pi\varepsilon_0}\frac{q}{r^2} \tag{2.8}$$

は定数であるから，積分は単に球の面積 $4\pi r^2$ を乗じるだけである．すなわち

$$\iint E\mathrm{d}S = \frac{q}{\varepsilon_0} \tag{2.9}$$

が得られる．この式は後にガウスの定理として，電荷が複数個ある場合，電荷が連続的に分布している場合につぎのように一般化される．

$$\iint E_n\mathrm{d}\boldsymbol{S} = \iint \boldsymbol{E}\mathrm{d}\boldsymbol{S} = \frac{1}{\varepsilon_0}\sum q_i \tag{2.10}$$

$$\iint E_n\mathrm{d}\boldsymbol{S} = \iint \boldsymbol{E}\mathrm{d}\boldsymbol{S} = \frac{1}{\varepsilon_0}\iiint \rho(r)\mathrm{d}V \tag{2.11}$$

これらの式で表面積分と体積積分は，それぞれすべての電荷をその内部に含む任意の閉曲面の表面と閉曲面で囲まれた体積で行う．

こうしてみると $\boldsymbol{E}$ は単位電荷に働く力と電気力線の面積密度（水の流れでいえば流量に相当）の両方を表す量である．そこで力はもっぱら $\boldsymbol{E}$ で表し，流量の方は

$$\boldsymbol{D} = \varepsilon_0\boldsymbol{E} \tag{2.12}$$

で定義される別の記号で表そう．ε_0 を乗じてあるのは，もちろん $\boldsymbol{E}$ と区別するのに便利であるだけでなく，その単位（次元）を考えると納得できる．すなわち

$$[\boldsymbol{E}] = [\mathrm{N/C}] = [\mathrm{m\ kg\ s^{-3}\ A^{-1}}] \tag{2.13}$$

であり，これに

$$[\varepsilon_0] = [\mathrm{F/m}] = [\mathrm{m^{-3}\ kg^{-1}\ s^{4}\ A^{2}}] \tag{2.14}$$

を乗じると

$$[\boldsymbol{D}] = [\mathrm{m^{-2}\ s\ A}] = [\mathrm{C\ m^{2}}] \tag{2.15}$$

となり，電荷の大きさに比例して出ていく電気力線の面積密度になっている．$\boldsymbol{D}$ を電束密度とよぶ．電束とは電気力線の束という意味である．式 (2.10)，(2.11) をみると電束密度 $\boldsymbol{D}$ の面積積分すなわち全電束は電荷の総量に等しいことがわかる．すなわち

$$\iint \boldsymbol{D}\mathrm{d}\boldsymbol{S} = \sum q_i \tag{2.16}$$

$$\iint \boldsymbol{D}\mathrm{d}\boldsymbol{S} = \iiint \rho \mathrm{d}V \tag{2.17}$$

である．さて電場 $\boldsymbol{E}$ に定数を乗じただけで（次元は異なるが）新しいベクトル場 $\boldsymbol{D}$ を定義するのは，やや冗長な感じがする．後に議論するように，$\boldsymbol{D}$ には，また別の意味付けがなされる．

電荷が複数個存在する場合にはそれぞれの電荷がつくる放射状の場をベクトル的に合成した場が得られる．正負２つの電荷が離れて存在する場合，この場に正の試験電荷を置いてみると，正電荷からは斥力，負電荷からは引力を受け

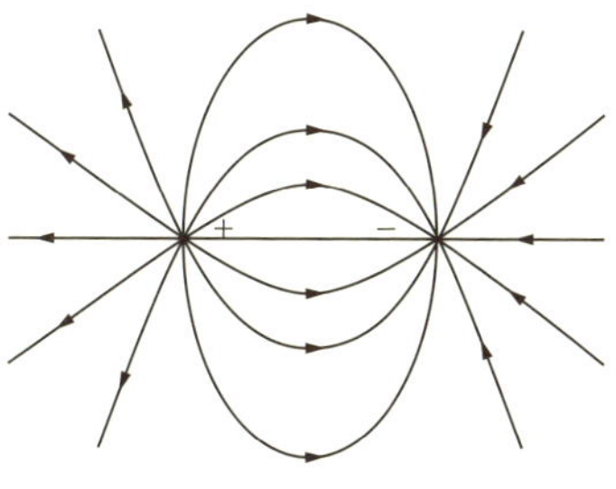

図 2.4
絶対値が等しい異符号の２電荷のまわりにできる電気力線．正の試験電荷（test charge）は，この線に沿って運動する．

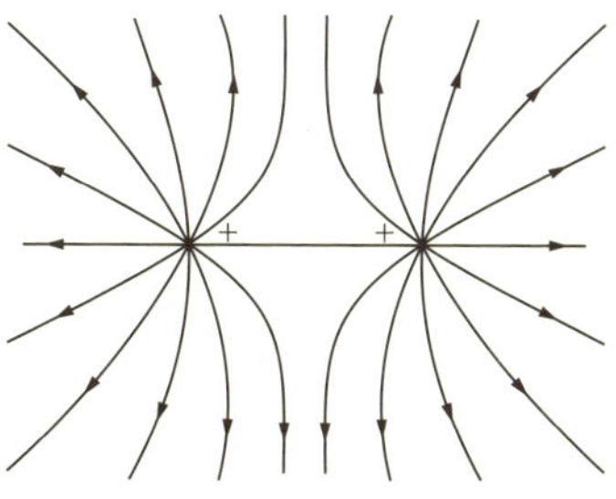

図 2.5　大きさの等しい２つの正電荷のまわりにできる電気力線

るので，正電荷から出発して負電荷に向かう曲線に沿って移動するであろう．実験結果からも，式 (2.3) のベクトル場の合成からも，図 2.4 のような電気力線の分布がかける（図は正負の電荷の絶対値が等しい場合についてかかれている）．電気力線は正電荷から出て，負電荷に終わる．電気力線自身で閉じてはいないことに注意しよう．大きさの等しい同符号の電荷が 2 つある場合には，電気力線は図 2.5 のようになる．正電荷の場合は外向きに出ていく力線，負電荷の場合は電荷に集まってくる力線である．

「場」と「エーテル」，また「真空」と「真空の誘電率」について

1 つの電荷がその周囲の空間に場をつくり，他の電荷がその場から力を受けるとするのが近接作用論の考え方である．この場合この「空間」には，媒体つまり物質が存在することを予想していない．空間は「真空」であってよいのである．「場」の定義は座標の関数として 1 つの物理量（スカラー場の場合）または物理量の組（ベクトル場，テンソル場の場合）がきまるような「空間」ということである．

一方，力学においてはたとえば弾性体のなかでの力の伝わり方を考えると，ある点に加えられた力がその周囲の弾性体をひずませ応力の分布をつくり出す．別の点ではそこに存在する応力が力として現れる．つまり力の伝達には媒体が存在する．このことは弾性波の伝播についてさらに顕著である．弾性波は弾性体のひずみが波動として伝わるものである．よく知られた音波の場合は空気という物質の圧縮と膨張が波動として伝播する．水面の波は水の振動でつくられる．このように力学では，波動の伝播については，媒体の存在が必須と考えられていた．

電磁気学の場合も電場・磁場が波動として伝わる場合（これが電磁波あるいは光の本性である．これを論じる学問が電磁力学である），本当に媒体が必要ないのであろうか．マクスウェルが電磁気学の基礎方程式をつくり，そこから電磁波の存在を導いた時点でも，まだ直接感知できていないが，電磁気的力を伝える媒体が存在するのではないかと考えられ，その媒体はエーテルとよばれていた．電荷間に直接力が働くとする遠隔作用説をとるよりは，エーテルという未知の媒体を考えて近接作用論をとり，しかも古典力学と電磁気学との整合を図ったわけである．さてエーテルが実在するならば，どうすればそれが検知でき，またそれはどんな性質をもつものなのか，それから半世紀にわたりさまざまな実験が行われ，その結果を説明しようとするさまざまな考察がなされた．

エーテルの存在を確かめようとしたもっとも有名な実験はマイケルソン–モーリー（Michelson–Morley）の光の干渉の実験（1887年）であろう．光がいま仮りに静止しているエーテルを媒体として伝播しており，それを観測する系（たとえば地球）がエーテルに対して運動しているのならば，観測系の運動方向とそれと直角な方向の光の速度は，古典力学の速度の合成法則にしたがえば違うはずである．光線を半透鏡によってたがいに直角な方向にわけ適当な距離を伝播させた後，それぞれ鏡で反射させ，ふたたび半透鏡によって両者を重ねあわせる．光に速度の違いによる位相の差（伝播時間の差）が生じていれば，干渉縞が見えるはずである．あるいはこの観測系を回転させれば，回転に同期した干渉縞の周期的ずれが観測されるはずである．

ところが十分精度を上げた注意深い実験が繰り返されたにもかかわらず，結果は否定的であった．干渉縞のずれが現れないことを説明するために，「物体はエーテルに対して運動しているとき，運動方向に短縮する」とか，「地球はエーテルを引きずって運動しているので，局所的には観測系はエーテルに対して相対的に運動していない」とか，いろいろな仮説が出されたが，いずれもどこかに矛盾を生じ破綻してしまう．この問題は19世紀末から20世紀はじめにかけてホットな難問であったが，アインシュタインの相対性理論の出現によって一応の決着をみることになる．マクスウェル方程式は相対性理論に矛盾なく成立する．それが導く電磁波動はエーテルの存在を前提としない．“真空中で”電場の変化が磁場をつくり出し，その磁場の変化が電場をつくり出すという現象がからみあって，電場・磁場が波動となって伝播していく様がマクスウェル方程式から自動的に導かれる．エーテルを考えることは，それが静止している座標系すなわち絶対静止系を予想するが，相対性理論はこれを否定する．ここに相対性理論・電磁気学は整合し，実験と矛盾しない結果を導くが，そうなると古典力学は書き直す必要があることになる．

こうして物質がなにもないところ（真空）で電磁的な影響が伝わるということは確かとなった．何もないからといって場は仮想的なものではなく，物理的実在である．電場や磁場は現に測定できるものである．古典電磁気学では話はここでとどめる．つまり真空が物質と同じような誘電的性質や磁気的性質をもつわけではない．

さきに電磁気学的量と力学的な量を結び付ける式に現れる係数を電気定数 ε_0 として導入した．この定数を真空の誘電率とよぶのはいささかまぎらわしい．真空が誘電的性質をもっているわけではないからである．英語では $\varepsilon = \varepsilon_0 + \varepsilon_0\chi_e$ を electric permittivity，$\varepsilon/\varepsilon_0 = 1 + \chi_e$ を dielectric constant（relative electric permittivity のこと）とよぶ．物質に誘電性があるとこの値が 1 より大きくなる．真空の場合は dielectric constant = 1 で誘電性がないことが明らかである．日本語では多くの書物で前者を誘電率，後者を比誘電率とよんでいるので，物質のないときの ε の値すなわち ε_0 を真空の誘電率とよぶことになって，物理的な実態と呼称の間にまぎらわしさが生じているので注意したい．この本では ε_0 を電気定数とよぶことにする〔量子論と電磁気学を組みあわせた量子電磁気学によると，真空には電子・陽電子が詰まっていて，荷電粒子の存在により真空が偏極するような描像が現れる（真空の偏極）．しかし ε_0 はこの現象を記述する定数ではない*2)〕．

以下いくつかの特別な例について電荷分布のつくる電場について考えておこう．

■ 演習問題　2.2

無限に長い直線上に一様に分布した電荷がつくる電場をもとめよ．

〔解　答〕

図 2.6 において直線から a だけはなれた点 P にできる電場は，対称性から考えて点 P から直線におろした垂線の方向を向いているはずである．まず直線上点 P′ の線素 dz の電荷 $w\mathrm{d}z$ のつくる電場の大きさは，電荷の線密度 w，$\overline{\mathrm{PP'}} = r$ として

$$\frac{1}{4\pi\varepsilon_0}\frac{w\cdot\mathrm{d}z}{r^2}$$

であるから，垂線方向の電場は

$$\mathrm{d}E = \frac{1}{4\pi\varepsilon_0}\frac{w\cdot\mathrm{d}z}{r^2}\frac{a}{r}$$

となる．直線上のすべての電荷からの寄与を寄せ集めると

$$E = \frac{aw}{4\pi\varepsilon_0}\int_{-\infty}^{\infty}\frac{\mathrm{d}z}{r^3} = \frac{aw}{4\pi\varepsilon_0}\int_{-\infty}^{\infty}\frac{\mathrm{d}z}{\sqrt{a^2+z^2}^{\,3/2}} = \frac{w}{2\pi\varepsilon_0 a}$$

---

*2) dielectric とは「電流を流さない（電磁現象が伝わらないという意味ではない）」，つまり「絶縁の」という意味もある．真空も電流が流れにくい性質をもっているが，ε_0 がその性質を量的に表現しているわけではない．

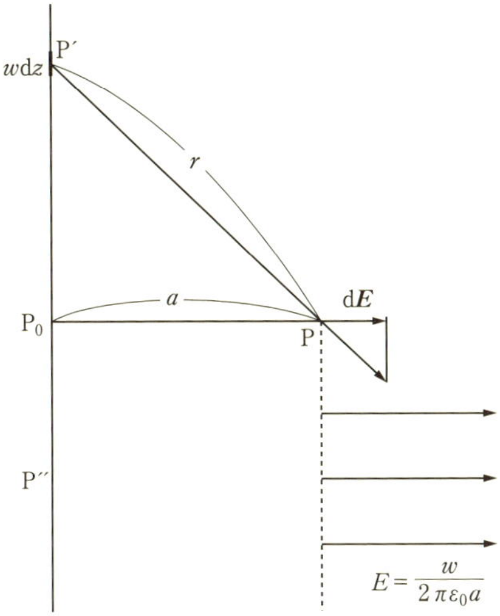

図 2.6　無限に長い直線上に均一の密度 w で分布した電荷のつくる電場
三次元的には，直線を軸とした円筒の表面の法線方向に一様に分布した電荷となる．その大きさは円筒の半径 a としたとき a^{-1} の依存性をもつことに注意（演習問題 2.2）．

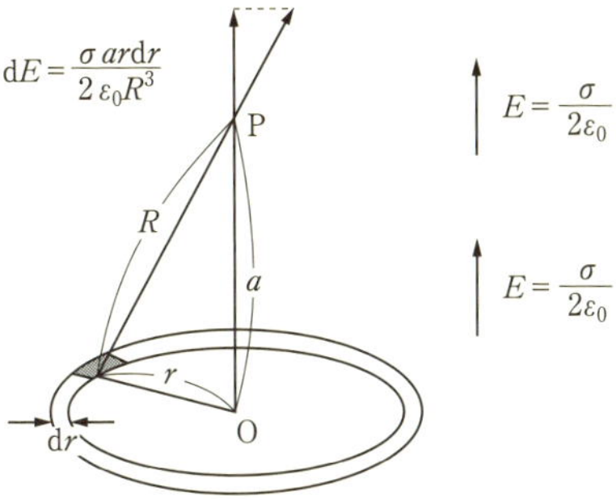

図 2.7　一様な電荷分布をもった無限に広い平面がつくる電荷の計算（演習問題 2.3）

となる．すなわち直線の電荷分布がつくる電場は直線と垂直の方向を向き，大きさは直線からの距離に反比例している．

■ 演習問題　2.3

無限に広い平面上の一様な電荷分布のつくる電場をもとめよ．

〔解　答〕

図 2.7 のように，電場を考える点 P から平面におろした垂線の足 O を中心とした半径 r の円輪の電荷 $\sigma\times 2\pi r\cdot \mathrm{d}r$ がつくる電場は対称性から垂線の方向を向いていて

$$\mathrm{d}E=\frac{\sigma\cdot 2\pi r\cdot \mathrm{d}r}{4\pi\varepsilon_0 R^2}\,\frac{a}{R}$$

である．これを r について 0 から無限大まで積分すると

$$E=\frac{\sigma a}{2\varepsilon_0}\int_0^\infty \frac{r\cdot \mathrm{d}r}{\sqrt{a^2+r^2}^{\,3/2}}=\frac{\sigma}{2\varepsilon_0}$$

となる．この場合電場は面に垂直で，面からの距離に関係なく一定である．いくら

遠くても電場が変わらないというのは，おかしく感じられるが，これは面が無限に広いからである．実際に有限な面の場合には面のごく近傍でこの式が成立する．

■ 演習問題　2.4

球の表面に一様に分布した電荷がつくる電場を計算せよ．

〔解　答〕

図 2.8 において球の半径を r_0，球の中心 O から電場を考える点 P までの距離を a とする．球上の点 Q を通り幅 $r_0 d\theta$，半径 $r_0 \sin\theta$ の円輪を考える．電荷の面密度を σ として円輪上の電荷 $\sigma 2\pi r_0 \sin\theta \cdot r_0 d\theta$ が P の位置につくる電場の OP 軸方向の成分は

$$dE = \frac{2\pi\sigma {r_0}^2 \sin\theta d\theta}{4\pi\varepsilon_0 R^2}\cos\chi$$

である．この量を θ について 0 から π まで積分すればよいが，R も χ も θ の関数なので積分には多少技巧が必要である．まず余弦定理

$${r_0}^2 = R^2 + a^2 - 2aR\cos\chi$$

の両辺を $2aR^3$ で割って

$$\frac{\cos\chi}{R^2} = \frac{1}{2a}\left(\frac{1}{R} + \frac{a^2}{R^3} - \frac{{r_0}^2}{R^3}\right)$$

が得られ，またもう 1 つの余弦定理

$$R^2 = {r_0}^2 + a^2 - 2ar_0\cos\theta$$

の両辺を微分して

$$RdR = ar_0 \sin\theta d\theta$$

を得る．これらを dE の式に代入すると

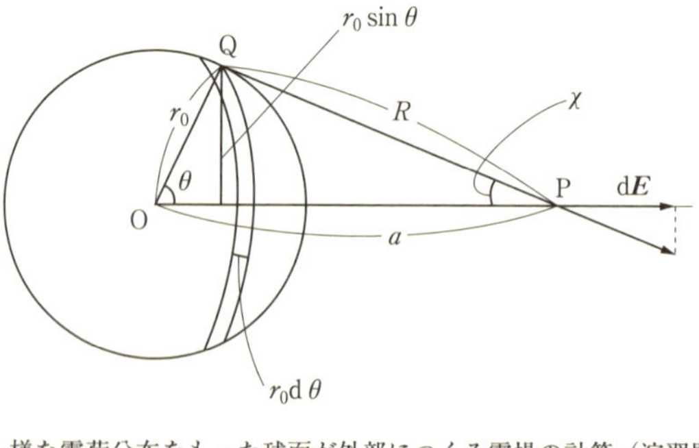

図 2.8　一様な電荷分布をもった球面が外部につくる電場の計算（演習問題 2.4）
球面上の全電荷を $q = 4\pi r_0^2\sigma$ とすると球の外部 $\boldsymbol{E}$ は球面の法線の方向を向き $|\boldsymbol{E}| = q/4\pi\varepsilon_0 a^2$ となる．球の内部では $\boldsymbol{E} = 0$ となる．

$$\mathrm{d}E = \frac{\sigma r_0}{4\varepsilon_0 a^2}\left(1+\frac{a^2}{R^2}-\frac{{r_0}^2}{R^2}\right)\mathrm{d}R$$

となり変数は R だけとなる．したがって電場は球の外部 $(a>r_0)$ では

$$E = \frac{\sigma r_0}{4\varepsilon_0 a^2}\int_{a-r_0}^{a+r_0}\left(1+\frac{a^2}{R^2}-\frac{{r_0}^2}{R^2}\right)\mathrm{d}R = \frac{4\pi {r_0}^2\sigma}{4\pi\varepsilon_0 a^2}$$

球の内部では

$$E = \frac{\sigma r_0}{4\varepsilon_0 a^2}\int_{r_0-a}^{a+r_0}\left(1+\frac{a^2}{R^2}-\frac{{r_0}^2}{R^2}\right)\mathrm{d}R = 0$$

となる．すなわち外部では電荷がすべて球の中心に集まった場合と同じ電場ができ，内部では電場はいたるところゼロになる．これらの計算は煩雑であるが，後にガウスの定理を使うと結果が容易に得られることを示すことができる．

2.3 スカラー場・ベクトル場の性質とその微分表現

電場のように，空間の各点，すなわち空間座標の関数として 1 つのベクトル量がきまるベクトル場と，空間座標の関数としてスカラー量がきまるスカラー場について一般的な性質を論じる．後に述べる電位・静電ポテンシャル等がスカラー場の例である．スカラー場やベクトル場の性質は微分演算子を使うことでうまく表現できる．この表現ではいろいろな量の関係式が空間の各点で成立するようにかけるので，計算をさらに進めていく上で便利である．

たとえば式 (2.4)，(2.6)，あるいはそれをより一般的にかいた式 (2.7) はクーロン場の性質を空間に広がった座標を使って記述している式であるが，これを空間の各点において成立する式で表現してみよう．そうすれば，たとえば積分範囲の指定などが不要になり，式に他の式を代入するなどの操作もでき，数学的演算を進めていくことが容易，簡便になる．また式の物理的意味も直感的に理解しやすくなる．この章では数学的な準備としてまずベクトル場の性質を空間座標による微分によってどう表現できるかを考える．

図 2.9 に示すように空間に微小な体積 $\Delta V = \Delta x\Delta y\Delta z$ をとり，この体積に流れ込み，また流れ出ていく電気力線を想定する．電気力線を水の流れに置きかえてみればわかりやすい．水の流れの速さを表す速度ベクトル $\boldsymbol{v}$ が電場ベクトル $\boldsymbol{E}$ に相当する．面積 $\boldsymbol{S}$ を通って単位時間に流れる水の体積（流量）は，$\boldsymbol{v}$ と面積ベクトル $\boldsymbol{S}$（面積の大きさをもち面の法線の方向を向いたベクトル）との内積で表される．電気力線の流れは $\boldsymbol{E}\cdot\boldsymbol{S}$ である．したがって体積 ΔV の

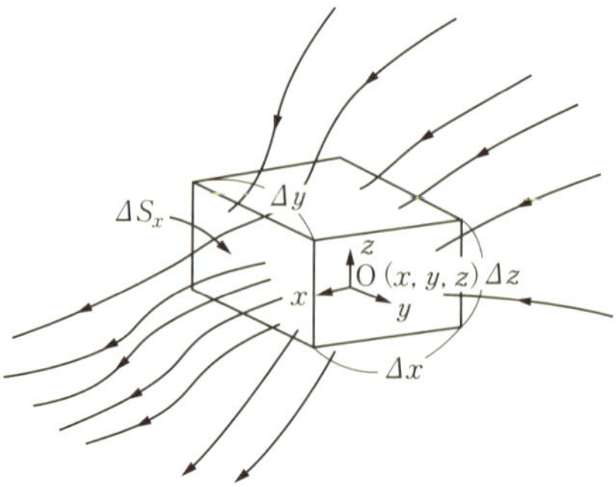

図 2.9 微小直方体$\Delta x \cdot \Delta y \cdot \Delta z$ に流れこむ流束と出ていく流束

前面 $\Delta S_x = \Delta y \Delta z$ から流れ出ていく電気力線の流束 (flux) Φ_x^+ は

$$\Phi_x{}^+ = E_x\left(x + \frac{\Delta x}{2}, y, z\right)\Delta y \Delta z \tag{2.18}$$

となる．前面の面積ベクトルは $\Delta S_x = \Delta y \Delta z$ そのもの，すなわち x 成分しかもたないから内積 $\boldsymbol{E} \cdot \boldsymbol{S}$ の第 1 項だけである．しかし前面上の $E_x(x+\Delta x, y, z)$ の値は $O(x, y, z)$ 点での値 $E_x(x, y, z)$ より多少ずれている．Δx が十分小さければ $E_x(x, y, z) + (\partial E_x/\partial x) \cdot (\Delta x/2)$ と近似できる．したがって流束は

$$\Phi_x{}^+ = \left\{E_x(x, y, z) + \frac{\partial E_x}{\partial x} \cdot \frac{\Delta x}{2}\right\}\Delta y \Delta z \tag{2.19}$$

となる．同様にして背面の ΔS_x に流れ込んでくる電気力線の流束 Φ_x^- は

$$\begin{aligned}\Phi_x{}^- &= -E_x\left(x - \frac{\Delta x}{2}, y, z\right)\Delta y \Delta z \\ &= -\left\{E_x(x, y, z) - \frac{\partial E_x}{\partial x} \cdot \frac{\Delta x}{2}\right\}\Delta y \Delta z\end{aligned} \tag{2.20}$$

とかける．負号がついているのは微小体積 ΔV からみて，流れの方向が式(2.18) の流出とは逆の流入であるからである．したがって x 軸方向での流出と流入の差，すなわち正味で出ていく流束は

$$\Phi_x = \Phi_x{}^+ + \Phi_x{}^- = \frac{\partial E_x}{\partial x}\Delta x \Delta y \Delta z \tag{2.21}$$

となる．同様に y 軸，z 軸方向の流束も加え合わせると，体積 ΔV から正味で外に出ていく流束の総和は

$$\Phi = \Phi_x + \Phi_y + \Phi_z = \left\{\frac{\partial E_x}{\partial x} + \frac{\partial E_y}{\partial y} + \frac{\partial E_z}{\partial z}\right\}\Delta x \Delta y \Delta z \tag{2.22}$$

となる．ここで括弧のなかの微分量を略記して div $\boldsymbol{E}$ とかくことにする．すなわち

$$\mathrm{div}\,\boldsymbol{E} = \frac{\partial E_x}{\partial x} + \frac{\partial E_y}{\partial y} + \frac{\partial E_z}{\partial z} \qquad (2.23)$$

と定義する．div は divergence（発散）とよむ．

さて上の計算から div $\boldsymbol{E}\cdot\Delta V$ は微小体積 ΔV から正味で出ていく流体（電気力線の流れ）の量すなわち湧き出しの量であるが，これは体積に比例していて，湧き出しの強さ自体は体積によらない．したがって div E は $\Delta V \to 0$ の極限の湧き出しの強さ，すなわち空間の1点からでていく流量の体積密度あるいは流束の湧き出しの強さを表している．

クーロン場では電荷が存在する点 $\boldsymbol{r}_s$ から放射状に電気力線が湧き出している．したがってこの点では

$$\mathrm{div}\,\boldsymbol{E}(\boldsymbol{r}_\mathrm{s}) \neq 0 \qquad (2.24)$$

である．湧き出しの量は電荷の大きさに比例する．式 (2.9) あるいは式 (2.11) から式 (2.24) の右辺が電荷密度 ρ/ε_0 に等しくなることがいえる．すなわち

$$\mathrm{div}\,\boldsymbol{E}(\boldsymbol{r}_\mathrm{s}) = \rho/\varepsilon_0 \qquad (2.25)$$

である．この式は後にクーロンの法則から厳密に証明される．さて電気力線は途中で交差したり分岐したりすることはない．空間の各点で力の方向は1つにきまるからである．したがって電荷の存在する点以外のところ($\boldsymbol{r} \neq \boldsymbol{r}_\mathrm{s}$)では，微小体積に流入した流束は，また必ず出ていかなければならない．すなわち差し引きで正味の湧き出しは0になるはずである．これを

$$\mathrm{div}\,\boldsymbol{E}(\boldsymbol{r} \neq \boldsymbol{r}_\mathrm{s}) = 0 \qquad (2.26)$$

と表現する．

流線と面とが直交していない一般の場合に，流束を表現するには，面積をベクトルとして考えると便利である．面積ベクトル $\boldsymbol{S}$ は大きさが $S = |\boldsymbol{S}|$，方向が面の法線の方向をもつベクトルと定義されている．すでにみたように $\Delta y\Delta z$ は $\Delta\boldsymbol{S}$ の x 成分である．これを使えば

$$E_x\cdot\Delta y\Delta z = E_x\cdot\Delta S_x = \boldsymbol{E}\cdot\Delta\boldsymbol{S}$$

のようにベクトルの内積として記述できる（この面では $\boldsymbol{E}$ と $\Delta\boldsymbol{S}$ とは同じ方向を向いていることに注意）．直方体 $\Delta V = \Delta x\Delta y\Delta z$ から流れ出る全流束は

$$\mathrm{div}\,\boldsymbol{E}\cdot\Delta V = \sum_{i=1}^{6} \boldsymbol{E}_i\Delta\boldsymbol{S}_i \qquad (2.27)$$

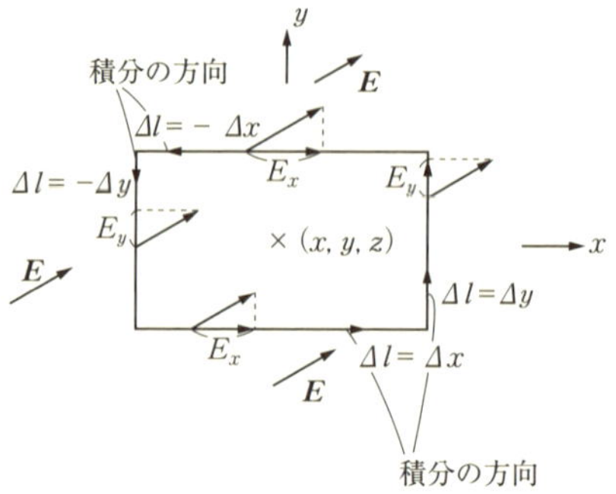

図 2.10
微小な矩形の周辺上で $\boldsymbol{E}\cdot\Delta\boldsymbol{l}$ を加え合わせる．渦のない流れの場の場合．

とかける．ただし右辺の和は直方体の 6 つの面についての和を表す．ΔV をとり囲む体積が曲面の表面をもっている場合は

$$\mathrm{div}\,\boldsymbol{E}\cdot\Delta V = \iint_{\Delta S}\boldsymbol{E}\mathrm{d}\boldsymbol{S} \tag{2.28}$$

とかく．積分は曲面の表面上で $\boldsymbol{E}$ の法線方向の成分を加え合わせるという意味である．

クーロン場の電気力線は放射状であって，渦状（閉じた曲線）になっていることはない．このことをベクトル場の微分量で記述することを考える．流れの場のなかの x-y 面内に図 2.10 のように微小な矩形（閉曲線）を考える．各辺に沿ってベクトル $\boldsymbol{E}$ の辺方向の成分を反時計まわりに一周して加えあわせる．ただしこの場合，$\boldsymbol{E}$ ベクトル成分の方向と積分の方向が逆向きの場合はその積を負とする．あるいは積分が座標軸の負の方向に向かうときは積分の線素を負とする．矩形の中心の座標を $(x,\ y,\ z)$ とし，一周積分を右の縦の辺，上の辺，左の縦の辺，下の辺の順序でかくと

$$\begin{aligned}\oint\boldsymbol{E}\cdot\mathrm{d}\boldsymbol{l} &= E_y\left(x+\frac{\Delta x}{2}, y, z\right)(\Delta y)+E_x\left(x, y+\frac{\Delta y}{2}, z\right)(-\Delta x)\\ &\quad +E_y\left(x-\frac{\Delta x}{2}, y, z\right)(-\Delta y)+E_x\left(x, y-\frac{\Delta y}{2}, z\right)(\Delta x)\\ &= \left\{E_y(x, y, z)+\frac{\partial E_y}{\partial x}\frac{\Delta x}{2}\right\}(\Delta y)+\left\{E_x(x, y, z)+\frac{\partial E_x}{\partial y}\frac{\Delta y}{2}\right\}(-\Delta x)\\ &\quad +\left\{E_y(x, y, z)-\frac{\partial E_y}{\partial x}\frac{\Delta x}{2}\right\}(-\Delta y)+\left\{E_x(x, y, z)-\frac{\partial E_x}{\partial y}\frac{\Delta y}{2}\right\}(\Delta x)\end{aligned}$$

$$= \frac{\partial E_y}{\partial x}\Delta x \Delta y - \frac{\partial E_x}{\partial y}\Delta x \Delta y$$

$$= \left(\frac{\partial E_y}{\partial x} - \frac{\partial E_x}{\partial y}\right)\Delta S_z \tag{2.29}$$

と計算される．さて図 2.10 のような一様な流れでは，閉曲線の面積 $\Delta S_z = \Delta x \Delta y$ が十分小さければ，その周上での $\boldsymbol{E}$ の値はほとんど等しいとできるから，一周積分は単に線素の和となりゼロになると考えられる．すなわち一様な流れのなかでは式 (2.29) はゼロである．

式 (2.29) を

$$\oint_{\Delta S_z} \boldsymbol{E}\cdot \mathrm{d}\boldsymbol{l} = R_z \Delta S_z \tag{2.30}$$

とかいておこう．すなわち

$$R_z = \frac{\partial E_y}{\partial x} - \frac{\partial E_x}{\partial y}$$

と定義する．同様にして流れのなかに，$\Delta z \Delta x$，$\Delta y \Delta z$ の微小面積を考え同じ計算を行うと

$$\oint_{\Delta S_y} \boldsymbol{E}\cdot \mathrm{d}\boldsymbol{l} = \left(\frac{\partial E_x}{\partial z} - \frac{\partial E_z}{\partial x}\right)\Delta S_y = R_y \Delta S_y$$
$$\oint_{\Delta S_x} \boldsymbol{E}\cdot \mathrm{d}\boldsymbol{l} = \left(\frac{\partial E_z}{\partial y} - \frac{\partial E_y}{\partial z}\right)\Delta S_x = R_x \Delta S_x \tag{2.31}$$

が得られる．ここで R_x, R_y, R_z を 3 成分とする量 $\boldsymbol{R}$ がベクトルの性質をもつことは後に証明する．

$\boldsymbol{R}$ の各成分はそれぞれの面内でのベクトル場 $\boldsymbol{E}$ の回転を意味するから

$$\boldsymbol{R} = \mathrm{rot}\,\boldsymbol{E}$$

とかく．ここで rot は rotation（回転）とよむ．このベクトルの各成分を改めてかくと

$$R_x = (\mathrm{rot}\,\boldsymbol{E})_x = \frac{\partial E_z}{\partial y} - \frac{\partial E_y}{\partial z} = \oint_{\Delta S_x} \frac{\boldsymbol{E}\cdot \mathrm{d}\boldsymbol{l}}{\Delta S_x} \tag{2.32}$$

$$R_y = (\mathrm{rot}\,\boldsymbol{E})_y = \frac{\partial E_x}{\partial z} - \frac{\partial E_z}{\partial x} = \oint_{\Delta S_y} \frac{\boldsymbol{E}\cdot \mathrm{d}\boldsymbol{l}}{\Delta S_y} \tag{2.33}$$

$$R_z = (\mathrm{rot}\,\boldsymbol{E})_z = \frac{\partial E_y}{\partial x} - \frac{\partial E_x}{\partial y} = \oint_{\Delta S_z} \frac{\boldsymbol{E}\cdot \mathrm{d}\boldsymbol{l}}{\Delta S_z} \tag{2.34}$$

となる．rot はベクトル場の各成分を空間微分する演算記号である．形式的に $(\partial/\partial x, \partial/\partial y, \partial/\partial z)$ を 3 成分とするベクトルを $\boldsymbol{\nabla}$ とすると，rot $\boldsymbol{E}$ は，2 つのベク

トル∇と$\boldsymbol{E}$のベクトル積からつくられる．すなわち

$$\mathrm{rot}\,\boldsymbol{E} = \left(\frac{\partial}{\partial x}, \frac{\partial}{\partial y}, \frac{\partial}{\partial z}\right) \times (E_x, E_y, E_z) \tag{2.35}$$

$$= \nabla \times (E_x, E_y, E_z)$$

と表現できる．rot は後述する極ベクトルから軸ベクトルをつくる演算子である．極ベクトルと軸ベクトルについては磁場に関連して改めて説明する．

放射状の場のなかでは，空間のいたるところで

$$\mathrm{rot}\,\boldsymbol{E}(\boldsymbol{r}) = 0 \tag{2.36}$$

であることがこうして証明された．これはクーロン場のなかのどこでも成立する式（微分表現）である．$\boldsymbol{r} = \boldsymbol{r}_s$ の点を中心とした場（放射場）にはどこにも渦がないことを意味している．

クーロン場ではないが，図 2.11 に示すように$\boldsymbol{r}$点のまわりにもし$\boldsymbol{E}$の渦があると$\boldsymbol{E}$の一周積分はゼロにならない（このような電場は磁場が時間的に変化する場合につくられる）．なぜなら積分線素が負となる辺上では$\boldsymbol{E}$ベクトルの成分も逆向きになっているから，各辺上の積分が打ち消しあわず全部加算されていくからである．すなわち

$$\oint \boldsymbol{E}\cdot \mathrm{d}\boldsymbol{l} = \sum \{(-E_x)(-\Delta x) + (-E_y)(-\Delta y) + E_x \Delta x + E_y \Delta y\} \neq 0$$

となり，この場合は

$$\mathrm{rot}\,\boldsymbol{E}(\boldsymbol{r}) \neq 0$$

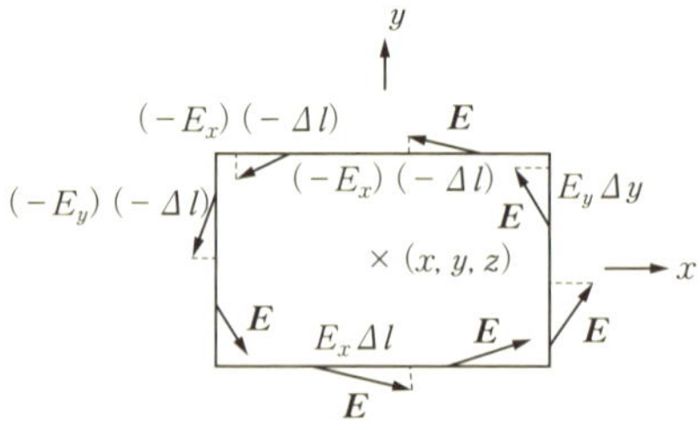

図 2.11
微小な矩形の周辺上で $\boldsymbol{E}\cdot\Delta\boldsymbol{l}$ を加え合わせる．渦場がある場合．

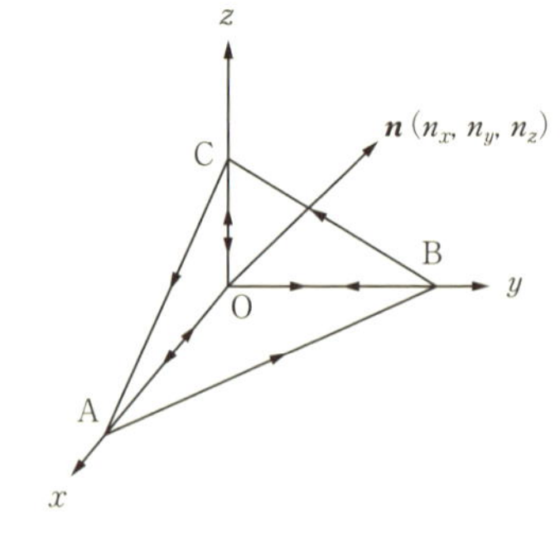

図 2.12
式 (2.32)～(2.34) を成分とする $\boldsymbol{R} = \mathrm{rot}\,\boldsymbol{E}$ はベクトルであり，△ABC の法線方向成分 $\boldsymbol{E}_\mathrm{n}$ は法線方向の単位ベクトルの成分 (n_x, n_y, n_z) により $\boldsymbol{R}_n = R_x n_x + R_y n_y + R_z n_z$ と表される．

である．ベクトル場が回転していると，rot $\boldsymbol{E}$ がゼロにならないことが直感的に理解できる．

rot $\boldsymbol{E}$ は座標の一点で定義されている量であるが，一点でベクトルの回転は考えにくい．いままでのように有限な大きさの面積 $\Delta \boldsymbol{S}$ を考えその周に沿った積分によって

$$\lim_{\Delta S \to 0} \frac{\oint \boldsymbol{E} \cdot \mathrm{d}\boldsymbol{l}}{\Delta S}$$

で表される極限が rot $\boldsymbol{E}$ の $\Delta \boldsymbol{S}$ の法線方向の成分であると考えればよい．

つぎに $\boldsymbol{R} = \mathrm{rot}\,\boldsymbol{E}$ がベクトルであることを証明しよう．図 2.12 のように直交座標軸 x，y，z 軸上にそれぞれ点 A，B，C をとる．△ABC の周上でベクトル $\boldsymbol{E}$ の回転をもとめる線積分

$$\oint_{\triangle \mathrm{ABC}} \boldsymbol{E} \cdot \mathrm{d}\boldsymbol{l}$$

を考える．これは 3 つの三角形 △OAC，△OBC，△OAB の周上の線積分の和でかける．なぜなら 3 つの積分で重なり合う各座標軸上の積分は図でみるとおり積分方向が逆になり打ち消し合い，結局 △ABC 上の線積分だけが残るからである．すなわち

$$\oint_{\triangle \mathrm{ABC}} \boldsymbol{E} \cdot \mathrm{d}\boldsymbol{l} = \oint_{\triangle \mathrm{OAC}} \boldsymbol{E} \cdot \mathrm{d}\boldsymbol{l} + \oint_{\triangle \mathrm{OBC}} \boldsymbol{E} \cdot \mathrm{d}\boldsymbol{l} + \oint_{\triangle \mathrm{OAB}} \boldsymbol{E} \cdot \mathrm{d}\boldsymbol{l} \qquad (2.37)$$

となる．ここで左辺はベクトル $\boldsymbol{R}$ の △ABC の法線方向成分

$$R_n = \oint_{\triangle \mathrm{ABC}} \frac{\boldsymbol{E} \cdot \mathrm{d}\boldsymbol{l}}{\Delta \boldsymbol{S}}$$

と考えられ，右辺の各項は式 (2.32) から式 (2.34) の定義により $\boldsymbol{R}$ の x，y，z 方向の成分でかきかえられる．ただし ΔS は △ABC の面積である．式 (2.37) の両辺を ΔS で割ると

$$R_n = R_x \frac{\Delta S_x}{\Delta S} + R_y \frac{\Delta S_y}{\Delta S} + R_z \frac{\Delta S_z}{\Delta S} \qquad (2.38)$$

となる．ここで $\Delta S_x / \Delta S = n_x$ などは面積 △ABC の法線ベクトル $\boldsymbol{n}$ の方向余弦であるから式 (2.38) は

$$R_n = R_x n_x + R_y n_y + R_z n_z \qquad (2.39)$$

とかける．ベクトル $\boldsymbol{R}$ の $\boldsymbol{n}$ 方向の成分が $\boldsymbol{n}$ の方向余弦で式 (2.39) のようにかけるということは $\boldsymbol{R}$ がベクトルであることを表している．

2.6 節でスカラー場 Φ からその空間的な変化の割合すなわち勾配（流れの場

合には流れの速さに対応する量）を表すベクトルを導く演算

$$\mathrm{grad}\,\Phi=\left(\frac{\partial\Phi}{\partial x},\frac{\partial\Phi}{\partial y},\frac{\partial\Phi}{\partial z}\right)$$

が定義される．grad Φ は3つの成分をもつベクトルである．grad は gradient（勾配）とよむ．この微分演算記号はスカラー関数 Φ からベクトルをつくっている．div という微分演算記号はベクトルからスカラーをつくり，rot という微分演算記号はベクトルからベクトルをつくることに対応している．

grad，div，rot はベクトル場やスカラー場の各座標点での性質を記述するのに便利な演算である．ベクトル場，スカラー場にこれらの演算を続けて2回行うことも電磁気学ではよく使われる．つぎに示す5つの式はスカラー関数，ベクトル関数がなんであっても常に成立する．定義にしたがって演算を行っていけば容易に証明できる．

$$\mathrm{div}\cdot\mathrm{grad}\,\Phi=\triangle\Phi \tag{2.40}$$

$$\mathrm{div}\cdot\mathrm{rot}\,\boldsymbol{A}=0 \tag{2.41}$$

$$\mathrm{rot}\cdot\mathrm{grad}\,\Phi=0 \tag{2.42}$$

$$\mathrm{rot}\cdot\mathrm{rot}\,\boldsymbol{A}=\mathrm{grad}\cdot\mathrm{div}\,\boldsymbol{A}-\triangle\boldsymbol{A} \tag{2.43}$$

$$\mathrm{div}(\phi\,\mathrm{grad}\,\varphi)=\phi\triangle\varphi+\mathrm{grad}\,\phi\,\mathrm{grad}\,\varphi \tag{2.44}$$

ただし△はラプラシアン（Laplacian）とよばれる2回微分の演算記号で

$$\triangle=\frac{\partial^2}{\partial x^2}+\frac{\partial^2}{\partial y^2}+\frac{\partial^2}{\partial z^2} \tag{2.45}$$

を表す．

■ 演習問題 2.5

つぎの各設問につき，記述されたすべての条件式を満足するベクトル場 $\boldsymbol{E}(\boldsymbol{r})$ の例を図示せよ．r_1，r_2 は定点とする．定点がある場合，それを図中に指示せよ．

(1) いたるところで div $\boldsymbol{E}(r)=0$

(2) div $\boldsymbol{E}(r_1)\neq 0$，div $\boldsymbol{E}(r\neq r_1)=0$，いたるところで rot $\boldsymbol{E}(r)=0$

(3) div $\boldsymbol{E}(r_1)\neq 0$，div $\boldsymbol{E}(r_2)\neq 0$，div $\boldsymbol{E}(r\neq r_1, r_2)=0$，いたるところで rot $\boldsymbol{E}(r)=0$

(4) rot $\boldsymbol{E}(r_1)\neq 0$，rot $\boldsymbol{E}(r\neq r_1)=0$

■演習問題 2.6

ベクトル場，スカラー場の2回微分量について成立する公式 (2.40) - (2.44) を証明せよ．

2.4　ベクトル場・スカラー場の積分公式
—ガウスの定理，ストークスの定理，グリーンの定理—

ベクトル場 $\boldsymbol{E}$ のなかで閉曲面で取り囲まれた体積 V を考え，そのなかの空間を無数の微小体積 ΔV で完全に埋め尽くす（図 2.13）．各微小体積について成立する関係式 (2.27)

$$\mathrm{div}\,\boldsymbol{E}\cdot\Delta V = \iint_{\Delta S}\boldsymbol{E}\cdot\mathrm{d}\boldsymbol{S}$$

を体積 V 全体にわたってすべて加え合わせる．左辺は体積 V 全体にわたる積分となる．右辺も微小体積の表面上の $\boldsymbol{E}$ の法線成分すべての和となるが，表面を共有して隣り合う 2 つの ΔV の表面上では，同じ電場 $\boldsymbol{E}$ が一方の微小体積では外向き（正），隣りの微小体積では内向き（負）とカウントされるから（図 2.13），微小体積の共有境界面上の電場はすべて打ち消し合い，結局残るのは V の外側の表面 S の上の $\boldsymbol{E}$ の和だけとなる．すなわちベクトルの divergence の体積全体にわたる積分は，外側表面だけのそのベクトルの法線成分の積分に置きかえられる．すなわち

$$\iiint_V \mathrm{div}\,\boldsymbol{E}\cdot\mathrm{d}V = \iint_S \boldsymbol{E}\cdot\mathrm{d}\boldsymbol{S} \qquad (2.46)$$

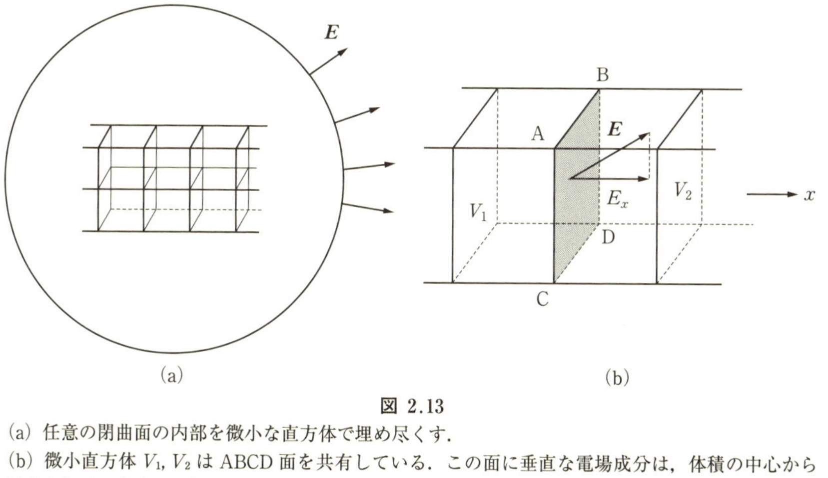

図 2.13

(a) 任意の閉曲面の内部を微小な直方体で埋め尽くす．

(b) 微小直方体 V_1, V_2 は ABCD 面を共有している．この面に垂直な電場成分は，体積の中心から外向きを正，内向きを負と定義すると，V_1 に対して E_x, V_2 に対しては $(-E_x)$ となる．

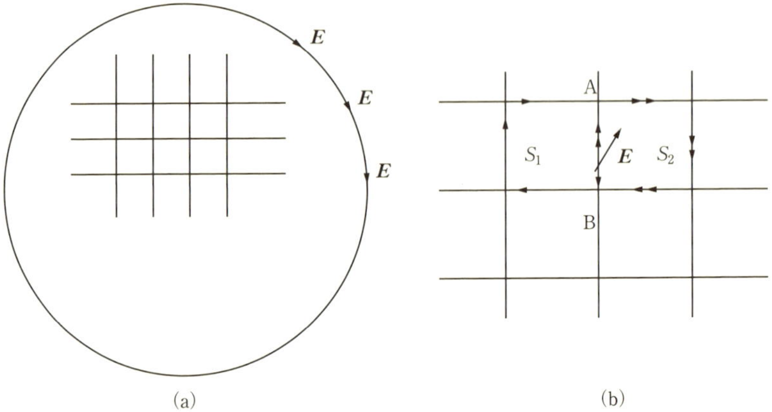

図 2.14

(a) 任意の閉曲線を微小直方形で埋め尽くす．

(b) 直方形 S_1, S_2 は辺 AB を共有している．線分 AB 上で S_1 の周辺積分（矢印→）と S_2 の周辺積分（矢印→→）は方向が逆である．この辺上の積分は打ち消し合う．

とかける．これはベクトル場の体積積分を面積積分で置きかえる重要な公式でガウスの定理とよばれる．

ベクトル場 $\boldsymbol{E}$ のなかに有限な大きさの閉曲線 L を考え，その面積 S を微小な閉曲線 $\Delta \boldsymbol{S}_i$ で隙間なく埋め尽くす（図 2.14）．式 (2.31) から式 (2.33) の関係式から，各微小閉曲線上の周回積分について

$$(\mathrm{rot}\,\boldsymbol{E})_i \Delta \boldsymbol{S}_i = \oint_{\Delta l} \boldsymbol{E} \cdot \mathrm{d}\boldsymbol{l}$$

が成立している．この式をすべての微小閉曲線について加え合わせる．左辺は閉曲線 L の面積全体にわたる積分となる．右辺は隣りあう閉曲線が共有する辺上では同じベクトルに対して積分の方向が逆になるからすべて打ち消しあい，結局和として残るのは閉曲線 L の一番外側の周上の積分のみとなる．これは

$$\iint_S \mathrm{rot}\,\boldsymbol{E} \cdot \mathrm{d}\boldsymbol{S} = \oint_l \boldsymbol{E} \cdot \mathrm{d}\boldsymbol{l} \qquad (2.47)$$

と表される．閉曲線のつくる面内全体にわたっての rot $\boldsymbol{E}$ の面積積分は，外周上の $\boldsymbol{E}$ の線積分だけで表すことができるというベクトル場の重要な性質が導かれた．数学的にはこの関係式はベクトル場の面積分を線積分で置きかえる公式でストークスの定理とよばれる．

ガウスの定理は一般のベクトル場について成立するから，これを使うとスカラー場についてのグリーンの定理が証明できる．2つのスカラー場，u，v を考え，これらからベクトル場

$$u \,\mathrm{grad}\, v$$

$$v \,\mathrm{grad}\, u$$

をつくる．それぞれのベクトルに対して式 (2.46) のガウスの定理を使うと，

$$\iint u \,\mathrm{grad}\, v \cdot \mathrm{d}S = \iiint \mathrm{div}(u \,\mathrm{grad}\, v)\mathrm{d}V$$

$$\iint u(\mathrm{grad}\, v)_n \cdot \mathrm{d}S = \iiint \left\{\frac{\partial}{\partial x}\left(u\frac{\partial v}{\partial x}\right) + \frac{\partial}{\partial y}\left(u\frac{\partial v}{\partial y}\right) + \frac{\partial}{\partial z}\left(u\frac{\partial v}{\partial z}\right)\right\}\mathrm{d}V$$

$$= \iiint \left\{u\frac{\partial^2 v}{\partial x^2} + \frac{\partial u}{\partial x}\frac{\partial v}{\partial x} + u\frac{\partial^2 v}{\partial y^2} + \frac{\partial u}{\partial y}\frac{\partial v}{\partial y} + u\frac{\partial^2 v}{\partial y^2} + \frac{\partial u}{\partial y}\frac{\partial v}{\partial y}\right\}\mathrm{d}V$$

$$= \iiint \{u \triangle v + \mathrm{grad}\, u \cdot \mathrm{grad}\, v\}\mathrm{d}V \qquad (2.48)$$

および

$$\iint v(\mathrm{grad}\, u)_n \cdot \mathrm{d}\boldsymbol{S} = \iiint \{v \triangle u + \mathrm{grad}\, u \cdot \mathrm{grad}\, v\}\mathrm{d}V \qquad (2.49)$$

が得られる．ただし2つのベクトルの内積

$$\mathrm{grad}\, u \cdot \mathrm{d}\boldsymbol{S}$$

を $\mathrm{d}\boldsymbol{S}$ の法線方向を n として

$$(\mathrm{grad}\, u)_n \,\mathrm{d}S$$

とかいた．式 (2.48) から式 (2.49) を引くと，グリーンの定理

$$\iint \{u(\mathrm{grad}\, v)_n - v(\mathrm{grad}\, u)_n\}\mathrm{d}S = \iiint \{u \triangle v - v \triangle u\}\mathrm{d}V \qquad (2.50)$$

が得られる．この定理も電磁気学でしばしば用いられる（たとえば3.4節参照）．

2.5　クーロン場の微分表現，電場に関するガウスの定理

すでにクーロン場の性質の一部をベクトル場の微分を使って表したが，これをクーロンの公式

$$\boldsymbol{E}(\boldsymbol{r}) = \frac{1}{4\pi\varepsilon_0}\iiint_V \rho(\boldsymbol{r}')\frac{\boldsymbol{r}-\boldsymbol{r}'}{|\boldsymbol{r}-\boldsymbol{r}'|^3}\mathrm{d}V \qquad (2.51)$$

から数学的に直接導いてみよう．ここで V は電荷をすべてそのなかに含んで

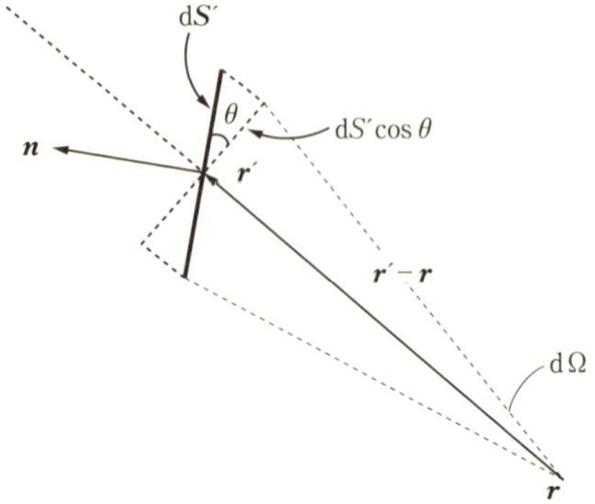

図 2.15

閉曲面上の面積 d$\boldsymbol{S}'$ をとると $\mathrm{d}S'\cdot\cos\theta/|\boldsymbol{r}'-\boldsymbol{r}|^2$ は $\boldsymbol{r}$ 点から d$\boldsymbol{S}'$ を見こむ立体角 dΩ である．

いる体積であるが，その境界が閉曲面 S であるとする．この式の両辺を S の表面全体にわたって面積積分をする．ガウスの定理を使うと左辺は

$$\text{左辺} = \iint_S \boldsymbol{E}(\boldsymbol{r})\cdot\mathrm{d}\boldsymbol{S} = \iiint_V \mathrm{div}\,\boldsymbol{E}(\boldsymbol{r})\mathrm{d}V \tag{2.52}$$

となる．右辺は

$$\text{右辺} = \frac{1}{4\pi\varepsilon_0}\iiint_V \rho(\boldsymbol{r}')\mathrm{d}V'\iint_S \frac{\boldsymbol{r}-\boldsymbol{r}'}{|\boldsymbol{r}-\boldsymbol{r}'|^3}\mathrm{d}\boldsymbol{S} \tag{2.53}$$

となるが，面積積分と体積積分は同じ範囲を積分するのだから，積分変数 $\boldsymbol{r}$ と $\boldsymbol{r}'$ を入れかえておくと

$$\text{右辺} = \frac{1}{4\pi\varepsilon_0}\iiint_V \rho(\boldsymbol{r})\mathrm{d}V\iint_S \frac{-(\boldsymbol{r}'-\boldsymbol{r})}{|\boldsymbol{r}-\boldsymbol{r}'|^3}\mathrm{d}\boldsymbol{S}' \tag{2.54}$$

となる．面積積分の被積分関数は図 2.15 を参照すると

$$\frac{-(\boldsymbol{r}'-\boldsymbol{r})\cdot\mathrm{d}\boldsymbol{S}}{|\boldsymbol{r}-\boldsymbol{r}'|^3} = \frac{|\boldsymbol{r}-\boldsymbol{r}'|\mathrm{d}S'\cos(\pi-\theta)}{|\boldsymbol{r}-\boldsymbol{r}'|^3} = \frac{\mathrm{d}S'\cos\theta}{|\boldsymbol{r}-\boldsymbol{r}'|^3} = \mathrm{d}\Omega \tag{2.55}$$

のようにかきかえられる．dΩ は $\boldsymbol{r}$ の位置から面積 d$\boldsymbol{S}'$ をみた立体角の大きさである．したがって，dΩ の面積積分は閉曲面内の 1 点から閉曲面の全表面をみる立体角，すなわち 4π になる．したがって

$$\text{右辺} = \frac{1}{4\pi\varepsilon_0}\iiint_V \rho(\boldsymbol{r})\mathrm{d}V\times 4\pi = \iiint \frac{\rho(\boldsymbol{r})}{\varepsilon_0}\mathrm{d}V$$

となる．ここで左辺と右辺を等しいとおくと

$$\iiint_V \mathrm{div}\,\boldsymbol{E}(\boldsymbol{r})\mathrm{d}V = \iiint_V \frac{\rho(\boldsymbol{r})}{\varepsilon_0}\mathrm{d}V \tag{2.56}$$

が得られる．両辺の被積分関数を等しいとおくと

$$\mathrm{div}\,\boldsymbol{E}(\boldsymbol{r}) = \frac{\rho(\boldsymbol{r})}{\varepsilon_0} \tag{2.57}$$

が得られる．前節ですでにみたように，電場の発散は電荷があるところ（$\rho \neq 0$）だけでゼロでなく，しかもその大きさは電荷密度 ρ に比例する．電荷のない点では，電場の発散は常にゼロである．

式 (2.52) と式 (2.56) を組み合わせると，ガウスの定理はつぎのように書き直すことができる．

$$\iint_S \boldsymbol{E}(\boldsymbol{r})\cdot\mathrm{d}\boldsymbol{S} = \iiint_V \frac{\rho(\boldsymbol{r})}{\varepsilon_0}\mathrm{d}V \tag{2.58}$$

右辺は閉曲面内に含まれる全電荷である．閉曲面上の電場 $\boldsymbol{E}$ の法線成分の総和は内部の電荷の総和できまり，その分布の様子にはよらない．また閉曲面外部にある電荷は $\boldsymbol{E}$ の表面積分に影響しない．外部の電荷がつくる電場は閉曲面を 2 度貫くことになるが，その際第一の面，第二の面で電場の向きが内向き，外向きと逆になるので，その面積分が打ち消し合い表面電場の総和にはきかないからである．

上式において ε_0 と電場 $\boldsymbol{E}$ の積 $\boldsymbol{D} = \varepsilon_0\boldsymbol{E}$ を電束密度（電束の面密度）と定義する．$\boldsymbol{D}$ に面積をかけた量が電束である．これを用いると上式の電磁気学におけるガウスの定理は，

$$\iint_S \boldsymbol{D}(\boldsymbol{r})\cdot\mathrm{d}\boldsymbol{S} = \iiint_V \rho(\boldsymbol{r})\mathrm{d}V \tag{2.59}$$

となり，「閉曲面で囲まれた体積から外にでていく電束の総和は，その体積内に含まれる電荷の総和に等しい」と表現される．$\boldsymbol{E}$ に定数を掛けただけで新しい物理量，電束を定義することはなにか冗長な感じがないわけではない．後にみるように誘電体など ε が異なる媒質を電場が貫いている場合には電束が保存される．電束については後に改めて議論する．

つぎにクーロンの法則 (2.51) の両辺を任意の閉曲線 L に沿って 1 周積分する．ストークスの定理を使うと，左辺は

$$\text{左辺} = \oint_L \boldsymbol{E}(\boldsymbol{r})\cdot\mathrm{d}\boldsymbol{l} = \iint_S \mathrm{rot}\,\boldsymbol{E}\cdot\mathrm{d}\boldsymbol{S}$$

とかき直せる．S は L で囲まれる面積である．右辺は

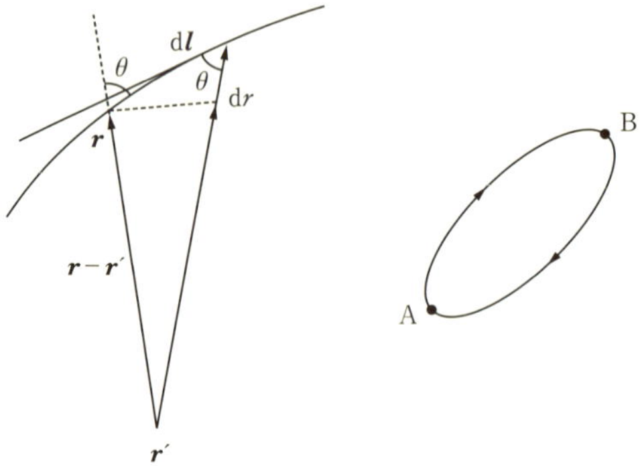

図 2.16
閉曲面上の点を表す位置ベクトルを $\boldsymbol{r}$，内部の点を表す位置ベクトルを $\boldsymbol{r}'$ とすると $(\boldsymbol{r}-\boldsymbol{r}')/|\boldsymbol{r}-\boldsymbol{r}'|^3$ の周回積分はゼロとなる．

$$\frac{1}{4\pi\varepsilon_0}\oint_L\iiint_V \rho(\boldsymbol{r}')\frac{\boldsymbol{r}-\boldsymbol{r}'}{|\boldsymbol{r}-\boldsymbol{r}'|^3}\mathrm{d}V'\mathrm{d}\boldsymbol{l} = \frac{1}{4\pi\varepsilon_0}\iiint_V \rho(\boldsymbol{r}')\mathrm{d}V'\oint_L \frac{\boldsymbol{r}-\boldsymbol{r}'}{|\boldsymbol{r}-\boldsymbol{r}'|^3}\mathrm{d}\boldsymbol{l}$$

となるが，図 2.16 を参照すると，

$$(\boldsymbol{r}-\boldsymbol{r}')\mathrm{d}\boldsymbol{l} = |\boldsymbol{r}-\boldsymbol{r}'|\mathrm{d}l\cos\theta = |(\boldsymbol{r}-\boldsymbol{r}')|\mathrm{d}r$$

であるから

$$\oint_L \frac{\boldsymbol{r}-\boldsymbol{r}'}{|\boldsymbol{r}-\boldsymbol{r}'|^3}\mathrm{d}\boldsymbol{l} = \oint_L \frac{\mathrm{d}r}{r^2} = \left[-\frac{1}{r}\right]_{\mathrm{A}}^{\mathrm{B}} + \left[-\frac{1}{r}\right]_{\mathrm{B}}^{\mathrm{A}} = 0$$

となる．ここで $r=|\boldsymbol{r}-\boldsymbol{r}'|$ である．わかりやすいように一周積分を A から B までと，B から A までの積分にわけてかいた．もちろんこの積分の和はゼロである．したがって

$$\iint_S \mathrm{rot}\,\boldsymbol{E}\cdot\mathrm{d}\boldsymbol{S} = 0$$

である．この式が任意の閉曲線について成立するためには被積分関数がゼロでなければならない．すなわち

$$\mathrm{rot}\,\boldsymbol{E} = 0 \qquad (2.60)$$

ということになる．まとめると結局クーロン場は 2 つの微分方程式

$$\mathrm{div}\,\boldsymbol{E} = \frac{\rho}{\varepsilon_0} \qquad (2.57)$$

$$\mathrm{rot}\,\boldsymbol{E} = 0 \qquad (2.60)$$

で表された．これらの式は，単に式 (2.51) から数学的演算で導かれたという

以上の意義をもっている．すなわち，遠隔作用の立場でかかれたクーロンの法則が近接作用の立場の式にかきかえられたわけである．式 (2.57)，(2.60) の関係は，座標の各点で成立する式で式 (2.51) のように遠くはなれた点の間で力（作用）が働いているという形式にはなっていない．2.3 節の議論を使うと，クーロン場とは，電荷を中心とした放射場で，いたるところに渦場はできないということを主張している．この 2 つの式をクーロン場の基本式とし，これらから 2 つの電荷の間に働く力の式（クーロンの法則）を逆に導くことができる．つまり近接作用の理論で一貫できることになる．

式 (2.60) の関係は，式 (2.51) の両辺の rotation を直接演算することでも得られる（演習問題 2.7 参照）．また式 (2.57) の $\boldsymbol{r} \neq \boldsymbol{r}'$ の場合，すなわち電荷のない位置の

$$\mathrm{div}\,\boldsymbol{E}(\boldsymbol{r}) = 0$$

の関係は式 (2.51) の両辺の divergence を直接演算することでも容易に得られる（演習問題 2.8 参照）．しかし，電荷の存在する点の divergence を計算するときは，$\boldsymbol{r} = \boldsymbol{r}'$ で関数が発散してしまうのでそのままではもとめられない．

■ 演習問題 2.7

$\boldsymbol{r} \neq \boldsymbol{r}'$ の場合，クーロン場の式 (2.51) の右辺に rotation を直接演算して $\mathrm{rot}\,\boldsymbol{E}(\boldsymbol{r}) = 0$ を導け．

〔解　答〕

積分と微分の演算の順序は交換できるものとして，右辺の被積分関数を座標 $\boldsymbol{r}$ で偏微分する．このとき $\rho(r')$ は定数としてよいから $(\mathrm{rot}\,E)_x$ の被積分関数は

$$\frac{\partial}{\partial y}\frac{z-z'}{\left(\sqrt{(x-x')^2+(y-y')^2+(z-z')^2}\right)^{3/2}}-\frac{\partial}{\partial z}\frac{y-y'}{\left(\sqrt{(x-x')^2+(y-y')^2+(z-z')^2}\right)^{3/2}}$$

$$= -\frac{3}{2}\frac{2(z-z')(y-y')}{r^5}+\frac{3}{2}\frac{2(y-y')(z-z')}{r^5}$$

$$= 0$$

となる．ただし $r=\sqrt{(x-x')^2+(y-y')^2+(z-z')^2}$ と略記した．y 成分，z 成分も同様に 0 となるから $\mathrm{rot}\,\boldsymbol{E} = 0$ が証明された．

■ 演習問題 2.8

$\boldsymbol{r} \neq \boldsymbol{r}'$ の場合，クーロン場の式 (2.51) の右辺に divergence を直接演算して

div $\boldsymbol{E}(\boldsymbol{r}) = 0$ を導け.

〔解　答〕

全問と同様に被積分関数に divergence を演算する.

$$
\begin{aligned}
&\frac{\partial}{\partial x}\frac{(x-x')}{r^3}+\frac{\partial}{\partial y}\frac{(y-y')}{r^3}+\frac{\partial}{\partial z}\frac{(z-z')}{r^3} \\
&=\frac{3}{r^3}-3\frac{(x-x')}{r^4}\frac{(x-x')}{r}-3\frac{(y-y')}{r^4}\frac{(y-y')}{r}-3\frac{(z-z')}{r^4}\frac{(z-z')}{r} \\
&=\frac{3}{r^3}-\frac{3r^2}{r^5} \\
&=0
\end{aligned}
$$

被積分関数がゼロとなり，div $\boldsymbol{E}(\boldsymbol{r} \neq \boldsymbol{r}') = 0$ が証明された.

2.6　静電ポテンシャル（電位），ポアソンの方程式，アーンショーの定理

重力場では低いところにある物体より，高いところにある物体の方が，より大きな位置のエネルギーをもっている．このエネルギーの差は，重力に逆らって物体を低いところから高いところまでもち上げるために必要な仕事の量になっている．電場のなかにある電荷についても，それには力が働いているのだから，電荷がどこにあるかによって位置のエネルギーは違うはずである．このエネルギーを計算してみよう.

$\boldsymbol{r}_1$ にある電荷 q_1 は式 (2.4) によって，その周囲に

$$
\boldsymbol{E}(\boldsymbol{r}) = \frac{1}{4\pi\varepsilon_0}\frac{q_1(\boldsymbol{r}-\boldsymbol{r}_1)}{|\boldsymbol{r}-\boldsymbol{r}_1|^3} \tag{2.4}
$$

の電場をつくっている．図 2.17 (i) に示すように，点 P にある電荷 q_2 を $\boldsymbol{E}$ ベクトルの方向に沿って点 Q まで移動する．q_2 には

$$
\boldsymbol{F} = q_2 \cdot \boldsymbol{E}(\boldsymbol{r})
$$

の力が働く．q_1 と q_2 が同符号なら力は斥力で，力の方向と移動の方向（積分の方向）は逆向きである．移動させるのに必要な仕事は

$$
\begin{aligned}
\boldsymbol{W} &= \int_{r_{\mathrm{P}}}^{r_{\mathrm{Q}}} \boldsymbol{F}\cdot \mathrm{d}\boldsymbol{l} \\
&= \frac{-q_1q_2}{4\pi\varepsilon_0}\int_{r_{\mathrm{P}}}^{r_{\mathrm{Q}}}\frac{dr}{r^2} = -\frac{q_1q_2}{4\pi\varepsilon_0}\left[-\frac{1}{r}\right]_{r_{\mathrm{P}}}^{r_{\mathrm{Q}}}
\end{aligned}
$$

$$= \frac{q_1 q_2}{4\pi\varepsilon_0}\left(\frac{1}{r_Q} - \frac{1}{r_P}\right)$$

$$= q_2(\Phi(r_Q) - \Phi(r_P)) \tag{2.61}$$

と計算される．ただし

$$\Phi(r_Q) = \frac{1}{4\pi\varepsilon_0}\frac{q_1}{r_Q} \tag{2.62}$$

と定義する．r_Q は点 O（q_1 のある点）から点 Q までの距離である．電荷 q_1，q_2 が同符号ならこの仕事は正で，q_1に対して q_2 のもつ位置のエネルギーは，点 P より点 Q が高いことになる．

式 (2.61) で $r_P = \infty$ とすると，式 (2.62) から位置のエネルギーは

$$W = q_2 \cdot \Phi(r_Q) = \frac{q_1 q_2}{4\pi\varepsilon_0 r_Q} \tag{2.63}$$

となる．したがって $q_2 \cdot \Phi(r_Q)$ は電荷 q_2 を無限遠から点 Q までもってくるために加える（電荷が同符号の場合），または取り去る（電荷が異符号の場合）エネルギーを表す．ここでは電荷を電場の方向に沿って移動したが，仕事，したがって $\Phi(r_Q)$ の値は，無限遠からの積分の経路にはよらず最終到達点の座標だけの関数となる．たとえば図 2.17 (ii) において，点 P から点 Q に至るのに，まず $\boldsymbol{E}$ の方向に沿って点 P から点 Q′ まで積分し，つぎに点 O を中心とした円弧の上を点 Q′ から点 Q まで電荷を移動する．円弧上では電場の方向と移動の方向が直交しているので仕事の積分はゼロである．点 Q にいたるまでの仕事は点 P から点 Q′ への移動のための仕事に等しい．したがって，点 Q の位置で電荷がもつエネルギーあるいは Φ の値は，点 O(q_1) からの距離だけの関数である．それが式 (2.62)，(2.63) で表現されている．

電荷 q_1 の周りの空間は，そこにテスト電荷 q をもちこむと，その電荷 q と Φ の積だけの位置のエネルギーを与える“能力”をもっているといえる．この $\Phi(r)$ を q_1 のつくる静電ポテンシャルまたは電位という．後に述べるベクトルポテンシャルと一緒に議論する場合にはスカラーポテンシャル（一般には時間の関数）として現れる．静電ポテンシャルは電荷からの距離だけできまるスカラーの場である．電位の固有の SI 単位は [V] で

$$[\mathrm{V}] = [\mathrm{Joule/Coulomb}] = [\mathrm{J\ C^{-1}}] = [\mathrm{kg\ m^2\ s^{-3}\ A^{-1}}]$$

と表される．2 点の電位の差を電位差という．ここではポテンシャル・エネルギーの基準点を無限遠にとったが，一般にはどこを基準点としてもよいことは

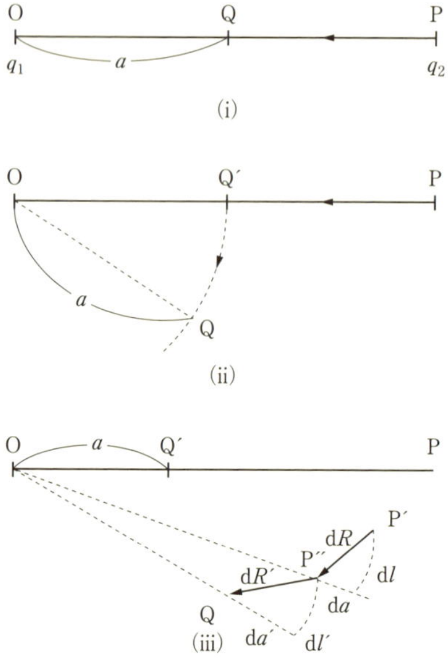

図 2.17

(ii) において点 P から電荷を点 Q′ を経て点 Q まで運ぶ仕事は (i) において電荷を点 P から点 Q まで直線上を運ぶ仕事に等しい．あるいは (iii) において電荷を点 P′, P″ を経て点 Q まで運ぶ仕事は，直線上で da, da' 動かす仕事の和で，結局点 P から点 Q に直線上を運ぶ仕事と同じである．
仕事の量，したがって q_2 が q_1 に対してもつポテンシャルエネルギーは最終点 Q の位置のみによりきまる量である．

重力ポテンシャルの場合と同じである．そのため電位は，定数不定性をもっている．しかし電位差という量は，差をとることによって不定の定数が消え，確定した値をとる．

電位は座標だけの関数で，その値をもとめる積分の経路によらないことは，クーロン場の性質を使って簡単に証明できる．図 2.18 のように点 P から点 Q に至る 2 つの経路 S_1, S_2 を考える．テスト電荷 q をこの閉曲線に沿って 1 週させると，クーロン場の性質 rot $\boldsymbol{E}=0$ とストークスの定理を使って

$$\oint_C \boldsymbol{E}\cdot \mathrm{d}\boldsymbol{l}=0 \tag{2.64}$$

となる．この一周積分はまた 2 つの経路に沿った積分の和として

$$\int_{S_1}\boldsymbol{E}\cdot \mathrm{d}\boldsymbol{l}+\int_{S_2'}\boldsymbol{E}\cdot \mathrm{d}\boldsymbol{l}=\int_{S_1}\boldsymbol{E}\cdot \mathrm{d}\boldsymbol{l}-\int_{S_2}\boldsymbol{E}\cdot \mathrm{d}\boldsymbol{l}=0$$

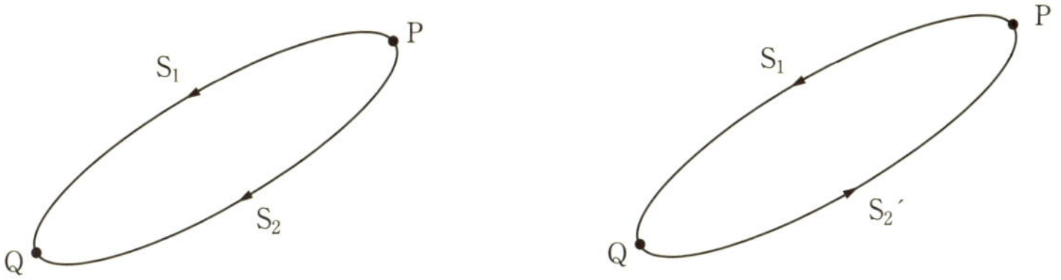

図 2.18
電位がそれを計算する経路によらないことはクーロン場が
rot $\boldsymbol{E}=0$ であることより容易に証明できる．

とかけ，したがって

$$\int_{S_1}\boldsymbol{E}\cdot d\boldsymbol{l}=\int_{S_2}\boldsymbol{E}\cdot d\boldsymbol{l} \tag{2.65}$$

となるから，2つの経路 S_1, S_2 に沿った積分（仕事）が等しいことになる．すなわち電位はそれを計算する経路によらない．場の量がそれをもとめる積分の経路によらないとき，この場を保存場という．重力場やクーロン場は保存場である．逆に $\boldsymbol{E}$ が保存場であれば

$$\mathrm{rot}\,\boldsymbol{E}=0$$

でなければならない．

電場 $\boldsymbol{E}$ のところで電荷 q を微小距離 $d\boldsymbol{l}$ だけ移動して，電位が $d\Phi$ だけ変化したとすると，位置エネルギーの増加は，そのときした仕事に等しい．両辺を電荷 q で除して，

$$d\Phi=-\boldsymbol{E}\cdot d\boldsymbol{l} \tag{2.66}$$

という関係式が得られる．$\boldsymbol{E}$ の方向と $d\boldsymbol{l}$ の方向が逆向きのときに電位が増すことに注意しよう．この式を直交座標でかけば

$$d\Phi=-E_x dx-E_y dy-E_z dz$$

である．一方，全微分の公式から

$$d\Phi=\frac{\partial\Phi}{\partial x}dx+\frac{\partial\Phi}{\partial y}dy+\frac{\partial\Phi}{\partial z}dz$$

であるから，2つの式を比較すると

$$E_x=-\frac{\partial\Phi}{\partial x},\quad E_y=-\frac{\partial\Phi}{\partial y},\quad E_z=-\frac{\partial\Phi}{\partial z} \tag{2.67}$$

が得られる．この3つの式をまとめて

$$\boldsymbol{E}=-\mathrm{grad}\,\Phi \tag{2.68}$$

とかく．微分演算記号 grad は形式的に 3 成分

$$\mathrm{grad} = \left(\frac{\partial}{\partial x},\ \frac{\partial}{\partial y},\ \frac{\partial}{\partial z}\right) \tag{2.69}$$

をもつベクトル演算子でかけ，ベクトル場の gradient（勾配）をもとめる数学的操作を表す．式 (2.68) は，電場は静電ポテンシャルの勾配であるということの数学的な表現である．2.5 節で述べたように，grad はスカラー場からベクトル場をつくる演算である．

静電ポテンシャルがみたすべき微分方程式をもとめよう．

$$\mathrm{div}\,\boldsymbol{E} = \frac{\rho}{\varepsilon_0}$$

の式に

$$\boldsymbol{E} = -\mathrm{grad}\,\varPhi$$

を代入すると

$$\mathrm{div}\cdot\mathrm{grad}\,\varPhi = -\frac{\rho}{\varepsilon_0}$$

すなわち

$$\triangle\varPhi = -\frac{\rho}{\varepsilon_0} \tag{2.70}$$

となる．この式をポアソン（Poisson）の方程式という．ここで記号 $\triangle$ は式 (2.45) で定義したラプラシアン

$$\triangle = \frac{\partial^2}{\partial x^2}+\frac{\partial^2}{\partial y^2}+\frac{\partial^2}{\partial z^2}$$

である．定義にしたがって計算すると

$$\mathrm{div}\cdot\mathrm{grad}\,\varPhi = \mathrm{div}\left(\frac{\partial\varPhi}{\partial x},\frac{\partial\varPhi}{\partial y},\frac{\partial\varPhi}{\partial z}\right) = \frac{\partial}{\partial x}\frac{\partial\varPhi}{\partial x}+\frac{\partial}{\partial y}\frac{\partial\varPhi}{\partial y}+\frac{\partial}{\partial z}\frac{\partial\varPhi}{\partial z} = \triangle\varPhi \tag{2.71}$$

となることは明らかである．式 (2.62) を連続的な電荷分布でかいた式，すなわち

$$\varPhi(r) = \frac{1}{4\pi\varepsilon_0}\iiint\frac{\rho(r')}{|r-r'|}\mathrm{d}V' \tag{2.72}$$

は式 (2.70) のポアソン微分方程式の解になっている．

なお式 (2.66) において，移動 $\mathrm{d}\boldsymbol{l}$ が等ポテンシャル面上で行われたとすると，仕事はゼロであるから，

$$\boldsymbol{E}\cdot\mathrm{d}\boldsymbol{l} = 0$$

であるが，この式は，$\boldsymbol{E}$ は等ポテンシャル面上の任意のベクトル $\mathrm{d}\boldsymbol{l}$ に直交していることを表している．すなわち電場 $\boldsymbol{E}$ は等ポテンシャル面に直交している．

電荷がないところでは，ポアソン方程式（2.70）は

$$\triangle\Phi = 0 \tag{2.73}$$

となる．この式をラプラス（Laplace）の方程式という．この式を使うとアーンショー（Earnshow）の定理，すなわち「内部に電荷を含まない閉曲面の内部ではポテンシャルは極大にも極小にもなれない」ということが証明できる．この定理は電場だけではポテンシャルの極大も極小もつくられないということを主張している．もし閉曲面内部の1点でポテンシャルが極大または極小になったとすると，微分学の公式から，その点では $\mathrm{grad}\,\Phi = 0$ でかつ

$$\frac{\partial^2\Phi}{\partial x^2}<0,\quad \frac{\partial^2\Phi}{\partial y^2}<0,\quad \frac{\partial^2\Phi}{\partial z^2}<0 \qquad \text{（極大の場合）}$$

または

$$\frac{\partial^2\Phi}{\partial x^2}>0,\quad \frac{\partial^2\Phi}{\partial y^2}>0,\quad \frac{\partial^2\Phi}{\partial z^2}>0 \qquad \text{（極小の場合）}$$

となるはずであるが，これらはいずれも $\triangle\Phi = 0$ と矛盾する．したがって，ポテンシャルは極大にも極小にもなりえない．

アーンショーの定理から，ポテンシャルには極小の位置がないのだから，（時間的に変化しない）クーロン場だけでは，電荷を平衡の位置に安定に保持できないことになる[*3)]．イオンを微小な空間に捕捉する，いわゆるイオントラップの実験は精密分光学や時間標準の研究に多用されているが，この場合，イオンをトラップする空間は静電場だけではつくられない．実際には，静電場にさらに高周波の場または磁場を付け加えることにより，イオンをなんとか，微小な領域に捕捉する．前者をポールトラップ（Paul trap），後者をペニングトラップ（Penning trap）という．

電位が同じである点を結んでできた，曲線または曲面を等ポテンシャル線または等ポテンシャル面という．さきに述べた電気力線はいたるところで等ポテンシャル線または等ポテンシャル面に直交していなければならない．なぜなら等ポテンシャル線または等ポテンシャル面に沿った電場の成分がもしあると，

---

*3)　歴史的には原子核と電子からなる静電的模型では，原子は安定にはなりえないことが，明にされた．

この線または面の上で電荷を動かすと仕事をすることになり，等ポテンシャルであることに矛盾するからである．

■ 演習問題 2.9

水素原子を古典物理学でモデル化すると，中心に $+e$ の電荷をもつほぼ静止した陽子があり，そのまわりを $-e$ の電荷をもった電子が回っていることになる．この電子を無限遠方まで引き離すためには 2.179×10^{-18} J のエネルギー（イオン化エネルギー：ほかの単位で表すと 13.599 eV）が必要であることが実験からもとめられている．これらのことから水素原子のなかでの，陽子-電子の平均距離がもとめられる．これをもとめよ．電子は陽子に対する静電エネルギーだけでなく運動エネルギーももっていることに注意せよ．

〔解　答〕

電子のもつエネルギーは，陽子からの引力に対する静電エネルギー（電荷が異符号なので負である）と運動のエネルギーの和である．電子の質量を m，速度を v とすると

$$W = -\frac{e^2}{4\pi\varepsilon_0 r} + \frac{1}{2}mv^2 \tag{2.74}$$

である．ここで陽子からの引力と運動から生じる遠心力が逆方向で大きさが等しく，釣りあっているとすると，

$$\frac{e^2}{4\pi\varepsilon_0 r^2} = \frac{mv^2}{r} \tag{2.75}$$

式 (2.75) から v をもとめて式 (2.74) に代入すると

$$W = -\frac{1}{2}\cdot\frac{e^2}{4\pi\varepsilon_0 r} \tag{2.76}$$

となる．この値の絶対値が，電子が束縛されているエネルギーとなる．光をあてて電子にこのエネルギーをあたえると，解放された電子が飛び出してくる．式 (2.76) の絶対値を 2.179×10^{-18} J とおいて r を計算する．

$$r = \frac{e^2}{8\pi\varepsilon_0 E}, \quad e = 1.602\times10^{-19}\,\mathrm{C}, \quad \varepsilon_0 = 8.854\times10^{-12}\,\mathrm{F\ m^{-1}}$$

より

$$r = 0.529\times10^{-10}\,\mathrm{m} = 0.053\,\mathrm{nm}$$

となる（この計算のように，次元や単位を気にしないでも，すべての量に SI 単位の数値を代入すれば，もとめる答えは SI 単位：この場合は長さの単位[m]で得られる）．正しい計算はもちろん量子力学を使って行わなければならないが，古典物理学

のモデルでも，原子のおおよその大きさ（0.1 nm = 1 Å の単位で測られる大きさ）がもとめられる．ついでにイオン化を起こす光の波長を

$$h\nu = \frac{hc}{\lambda} = 2.179\times10^{-18}\,\mathrm{J}$$

から計算すると

$$\lambda = 91.2\,\mathrm{nm}$$

という紫外線であるということもわかる．このように原子になんらかの変化を起こさせる（相互作用する）電磁波は（可視光から）紫外線領域にある．

2.7　電荷分布と静電エネルギー，静電容量

静電ポテンシャル Φ のところに電荷 q があると電荷は $q\Phi$ の静電的なエネルギーをもつ．空間に電荷が分布していると，電荷 q_i は，ほかのすべての電荷 q_k が q_i の位置につくる静電ポテンシャルの総和 Φ_i（ポテンシャルはスカラー量であるから代数和をとればよい）

$$\Phi_i = \sum_{k\neq i} \frac{1}{4\pi\varepsilon_0}\frac{q_k}{r_{ik}} \tag{2.77}$$

によって

$$W_i = q_i\Phi_i \tag{2.78}$$

のエネルギーをもつ．

すべての電荷がもつエネルギーを加え合わせると

$$W = \frac{1}{2}\cdot\frac{1}{4\pi\varepsilon_0}\sum_i\sum_k\frac{q_iq_k}{r_{ik}} \tag{2.79}$$

となる．静電エネルギーは 2 つの電荷 q_i, q_k の間で相互作用のエネルギーとして

$$W_{ik} = \frac{1}{4\pi\varepsilon_0}\frac{q_iq_k}{r_{ik}} \tag{2.80}$$

をもつと定義される．式 (2.79) において，i および k についてすべて加え合わせると，(i,k) の 1 つの組についてエネルギーを 2 度ずつ加えることになるので，式全体を 2 で割ってある．この式では静電エネルギーはそれぞれの電荷がもっている，つまり電荷の位置に局在しているという表現になっている．しかし，どちらの電荷がどれだけの割合でこのエネルギーをもち合っているかをきめることはできない．これに対して近接作用の考え方では，静電エネルギーは電荷の上にあるのではなく，場のなかにあるとする．この表現については次

節で述べる．

式 (2.79) で r_{ik} は電荷 q_i と電荷 q_k の間の距離である．この和では $i=k$ の場合は除かなければならない．$i=k$ では $r_{ik}=0$ となってポテンシャルは発散してしまうからである．これは点電荷の自己エネルギー（点電荷がつくる場のなかで自身がもつエネルギー）は発散するということで，無限小の大きさの点電荷は電磁気学に取り入れることができない．だからといってこれを考えないわけにはいかない．孤立した電荷も静電的なエネルギーをもつからである．電荷の自己エネルギーは有限な大きさをもつ導体上に電荷が分布するとしてつぎのように計算する．

電荷が 1 点にあるとすると，その位置でポテンシャルは $r=0$ の項のため発散してしまう．そこで電荷は有限な半径 a の球状導体の表面上に分布しているものと考えよう．後に導体の項で証明するように，導体においては，電荷は表面にのみ存在し，また内部には電場は存在しない．電荷の面積密度は $q/4\pi a^2$ である．この場合の静電エネルギーを次の手順で計算する．導体球上にはすでに電荷 q' があるとすると，導体表面ではポテンシャルは

$$\Phi = \frac{1}{4\pi\varepsilon_0}\frac{q'}{a} \tag{2.81}$$

となっている．これは外部の電荷に対しては導体中心に q' の電荷があるような場ができているということである．ここに無限遠から，さらに電荷 $\Delta q'$ を運んできて，q' に付け加えるには

$$\Delta W = \frac{1}{4\pi\varepsilon_0}\frac{q'}{a}\Delta q' \tag{2.82}$$

の仕事が必要である．したがって導体上の電荷を 0 から始めて q まで増加させるために必要な仕事は

$$W = \int_0^q \frac{q'\mathrm{d}q'}{4\pi\varepsilon_0 a} = \left(\frac{1}{4\pi\varepsilon_0 a}\right)\left(\frac{q^2}{2}\right) = \frac{1}{2}q\Phi(q) \tag{2.83}$$

と計算される．これが単独の電荷 q がもつ静電エネルギーである．ここで

$$\Phi(q) = \frac{q}{4\pi\varepsilon_0 a} \tag{2.84}$$

である．式 (2.83) をみると，この場合の静電エネルギーは $q\Phi$ ではなく，それに 1/2 がついていることに注意しよう．この計算過程からもわかるように空間のある点に電荷を集める（具体的には導体を帯電させる）にはエネルギーが必要である．このエネルギーが孤立した電荷が固有に（他の電荷との相互作用

なしに）もつ静電エネルギーである．

静電相互作用のエネルギーに自己エネルギーを加えると，式 (2.79) の和は制限なしに加えればよいことになる．ただし $i=k$ の場合は r_{ik} を q_i の電荷分布の大きさ a_i で置きかえる．こうすれば分布する電荷の静電エネルギーの総和は電荷の二次形式でかける．すなわち

$$W = \frac{1}{2}\sum\sum D_{ik}q_iq_k \tag{2.85}$$

である．i 番目の電荷の電位は

$$\Phi_i = \frac{\partial W}{\partial q_i} = \sum_k D_{ik}q_k \tag{2.86}$$

となる．ただし相反法則

$$D_{ik} = D_{ki} \tag{2.87}$$

が成立するものとした．このことは相互作用エネルギーの式のかたちから明らかである．

式 (2.86) をみると係数 D_{ik} は k 番目の電荷（導体上の電荷）が i 番目の導体の電位を変化させる効果を表している．これを静電誘導（electrostatic induction）という．D_{ik} を静電誘導係数または電位係数という．その値は導体の大きさや空間的配置の関数である．

式 (2.86) を電荷 q_i についての連立方程式とみて，電荷について逆に解くと

$$q_i = \sum_k C_{ik}\Phi_k \tag{2.88}$$

となる．ここで

$$C_{ik} = \frac{\partial q_i}{\partial \Phi_k} \tag{2.89}$$

は電位をあたえたときに，どれだけ電荷を蓄えることができるかを表す係数で，静電容量係数（electrostatic capacity coefficient）とよばれる．

導体の半径が a の球の場合は式 (2.85) より，q/Φ または $\mathrm{d}q/\mathrm{d}\Phi$ の値 C は

$$C = 4\pi\varepsilon_0 a \tag{2.90}$$

である．C を使えば導体球に蓄えられた静電エネルギーは

$$W = \frac{1}{2}C\Phi^2 \tag{2.91}$$

とかける．C も電磁気学でよく使われる量である．C の SI 単位はファラド [F] で

$$[\mathrm{F}] = [\mathrm{C/V}]\,(\mathrm{Coulomb/Volt}) = [\mathrm{m^{-2}\ kg^{-1}\ s^4\ A^2}] \tag{2.92}$$

である．式 (2.88) は，電気容量 C をもつ導体に Φ のポテンシャルをあたえれば $q = C\Phi$ の電荷を蓄えることができることを意味する．あるいは電気容量 C の導体に q の電荷をあたえるとその導体の電位（ポテンシャル）は $\Phi = q/C$ となる．

式 (2.90) で計算した容量は一般の容量係数の対角項 C_{ii} で，1つの導体自身がもっている静電容量といえる．これを対地容量ということがある．その大きさは導体の大きさだけできまってしまう（球の場合には直径 $2a$ の $2\pi\varepsilon_0$ 倍）．地球も1つの導体球と考えるとその容量は通常の物体の固有の容量に比べて非常に大きい．地球が正味にもつ電荷が多少変動しても電位の変化はきわめて小さい．したがって地球のほぼ一定の電位を，電位を測る基準点 0 V とすると便利である．任意の導体と地球とを電気的につないで，地球と同じ電位（0 V）にすることを接地という．このとき電荷は式 (2.88) にしたがって，ほぼ電気容量の比に再配分されるので，接地したとき，電荷はほとんど地球に逃げてしまい，導体上の電荷はほぼ 0 になる．

導体の固有の容量はその大きさできまってしまうから，小さな物体に大きな電荷を蓄えるには高い電圧（電位）を与えなければならない．しかし 2 つの導体を組み合わせると，大きな電荷を蓄えることができる．この目的でつくられた導体系をコンデンサーという．

2 枚の導体板を平行にして接近させて配置した平行平板コンデンサーを考えてみよう．図 2.19 のように電源に接続すると上板に $q_1 = q$，下板に $q_2 = -q$ の電荷がたまる．板面での電荷分布が一様であるとすると[*3)]，上板の電荷の面密度は $\sigma = q/S$ である．対称性から両電極板の間には面に垂直な方向に一様な電場 $\boldsymbol{E}$ ができていると考えられる[*4)]．図のように電極板に突き刺さるような箱状の空間を考え，これに式 (2.46) のガウスの定理を適用する．電極板（導体）内部には電場がなく，また箱の側面には垂直な電場がないから，下面の電場だけ考えて

$$
\text{左辺} = \iint \boldsymbol{E}\cdot \mathrm{d}\boldsymbol{S} = E\Delta S
$$

また

$$
\text{右辺} = \iiint_V \frac{\rho}{\varepsilon_0}\mathrm{d}V = \frac{\text{箱の中の全電荷}}{\varepsilon_0} = \frac{\sigma\Delta S}{\varepsilon_0} = \frac{(q/S)\Delta S}{\varepsilon_0}
$$

---

*4)　実際には板の周縁部では電荷分布も電場も一様ではない．電極板の大きさに比べて電極板間の距離が十分に小さく，周辺部分の不均一な効果が無視できる場合の近似である．

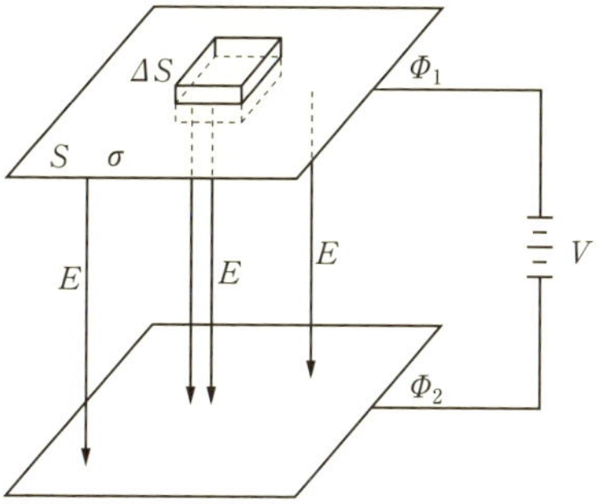

図 2.19 平行平板の間の電気容量の計算（式(2.94) をみよ）.

したがって

$$E=\frac{\sigma}{\varepsilon_0}=\frac{q}{\varepsilon_0 S} \tag{2.93}$$

の一様電場ができていることになる[*5)]．この $\boldsymbol{E}$ に沿って単位電荷を運ぶ仕事が両極板の電位 Φ_1, Φ_2 の差になるから

$$\frac{\sigma}{\varepsilon_0}d=\frac{q}{\varepsilon_0 S}d=\Phi_1-\Phi_2$$

が得られる．これを式 (2.88) の形式にかくと

$$q_1=\frac{\varepsilon_0 S}{d}\Phi_1-\frac{\varepsilon_0 S}{d}\Phi_2$$

$$q_2=-\frac{\varepsilon_0 S}{d}\Phi_1+\frac{\varepsilon_0 S}{d}\Phi_2$$

となる．したがって静電容量係数は

$$C_{11}=C_{22}=-C_{12}=\frac{\varepsilon_0 S}{d}$$

ともとまる．極板間の電位差を

$$V=\Phi_1-\Phi_2$$

とかくと，よくみられるコンデンサーの容量の式

$$q=\frac{\varepsilon_0 S}{d}V=CV, \quad C=\frac{\varepsilon_0 S}{d} \tag{2.94}$$

となる．この場合，容量は電極板の大きさ $\sqrt{S}$ ではなく S/d に比例する．

---

*5) 薄い導体の板の場合は表面と背面に電場ができるからガウスの定理により電場の強さは $E=\sigma/2\varepsilon_0$ となる．

すなわち電極間距離 d を小さくすれば大きな容量をつくることができる．

2.8　場に分布する静電エネルギー

近接作用の立場からすると，力の原因である電場が場に分布しているのだから，静電エネルギーも場（しかも電荷が存在しない空間）に分布して存在するという考え方で表現したい．そのためには，このエネルギーを場の量である電場を使って表現できればよい．まず電荷が空間に単位体積あたり ρ の密度で連続的に分布しているとする．この場合，式 (2.79) は積分で置きかえられて

$$W = \frac{1}{2}\iiint \rho\cdot\Phi\ \mathrm{d}x\mathrm{d}y\mathrm{d}z \tag{2.95}$$

となる．さて空間の各点で

$$\mathrm{div}\,\boldsymbol{E} = \frac{\rho}{\varepsilon_0},\quad \boldsymbol{E} = -\mathrm{grad}\,\Phi$$

がなりたっているので，まず式 (2.95) は

$$W = \frac{\varepsilon_0}{2}\iiint \mathrm{div}\,\boldsymbol{E}\cdot\Phi\ \mathrm{d}x\mathrm{d}y\mathrm{d}z \tag{2.96}$$

とかき直せる．ところでスカラー場とベクトル場の積 $\Phi\cdot\boldsymbol{E}$ に対して，その divergence（div）を定義にしたがって計算すると

$$\begin{aligned}\mathrm{div}(\Phi\boldsymbol{E}) &= \frac{\partial}{\partial x}(\Phi E_x)+\frac{\partial}{\partial y}(\Phi E_y)+\frac{\partial}{\partial z}(\Phi E_z)\\ &= \frac{\partial\Phi}{\partial x}E_x+\Phi\frac{\partial E_x}{\partial x}+\frac{\partial\Phi}{\partial y}E_y+\Phi\frac{\partial E_y}{\partial y}+\frac{\partial\Phi}{\partial z}E_z+\Phi\frac{\partial E_z}{\partial z}\\ &= \mathrm{grad}\,\Phi\cdot\boldsymbol{E}+\Phi\cdot\mathrm{div}\,\boldsymbol{E}\end{aligned}$$

したがって

$$\mathrm{div}\,\boldsymbol{E}\cdot\Phi = \mathrm{div}(\Phi\boldsymbol{E})-\mathrm{grad}\,\Phi\cdot\boldsymbol{E} \tag{2.97}$$

の関係が常になりたつ．式 (2.97) を式 (2.96) に代入すると

$$W = \frac{\varepsilon_0}{2}\iiint \mathrm{div}(\Phi\boldsymbol{E})\mathrm{d}x\mathrm{d}y\mathrm{d}z-\frac{\varepsilon_0}{2}\iiint \mathrm{grad}\,\Phi\cdot\boldsymbol{E}\mathrm{d}x\mathrm{d}y\mathrm{d}z \tag{2.98}$$

となる．積分は電荷が分布している範囲で行う．第1項の体積積分はガウスの定理によって，この体積をなかに含む十分大きな閉曲面の表面（これを半径 r の球面としよう）上の面積積分

$$\frac{\varepsilon_0}{2}\iint(\Phi\boldsymbol{E})\cdot\mathrm{d}\boldsymbol{S} \tag{2.99}$$

に置きかえられる．ところで，この被積分関数の r 依存性をみると

$$\Phi \propto \frac{1}{r}, \quad E \propto \frac{1}{r^2}$$

したがって

$$\Phi E \propto \frac{1}{r^3}$$

であるが，積分する閉曲面の面積は

$$S \propto r^2$$

でしか増さないから，式 (2.99) の表面積分は十分大きな球面上でゼロになる．したがって式 (2.98) の右辺の第 1 項はゼロとすることができる．静電エネルギーは式 (2.98) の第 2 項だけになる．そこで積分式のなかの $-\mathrm{grad}\,\Phi$ を $\boldsymbol{E}$ で置きかえると

$$W = \frac{\varepsilon_0}{2}\iiint_V \boldsymbol{E}^2 \mathrm{d}x\mathrm{d}y\mathrm{d}z \tag{2.100}$$

と表されることになる．すなわち，静電エネルギーは体積密度

$$\frac{\varepsilon_0}{2}\boldsymbol{E}^2 \tag{2.101}$$

で空間に分布しているという形で表現できた．この式ではエネルギーは電荷の上にあるのではなく，場に分布していることになる．それぞれの電荷の上にどれだけの割合でエネルギーが存在するかなどを問題にしないでよく，空間に分布するエネルギーは，場の量 $\boldsymbol{E}$ によって確定した量としてかくことができる．

相互に作用しあう電荷がたがいにもつ静電的なエネルギーが，場に分布する電場 $\boldsymbol{E}$ によって記述されたが，空間に電荷 q が単独に存在している場合にはどうなるであろうか．2.7 節では単独の電荷も静電的なエネルギーをもつことを論じた．本節の議論でも，単独の電荷も静電的なエネルギーをもたなければならないことになる．なぜなら電荷は周囲に電場 $\boldsymbol{E}$ をつくるから，その空間には式 (2.101) で表される密度でエネルギーが分布するからである．それでは空間に分布する静電エネルギーの総和は単独な電荷がもつと考えられる静電エネルギーに等しくなるであろうか．この関係をまず電荷に局在するエネルギーの計算から出発して，場に分布するエネルギーの式を導いてみよう．

点電荷では電磁気量が発散してしまうから有限な大きさをもった導体上に電荷が分布しているとして出発する．導体からは放射状に電場が出ている．すな

わち導体上の微小面積 ΔS_0 から電気力線の束（電束）が図 2.20 のように出ている．円筒の形をした電束上の位置 $x_0, x_1, x_2, x_3, \cdots$ における静電ポテンシャルを $\Phi_0, \Phi_1, \Phi_2, \Phi_3, \cdots$，電場を $\boldsymbol{E}_0, \boldsymbol{E}_1, \boldsymbol{E}_2, \boldsymbol{E}_3, \cdots$，また電束（円筒）の断面積（電場に垂直にとる）を $\Delta S_0, \Delta S_1, \Delta S_2, \Delta S_3, \cdots$ とする．導体表面の電荷の面積密度を σ とすると ΔS_0 部分の電荷がもつ静電エネルギーは式 (2.83) により $(1/2)\sigma\Delta S_0\Phi_0$ である．この電荷を内部に含み $\Delta S'$（導体内）と ΔS_1 を端面とする円筒状の体積を考え，静電場のガウスの定理を適用する（図 2.21）．円筒面に垂直な方向の電場の総和は，導体の中には電場はなく，円筒側面では電場は面に平行であるから，結局端面 ΔS_1 上の値だけとなる．ガウスの定理でこれ

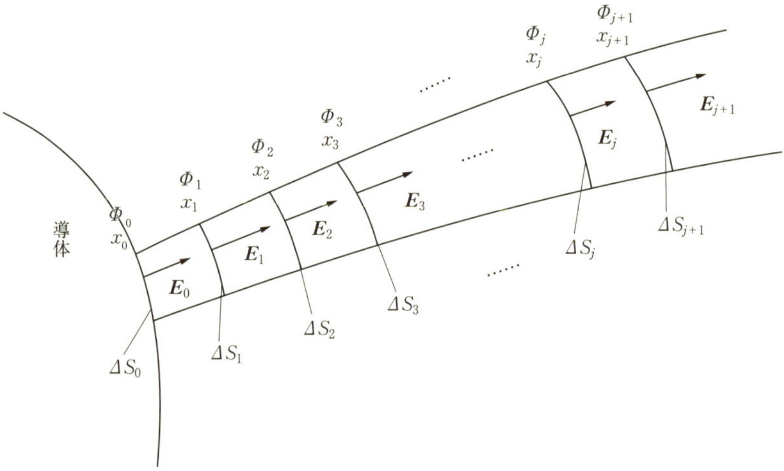

図 2.20　静電エネルギーは空間に分布することの証明
ΔS_0 にある電荷から出る電束に沿って円筒上の空間を考える（式 (2.106) をみよ）．

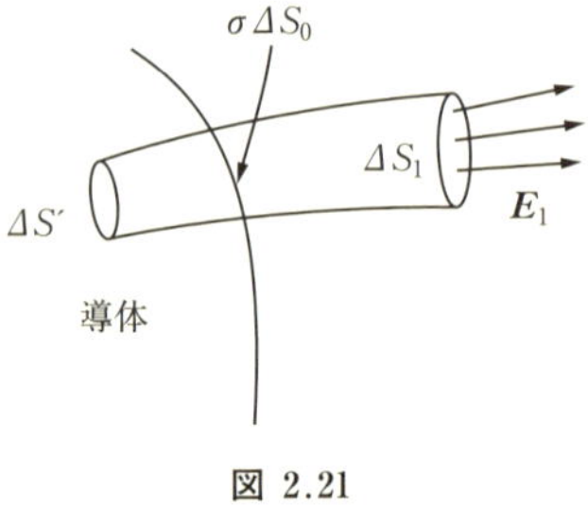

図 2.21
導体面を含んでガウスの定理を適用する．
$\sigma\Delta S_0 = \varepsilon_0 E_1 \Delta S_1$ が得られる．

を円筒内部の電荷 $\sigma\varDelta S_0$ に等しいとおき

$$\sigma\varDelta S_0 = \varepsilon_0 E_1 \varDelta S_1 \tag{2.102}$$

の関係を得る．つぎに $\varDelta S_j$ と $\varDelta S_{j+1}$ を端面とする円筒状の体積でガウスの定理を適用する．両端面で電場の向きは面の法線方向に対して逆向きであり，またこの体積内には電荷はないから，ガウスの定理は

$$\varepsilon_0(-\boldsymbol{E}_j)\varDelta \boldsymbol{S}_j + \varepsilon_0 \boldsymbol{E}_{j+1}\varDelta \boldsymbol{S}_{j+1} = 0 \tag{2.103}$$

すなわち

$$\boldsymbol{E}_j\varDelta \boldsymbol{S}_j = \boldsymbol{E}_{j+1}\varDelta \boldsymbol{S}_{j+1}, \quad \text{したがって } E_j\varDelta S_j = E_{j+1}\varDelta S_{j+1} \tag{2.104}$$

の関係を導く．この関係は $j=0$ すなわち導体表面の電場に対しても成立する．結局

$$\sigma\varDelta S_0 = \varepsilon_0 E_0 \varDelta S_0 = \varepsilon_0 E_1 \varDelta S_1 = \varepsilon_0 E_2 \varDelta S_2 = \cdots\cdots \tag{2.105}$$

の関係が得られる．この式は導体表面の電荷 $\sigma\varDelta \boldsymbol{S}_0$ から発する電束は図のような電束管のなかで保存されているということを示している．電荷のない一様な媒質のなかでは，電気力線は増えたり消えたりしないから，これは当然のことである．電気定数と電場の積 $\varepsilon_0\boldsymbol{E}$ は電束密度を表していて，これを新しいベクトル記号 $\boldsymbol{D}$ で表す．$\boldsymbol{D}$ は後に述べる誘電体のなかで，誘電率（電媒定数）が異なる値をとるときには意味をもってくる．すなわち異なる誘電率をもついくつかの誘電体を電気力線が貫いている場合に，電束密度 $\boldsymbol{D} = \varepsilon\boldsymbol{E}$ は保存されるという大切な関係が導かれる．

さて定義により電場とポテンシャルの間には

$$\varPhi_j - \varPhi_{j+1} = E_j(x_{j+1} - x_j)$$

の関係がある．これを使って，導体表面上にあると考えられた静電エネルギー $(1/2)\sigma\varDelta S_0\varPhi_0$ はつぎのようにかきかえられる．

$$\begin{aligned}
\frac{1}{2}\sigma\varDelta S_0\varPhi_0 &= \frac{1}{2}\sigma\varDelta S_0(\varPhi_0 - \varPhi_1 + \varPhi_1 - \varPhi_2 + \varPhi_2 - \varPhi_3 + \cdots \\
&= \frac{1}{2}\sigma\varDelta S_0(x_1 - x_0)E_0 + \frac{1}{2}\sigma\varDelta S_0(x_2 - x_1)E_1 + \frac{1}{2}\sigma\varDelta S_0(x_3 - x_2)E_2 + \cdots \\
&= \frac{1}{2}\varepsilon_0 E_0\varDelta S_0(x_1 - x_0)E_0 + \frac{1}{2}\varepsilon_0 E_1\varDelta S_1(x_2 - x_1)E_1 + \frac{1}{2}\varepsilon_0 E_2\varDelta S_2(x_3 - x_2)E_2 + \cdots \\
&= \frac{1}{2}\varepsilon_0 E_0^2\varDelta V_0 + \frac{1}{2}\varepsilon_0 E_1^2\varDelta V_1 + \frac{1}{2}\varepsilon_0 E_2^2\varDelta V_2 + \cdots
\end{aligned} \tag{2.106}$$

ここで

$$\Delta V_j = \Delta S_j(x_{j+1} - x_j)$$

は j 番目の円筒の体積を表す．つまり導体上の静電エネルギーは式 (2.94)(2.106) によって，周囲の空間の体積 $\Delta V_1, \Delta V_2, \Delta V_3, \Delta V_4, \cdots$ 中に分散して存在するようにかき直されたわけである．座標 $x_0, x_1, x_2, x_3, \cdots$ を十分接近してとれば，式 (2.106) は積分

$$W = \frac{1}{2}\varepsilon_0 \iiint \boldsymbol{E}^2 \mathrm{d}V \tag{2.107}$$

で置きかえられる．この式によって，静電エネルギーは空間に体積密度

$$u = \frac{1}{2}\varepsilon_0 \boldsymbol{E}^2 \tag{2.108}$$

で分布していることの根拠が得られた．

点電荷の代わりに有限な大きさの球を考えてきた．それでは電荷の担い手である素粒子はどのような大きさをもっているのであろうか．相対性理論によれば，質量 m をもつ粒子は静止エネルギー mc^2（c は光速）をもつ．これを式 (2.84) によって，半径 a，電荷 e の粒子がもつ静電エネルギー $e^2/8\pi\varepsilon_0 a$ に等しいとして，a について解くと

$$a = \frac{e^2}{8\pi\varepsilon_0 mc^2} \tag{2.109}$$

となる．$e = 1.60 \times 10^{-19}\,\mathrm{C}$，$m = 9.11 \times 10^{-31}\,\mathrm{kg}$，$c = 3.00 \times 10^8\,\mathrm{m\ s^{-1}}$ を代入すると

$$a = 2.82 \times 10^{-15}\,\mathrm{m}$$

が得られる．これを電子の古典半径とよぶ．これが古典物理学で描いた電子のイメージである．

後に述べるように，電場が時間的に変動する場合も，$\boldsymbol{E}$ の時間平均について，電気エネルギーに対して，式 (2.107) あるいは式 (2.108) と同じ式が成立する．また磁場があるときは，場に体積密度 $(1/2\mu_0)\,\boldsymbol{B}^2$ の磁気エネルギーが付け加わる．

2.9　電気双極子・電気四極子のつくる電場，多極子展開

多くの原子や分子では原子核の正の電荷と電子の負の電荷とが打ち消しあっていて，電気的には中性である．しかし正負の電荷の分布が球対称ではなかっ

たり，球対称でも正負の分布の重心がずれていると，これらがつくる電場は打ち消しあわず，外部の電荷に力をおよぼす．図 2.22 のように大きさの等しい q，$-q$ の正負の電荷が a だけはなれて存在しているとき，$\boldsymbol{\mu} = q\boldsymbol{a}$ を電気双極子モーメント（ベクトル）という．図 2.23 のように正負 2 組の電荷が並んでいる場合は，電気双極子モーメントが接近して逆向きに 2 つ配列しているので，ベクトル和は打ち消し合うようにみえるが，実はこの場合も外部に電場ができる．このような配列を電気四極子モーメントといい，その成分が 2 つのベクトル成分の積で表されるダイアディック（9 成分）とよばれる量となる．任意の電荷分布が外部につくるポテンシャルまたは電場は，単電荷，電気双極子モーメント，電気四極子モーメント，さらに高次の電気 8 極子モーメント，電気 16 極子モーメント…のそれぞれがつくるポテンシャルまたは電場を重ね合わせたものであることが証明できる．これを場の多極子展開という．電流分布のつくる磁場についても同様な表現ができるが，磁場の場合は単磁荷がないので，展開の第 1 項は磁気双極子モーメントの場から始まる．以下電荷の場合について具体的に場を計算しよう．

まず双極子場をもとめる．図 2.24 に示すように，2 つの電荷の中心を原点 O とし，O から観測する点 P にいたるベクトルを $\boldsymbol{R}$ とする．電荷 q，$-q$ から P へのベクトルはそれぞれ，$(\boldsymbol{R}-\boldsymbol{a}/2)$，$(\boldsymbol{R}+\boldsymbol{a}/2)$ であるから点 P での静電ポテンシャルは

$$\Phi(\boldsymbol{R}) = \frac{1}{4\pi\varepsilon_0}\left\{\frac{q}{\left|\boldsymbol{R}-\dfrac{\boldsymbol{a}}{2}\right|}+\frac{-q}{\left|\boldsymbol{R}+\dfrac{\boldsymbol{a}}{2}\right|}\right\} \tag{2.110}$$

である．電荷の分布する範囲に比べて十分遠方の場を観測するとすると，$|\boldsymbol{a}/2| \ll |\boldsymbol{R}|$ であるから，

$$\left|\boldsymbol{R}-\frac{\boldsymbol{a}}{2}\right|^{-1} \approx \frac{1}{R}\left(1+\frac{\boldsymbol{a}\boldsymbol{R}}{2|\boldsymbol{R}|^2}\right) \tag{2.111}$$

$$\left|\boldsymbol{R}+\frac{\boldsymbol{a}}{2}\right|^{-1} \approx \frac{1}{R}\left(1-\frac{\boldsymbol{a}\boldsymbol{R}}{2|\boldsymbol{R}|^2}\right) \tag{2.112}$$

と近似できる．ここでベクトル $\boldsymbol{R}$ の長さを R とした．したがって電気双極子場のつくるポテンシャルは

$$\Phi(\boldsymbol{R}) = \frac{1}{4\pi\varepsilon_0}\frac{qaR}{R^3} = \frac{1}{4\pi\varepsilon_0}\frac{(\boldsymbol{\mu}\cdot\boldsymbol{R})}{R^3} \tag{2.113}$$

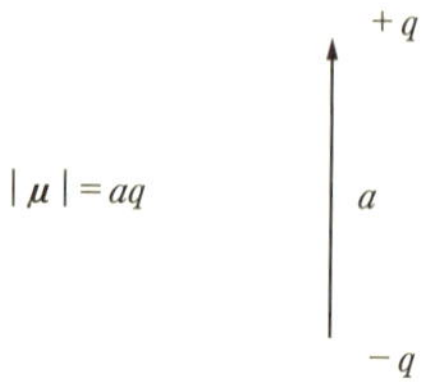

図 2.22　電気双極子モーメント

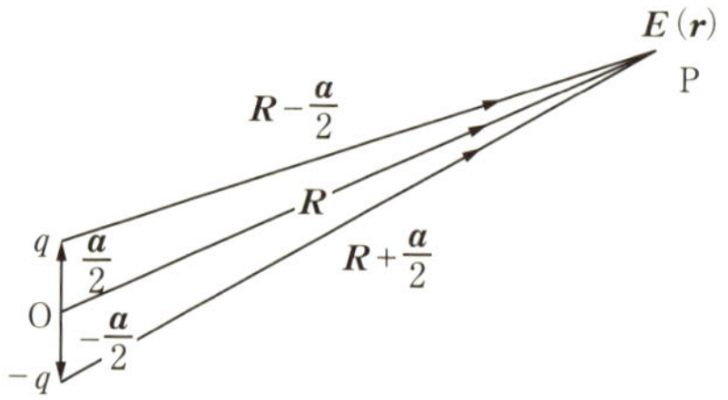

図 2.24　双極子モーメントがつくる電場（式 (2.115) をみよ）．

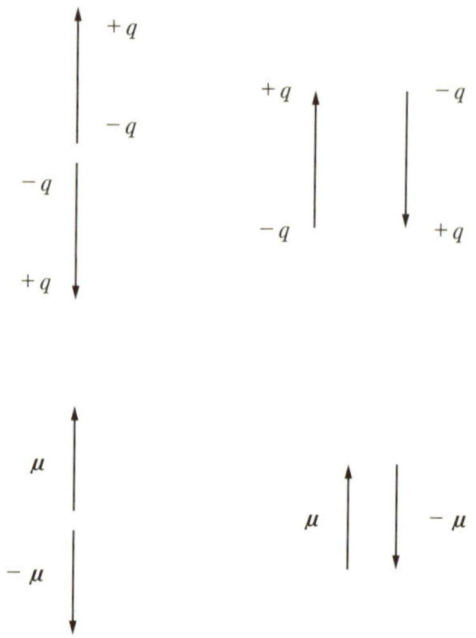

図 2.23　電気四極子モーメント

ともとめられる．$\boldsymbol{R}$ 方向の単位ベクトルを $\boldsymbol{k}$ とすれば，$\boldsymbol{R} = R\boldsymbol{k}$ だから

$$\Phi(\boldsymbol{R}) = \frac{1}{4\pi\varepsilon_0}\frac{(\boldsymbol{\mu}\cdot\boldsymbol{k})}{R^2} \tag{2.114}$$

である．電場はポテンシャルの勾配だから，点 P における電場は，式 (2.114) を点 P の座標で微分して

$$\boldsymbol{E}(\boldsymbol{R}) = -\frac{1}{4\pi\varepsilon_0}\mathrm{grad}_R\frac{(\boldsymbol{\mu}\cdot\boldsymbol{k})}{R^2} \tag{2.115}$$

ともとめられる．電荷のつくるクーロン場は遠方で，ポテンシャルは $(1/R)$，電場は $(1/R^2)$ の距離依存性をもっていたが，双極子場の場合には，それぞれ次数が 1 つ高くなり，$(1/R^2)$，$(1/R^3)$ の距離依存性をもつ．つまり双極子のつくる場は，電荷に比べると近距離でしか働かないことになる．式 (2.115) の電場の式は，後に述べる磁気双極子モーメントのつくる磁場の式とまったく同じ形をしていることを注意しておこう．

電荷の場合には球対称なポテンシャル面とそれに直交する放射状の電場が得られたが，双極子場の大きさは μ と $\boldsymbol{R}$ の内積に比例しているので，μ と $\boldsymbol{R}$ の間の角を θ としたとき $\cos\theta$ に依存する．μ と平行な方向で場は強く，直角の方向ではゼロになる．

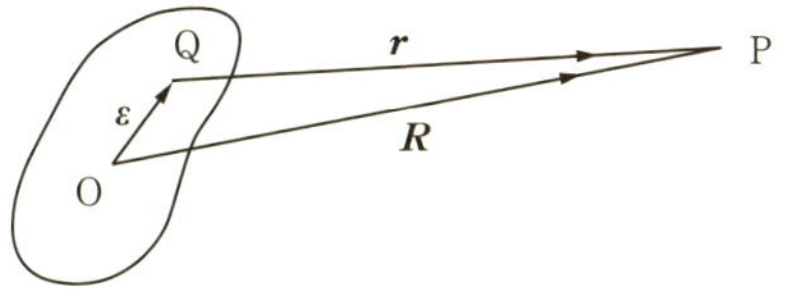

図 2.25 任意の電荷分布がつくる電場の多極子展開のパラメーター（式 (2.117) をみよ）.

電荷が広がって分布しているとき，場はそれぞれの電荷からの距離の関数であるが，分布している領域が限られていて，さらに十分遠方での場は分布の代表点からの距離ベクトルだけの関数として表すことができる．図 2.25 に示すように電荷分布の中心を O とし，電荷の分布している点をベクトル $\boldsymbol{\varepsilon}$，観測点までの距離ベクトルをそれぞれ $\boldsymbol{R}$，$\boldsymbol{r}$ で表す．各電荷のつくるポテンシャルは

$$\boldsymbol{r} = \boldsymbol{R} - \boldsymbol{\varepsilon}$$

の大きさを r として $1/r$ に比例するが，これは

$$\begin{aligned}
\frac{1}{r} &= \{(R_x-\varepsilon_x)^2+(R_y-\varepsilon_y)^2+(R_z-\varepsilon_z)^2\}^{-1/2} \\
&= \{R^2-2\boldsymbol{\varepsilon}\boldsymbol{R}+\varepsilon^2\}^{-1/2} \\
&= \frac{1}{R}\left\{1-\frac{2(\boldsymbol{\varepsilon}\cdot\boldsymbol{R})}{R^2}+\left(\frac{\varepsilon}{R}\right)^2\right\}^{-1/2} \\
&\approx \frac{1}{R}+\frac{(\boldsymbol{\varepsilon}\cdot\boldsymbol{R})}{R^3}+\frac{3(\boldsymbol{\varepsilon}\cdot\boldsymbol{R})^2-\varepsilon^2R^2}{2R^5}+\cdots
\end{aligned} \tag{2.116}$$

とかきかえられる．ただし最後の式は $|\boldsymbol{\varepsilon}| \ll |\boldsymbol{R}|$ であるとして（ε/R）のべき乗で展開した．ここで

$$\begin{aligned}
R^2 &= R_x^2+R_y^2+R_z^2 \\
(\boldsymbol{\varepsilon}\cdot\boldsymbol{R}) &= \varepsilon_x R_x+\varepsilon_y R_y+\varepsilon_z R_z \\
\varepsilon^2 &= {\varepsilon_x}^2+{\varepsilon_y}^2+{\varepsilon_z}^2
\end{aligned}$$

である．したがって静電ポテンシャルは

$$\begin{aligned}
\Phi(R) = &\frac{1}{4\pi\varepsilon_0}\iiint\frac{\rho}{R}\mathrm{d}V+\frac{1}{4\pi\varepsilon_0}\iiint\frac{\rho(\boldsymbol{\varepsilon}\cdot\boldsymbol{k})}{R^2}\mathrm{d}V \\
&+\frac{1}{8\pi\varepsilon_0}\iiint\frac{3\rho(\boldsymbol{\varepsilon}\cdot\boldsymbol{k})^2-\rho\varepsilon^2}{R^3}\mathrm{d}V+\cdots
\end{aligned} \tag{2.117}$$

となる．電荷の分布する領域は場を観測する領域 $\boldsymbol{R}$ に比べて十分に小さいとすると，被積分関数内の R は積分の外に出せるから

$$\begin{aligned}\Phi(R) &= \frac{1}{4\pi\varepsilon_0 R}\iiint\rho \mathrm{d}V + \frac{1}{4\pi\varepsilon_0 R^2}\iiint(\boldsymbol{\mu}\cdot\boldsymbol{k})\mathrm{d}V \\ &\quad + \frac{1}{8\pi\varepsilon_0 R^3}\iiint\{3\rho(\boldsymbol{\varepsilon}\cdot\boldsymbol{k})^2 - \rho\varepsilon^2\}\mathrm{d}V + \cdots \\ &= \frac{q_0}{4\pi\varepsilon_0 R} + \frac{(\boldsymbol{P}\cdot\boldsymbol{k})}{4\pi\varepsilon_0 R^2} + \frac{3(\boldsymbol{k}\cdot\boldsymbol{Q}\cdot\boldsymbol{k})}{8\pi\varepsilon_0 R^3} + \cdots\end{aligned} \tag{2.118}$$

と計算される．ここで

$$q_0 = \iiint\rho \mathrm{d}V$$

は分布する全電荷の代数和，

$$\boldsymbol{P} = \iiint\rho\cdot\boldsymbol{\varepsilon}\mathrm{d}V = \left(\iiint\rho\varepsilon_x \mathrm{d}V, \iiint\rho\varepsilon_y \mathrm{d}V, \iiint\rho\varepsilon_z \mathrm{d}V\right) \tag{2.119}$$

はこの領域にある全電気双極子モーメント，また

$$\boldsymbol{Q} = \iiint\rho\left\{\boldsymbol{\varepsilon}\boldsymbol{\varepsilon} - \frac{1}{3}\varepsilon^2\right\}\mathrm{d}V \tag{2.120}$$

は四極子モーメントである．さらに高次の ε^3 に比例する項は電気 8 極子モーメントによってつくられる場である．このようにして一般に任意の電荷分布は 2^n 極子モーメント（$n = 0, 1, 2, 3, \cdots$）による場に展開できる．n の次数が 1 つ上がるとポテンシャルも電場も（$1/R$）のべき乗で次数が 1 つずつ上がる．したがって次数が高いほど近距離でしか働かない場となる．任意の電荷分布がつくるポテンシャルや電場を，2^n 極子のつくるポテンシャルや電場の重ね合わせとして表現する多極子展開の表式が得られた．

3 時間に陽に依存しない磁気現象：静磁気学

3.1　電流と磁場，アンペールの力の法則

電荷が運動すれば，電流が生じる．電流とは，電荷が運動している状態である．電流には電子管や加速器のなかの電荷をもった粒子の流れのように真空中を飛んでいく場合もあれば，金属のなかを電子が移動していく場合もある．金属のなかには，原子核に束縛されて動くことのできない電子と比較的に自由に動くことのできる電子とが存在する．金属のように電子を比較的自由に流す媒体を導体（または良導体）とよぶ．

電荷 e をもつ粒子が平均として単位体積あたり n 個存在し，一様な速度 $\boldsymbol{v}$ で運動しているとすると，単位面積を貫いて単位時間に通り抜けていく電荷の量は

$$\boldsymbol{i} = ne\boldsymbol{v} \tag{3.1}$$

と表される．この量を電流の面積密度と定義する．その単位は

$$n \cdot e \cdot v = [\mathrm{m}^{-3}][\mathrm{C}][\mathrm{m\ s}^{-1}] = [\mathrm{C\ s}^{-1}][\mathrm{m}^{-2}] = [\mathrm{A\ m}^{-2}]$$

である．[A]（アンペア）は電流の SI 単位であることはすでに述べた．n も $\boldsymbol{v}$ も時間的に変化しない場合には，$\boldsymbol{i}$ も変化しない．電荷の運動があるにもかかわらず，これによって引き起こされる現象も物理量も時間的に変化しない．この場合，この電流を定常電流という．定常電流に関係した現象は，1 つの閉じた世界をつくる．静止した電荷がつくる静電気学という閉じた世界と類型で，これを定常電流の磁気学（あるいは静磁気学）という．

金属のなかを電流が定常的に流れている場合を考えよう．金属のなかには正味で正の電荷をもつ原子核と負の電荷をもつ電子が存在するが，電荷の総量は釣り合っていて全体としては中性である．電流が流れているということは，正のイオン（原子核の正の電荷数より数の少ない電子が束縛されていて正味で正

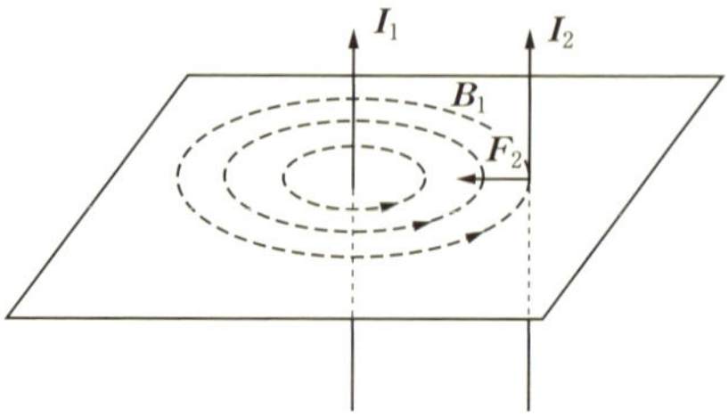

図 3.1　電流 I_1 が電流 I_2 におよぼす力

に帯電している）の海のなかを（外から加えられるなんらかの力により）電子が移動していることであるが，これが定常的ならば，導体の一端から電子が進入し，他の端から過不足なく電子が出ていっているはずである．したがってこの導体は常に電気的に中性のはずである．それにもかかわらず，このような導体の間には力が働く．この力は電荷の間に働くクーロン力とは別のものと考えなくてはならない．この力を法則化したものがアンペールの力の法則*1) とよばれるもので，アンペール力は電流と電流の間に働く力である．

2 本の導線（針金）を平行に張り，両者に電流を流すと，電流の向きが同じときには導線は引き合い，逆のときは反発し合う（図 3.1）．実験によれば，導線の単位の長さあたりに働く力の大きさ f は，2 本の導線を流れる電流の大きさ I_1，I_2 の積に比例し，2 本の導線の間隔 r に反比例する．力の方向は電流の方向が同じときには引力（相手の電流が存在する方向に向く），電流の向きが逆のときは斥力である．この実験事実を式に表すと

$$f = \frac{\mu_0}{2\pi}\frac{I_1 I_2}{r} \tag{3.2}$$

となる．力の方向については後に定式化する．ここで μ_0 は左辺の力学的な量（力の線密度 f）と，右辺の電磁気学的量（電流の 2 乗 $I \cdot I$）の間を結びつけるために必要な，次元をもった定数で磁気定数とよばれる．その次元（単位）と大きさは f が [N m^{-1}] の単位をもっていることに注意して

$$[\mu_0] = [f][r]/[I^2] = [\mathrm{N\ m^{-1}\ m\ A^{-2}}] = [\mathrm{m\ kg\ s^{-2}\ A^{-2}}] \tag{3.3}$$

ともとめられる．SI 単位系では，電流の単位アンペア [A] が，「真空中に 1 m

*1) 「アンペールの法則」は後に述べる電流密度と磁束密度の間の関係式を指すことが多いので，力あるいは磁場に関する言葉は，アンペール力，アンペール場あるいはアンペールの力の法則とよぶことにする．

の間隔で平行に置かれた，無限に小さい円形断面積を有する，無限に長い2本の直線状導体のそれぞれを流れ，これらの導体の長さ1mごとに2×10^{-7} Nの力をおよぼし合う一定の電流である」と定義されている．この記述を式(3.2)にいれると

$$2\times10^{-7}\,\mathrm{N}=\mu_0\cdot1\,\mathrm{A}\cdot1\,\mathrm{A}/2\pi\cdot1\,\mathrm{m}$$

となり，これからμ_0を解くと

$$\mu_0=4\pi\times10^{-7}\,\mathrm{N\ A^{-2}}=12.566370614\cdots\cdots\,\mathrm{N\ A^{-2}}$$

となる．つまりμ_0の値はアンペールの力の定義によって，その（SI単位系の）数値まできまっている定数である．SI単位系ではμ_0は測定できめられる量ではなく，定義された量であることに注意しよう．

ここでさらに付け加えておくと，1983年以来，光の真空中の速度の値

$$c_0=2.99792458\times10^{8}\,\mathrm{m\ s^{-1}}$$

は定義量となった．つまり光速は測定によってきめられる量ではなく，約束できめられた量である．後に述べるように電気定数ε_0，磁気定数μ_0と光速の間には

$$c_0^2=\frac{1}{\varepsilon_0\mu_0}$$

の関係があるから，cとμ_0が定義量ということになれば，電気定数ε_0

$$\begin{aligned}\varepsilon_0&=(4\pi)^{-1}\cdot c^{-2}\times10^{7}\\&=8.854187817\cdots\cdots\,\mathrm{F\ m^{-1}}\end{aligned}$$

も定義量となることとなる．ε_0の値も観測できめられるものではなく，約束できめられた値である．なおμ_0の単位は，後に現れるインダクタンスという量の単位ヘンリー

$$[\mathrm{H}]=[\mathrm{m^2\ kg\ s^{-2}\ A^{-2}}]$$

を使って

$$[\mathrm{H\ m^{-1}}]$$

とかかれることが多い．

さてクーロン力が電場を介して働くと考えたのと同じように，電流と電流の間の力も空間的にはなれた遠方から直接働くのではなく，1本目の電流がその周囲に場をつくり2本目の電流はその場から力を受けると考えよう．このとき電流がつくる場を磁場$\boldsymbol{B}$という．

磁場$\boldsymbol{B}$は電流間の力の大きさと方向を正しくあたえるように定義していか

なければならない．図 3.1 を参照すると電流 $\boldsymbol{I}_1$（任意の方向を向いたベクトルと考える）がつくる磁場を，

$$\boldsymbol{B}_1=\frac{\mu_0}{2\pi}\frac{\boldsymbol{I}_1\times\boldsymbol{r}}{r^2} \tag{3.4}$$

と定義し，電流 $\boldsymbol{I}_2$ が単位長さあたりこの磁場から受ける力を

$$\boldsymbol{f}_2=\boldsymbol{I}_2\times\boldsymbol{B}_1 \tag{3.5}$$

とすると，力の大きさと方向が正しくあたえられることがわかる．ここで定義される磁場 $\boldsymbol{B}$ の SI 単位は［T］〔テスラ（tesla)〕とよばれ，SI 基本単位で

$$[\mathrm{T}]=[\mathrm{kg\ s^{-2}\ A^{-1}}]$$

と表される．$\boldsymbol{r}$ は電流 $\boldsymbol{I}_1$ に垂直な平面上の位置ベクトルで，ベクトル積の定義から，$\boldsymbol{B}_1$ は $\boldsymbol{I}_1$ にも $\boldsymbol{r}$ にも直角な方向すなわち上記の面内で，電流からみて右ねじの回転する方向をもった円上に分布することわかる．この $\boldsymbol{B}_1$ が電流 $\boldsymbol{I}_2$ の位置に式 (3.5) によってつくる力の線密度 $\boldsymbol{f}_2$ は電流の方向とのベクトル積の定義から，図 3.1 の場合であると，面内で電流 $\boldsymbol{I}_1$ の存在する方向に向かうベクトルであることがわかる．

同様にして電流 $\boldsymbol{I}_2$ はその周囲に同心円状の磁場

$$\boldsymbol{B}_2=\frac{\mu_0}{2\pi}\frac{\boldsymbol{I}_2\times\boldsymbol{r}}{r^2} \tag{3.6}$$

をつくり，これが電流 $\boldsymbol{I}_1$ に単位長さあたり

$$\boldsymbol{f}_1=\boldsymbol{I}_1\times\boldsymbol{B}_2 \tag{3.7}$$

の力をおよぼす．ベクトル積の定義からこの力は電流 $\boldsymbol{I}_2$ の存在する方向を向く．つまり 2 つの電流は引き合うことを数学的に表現できた．どちらかの電流の向きを逆にすると，ベクトル積の定義より $\boldsymbol{f}_1$，$\boldsymbol{f}_2$ の方向はともに逆となることは容易にわかる．逆方向に流れる電流は反発し合うという実験事実もこれらの式は正しく表現している．

直線電流がつくる磁場 (3.4) は一般化することができる．図 3.2 のような任意の電流の一部分 $I\mathrm{d}\boldsymbol{l}$ から $\boldsymbol{R}$ だけはなれた点につくられる磁場は

$$\mathrm{d}\boldsymbol{B}=\frac{\mu_0}{4\pi}\frac{I\mathrm{d}\boldsymbol{l}\times\boldsymbol{R}}{R^3} \tag{3.8}$$

と表現できる．これをビオ-サバール（Biot-Savart）の法則（1820 年）という．$I\mathrm{d}\boldsymbol{l}$，$\boldsymbol{R}$ が紙面内にあるとすれば $\boldsymbol{B}$ の方向は紙面に垂直（下向き）になる．この方向の単位ベクトルを $\boldsymbol{k}$ としよう．電流から r はなれた位置に，電

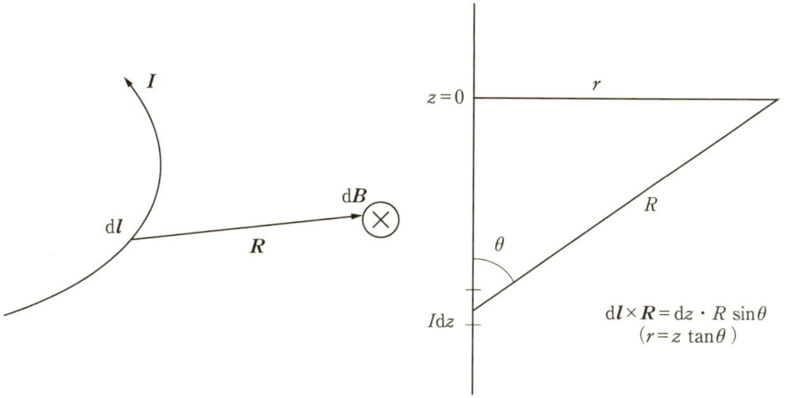

図 3.2 任意の電流線素がつくる磁場
式(3.8) をみよ（ビオ-サバールの法則）.

流全体がつくる磁場は，式 (3.8) を積分すればよい．無限に長い直線電流に対してこの積分を実行すると

$$\boldsymbol{B}(\boldsymbol{r}) = \int_{z=-\infty}^{z=\infty} \mathrm{d}\boldsymbol{B} = \frac{\mu_0}{2\pi}\frac{I}{r}\boldsymbol{k} \tag{3.9}$$

となり，この大きさはもちろん，式 (3.4) の絶対値をとった

$$|\boldsymbol{B}| = \frac{\mu_0}{2\pi}\frac{I}{r} \tag{3.10}$$

と一致する．

直線電流の長さが有限のとき（演習問題 3.1, 図 3.3）は，電流から r はなれた点 B での磁場 $\boldsymbol{B}$ は，電流を含む面に垂直で，大きさは

$$B = \frac{\mu_0 I}{4\pi r}(\cos\theta_{\mathrm{A}} - \cos\theta_{\mathrm{A'}}) \tag{3.11}$$

ともとめられる．ここで θ_{A}，$\theta_{\mathrm{A'}}$ はそれぞれ電流の端から B 点を見込む角である．無限に長い電流では $\theta_{\mathrm{A}} = 0$，$\theta_{\mathrm{A'}} = \pi$ になるので式 (3.11) は式 (3.10) に一致する．

磁場を使う実験では円電流やその円電流を同軸にして数多く並べたソレノイドが用いられる．円電流のつくる磁場を任意の点でもとめるのはやや複雑であるが，円の中心を通る軸上の点（高さ z）の磁場は容易にもとめられる．円の半径を a とすると

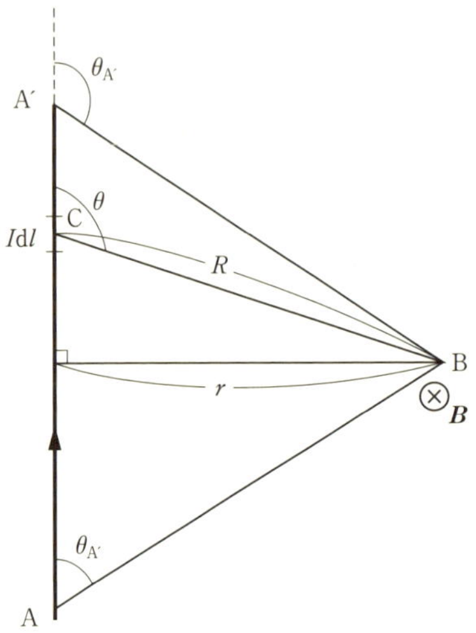

図 3.3　有限の長さの電流がつくる磁場（演習問題 3.1 をみよ）．

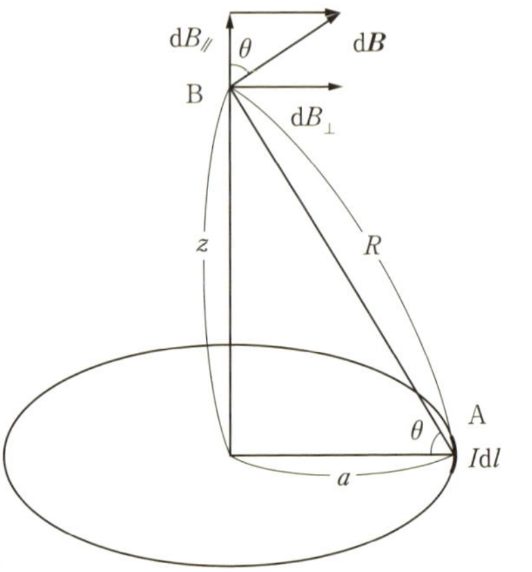

図 3.4　円電流がつくる磁場（演習問題 3.2 をみよ）．

$$B=\frac{\mu_0 I a^2}{2(a^2+z^2)^{3/2}} \tag{3.12}$$

ともとまる（演習問題 3.2，図 3.4）．磁場は，軸方向に向いている．円の中心 $z=0$ では

$$B=\frac{\mu_0 I}{2a} \tag{3.13}$$

となる．

ソレノイドの場合には，軸上で単位長さあたりの円電流の数（線輪，コイルの巻き数）を n とすると磁場は

$$B=\frac{\mu_0 I n}{2}(\cos\theta_1-\cos\theta_2) \tag{3.14}$$

となる（演習問題 3.3，図 3.5）．ここで θ_1，θ_2 はソレノイドの端から軸上の点を見込む角である．ソレノイドが無限に長いか，長さに比べて断面の径が十分に小さいときには，$\theta_1=0$，$\theta_2=\pi$ になるので

$$B=\mu_0 I n \tag{3.15}$$

と一定値をとる．実はこのようなソレノイドの内部では，磁場はいたるところで軸に平行で，上記の一定値をとることが後に述べるアンペールの法則を用い

て証明できる．

一般に電流が面積密度 $\boldsymbol{i}$ で空間に連続的に分布しているときにはビオ-サバールの場の式 (3.8) を体積積分した

$$\boldsymbol{B}(\boldsymbol{r})=\frac{\mu_0}{4\pi}\iiint\frac{\boldsymbol{i}\times(\boldsymbol{r}-\boldsymbol{r}')}{r^3}\mathrm{d}V' \tag{3.16}$$

が磁場 $\boldsymbol{B}$ になる．この式の正しいことは後に検証する．

図 3.1 でみられるように磁場 $\boldsymbol{B}$ は閉じた曲線を描く．アンペールは磁場 $\boldsymbol{B}$ が存在する空間で任意の閉曲線をとり，この線に沿って磁場の大きさを加算していくと，その総和は閉曲線がつくる面を貫いている電流の総和に等しくなることを発見した．これをアンペールの法則（積分表現）（1822 年）とよぶ．SI 単位を用いると，この関係は

$$\oint_L \boldsymbol{B}\cdot\mathrm{d}\boldsymbol{l}=\mu_0\iint_S \boldsymbol{i}\cdot\mathrm{d}\boldsymbol{S}=\iint_S \mathrm{rot}\,\boldsymbol{E}\mathrm{d}\boldsymbol{S} \tag{3.17}$$

で表される．この法則はビオ-サバールの法則から数学的に導くことができる．

ソレノイドの場合にこの法則を適用してみよう．図 3.6 のように，閉曲線 ABCD を考える．辺 AB，CD はソレノイドの軸に平行，辺 BC，DA は軸に直

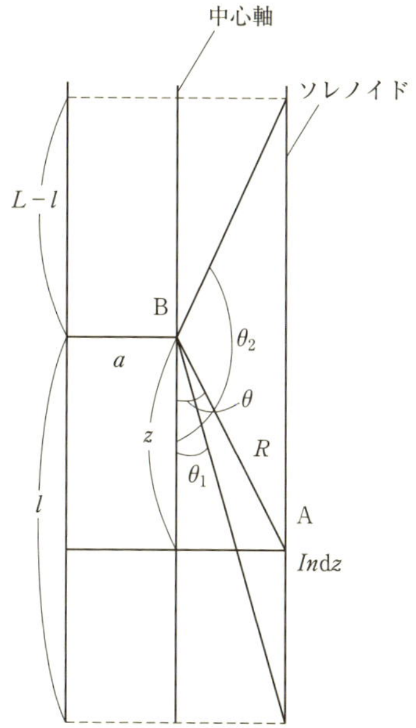

図 3.5　ソレノイドの軸上の磁場の計算（演習問題 3.3 をみよ）．

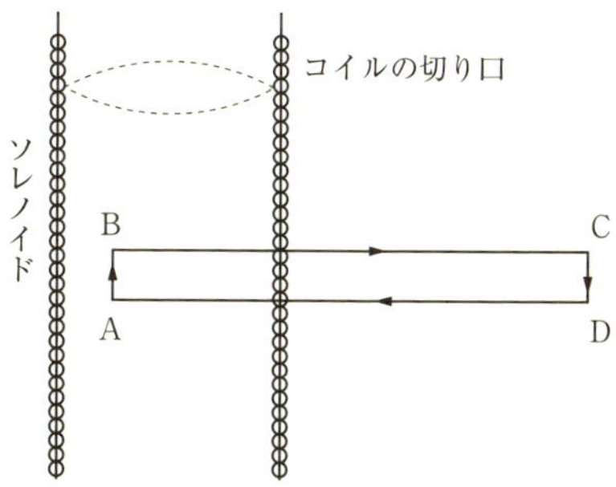

図 3.6　十分に長いソレノイドのつくる磁場
内部ではいたるところで $B=\mu_0 nI$，外部では $\boldsymbol{B}=0$（式(3.20) をみよ）．

角にとる．辺 CD はソレノイドから十分に遠方にあるとする．そこでは磁場はゼロとできる．さてソレノイドの長さが無限とすると対称性からいって磁場は軸に平行にならなければならない．磁場は辺 AB，CD には平行，辺 BC，DA には直交している．式 (3.17) の左辺の積分を，この矩形に沿って一周すると，残るのは辺 AB 上の積分だけである．すなわち

$$\oint \boldsymbol{B}\cdot \mathrm{d}\boldsymbol{l} = Bl_{\mathrm{AB}} \tag{3.18}$$

またこの矩形を貫いている電流はソレノイドの切り口のところで nl_{AB} 本のコイルがあたえられている．したがって

$$\mu_0 \iint \boldsymbol{i}\cdot \mathrm{d}\boldsymbol{S} = \mu_0 nIl_{\mathrm{AB}} \tag{3.19}$$

式 (3.18) と式 (3.19) を等しいとおくと

$$B = \mu_0 nI \tag{3.20}$$

となる．この式はソレノイドのなかでは磁場はいたるところで一定で，外部には磁場はないことを示している．

極性ベクトルと軸性ベクトル

式 (3.4) あるいは式 (3.6) などをみると，ベクトル場 $\boldsymbol{B}$ は 2 つのベクトルのベクトル積で定義されている．このようなベクトルは軸性ベクトルとよばれる．大きさと方向をもつということでは，電場 $\boldsymbol{E}$ や力 $\boldsymbol{F}$ のようなふつうのベクトル（極性ベクトルという）と同じような性質を示すが，その本性は成分が 2 つの添え字で指定されるような反対称 2 階のテンソル（9 成分）である．添え字の順序を変えると符号が変わり（ベクトル積の順序を変えると符号が変わることから明らか），したがって添え字の等しい対角成分がゼロになるので，独立したゼロでない成分は 3 つである．軸性ベクトルと極性ベクトルの積はテンソルとベクトルの積なので，また極性ベクトルになる．式 (3.5) や式 (3.7) などの力の式がその例である．

電場 $\boldsymbol{E}$ と磁場 $\boldsymbol{B}$ とはこのように数学的な性質も違うので，そのままの形では同じ式のなかに現れることはない．後に導くマクスウェルの方程式では，極性ベクトル $\boldsymbol{E}$（または軸性ベクトル $\boldsymbol{B}$）にベクトル演算子（rot）を演算すると，軸性ベクトル $\boldsymbol{B}$（または極性ベクトル $\boldsymbol{E}$）になるので，両者を等号で結ぶことができ，同じ式のなかに $\boldsymbol{E}$，$\boldsymbol{B}$ が現れるようになるのである．

磁場という呼称について—*E*-*B* 対応の電磁気学—

本書では電流のつくる場 $\boldsymbol{B}$ を磁場とよんできたが，歴史的には（昔の教科書では）磁場という呼称は次に示す場 $\boldsymbol{H}$ に使われてきた．その理由は電荷に対応する磁荷（magnetic charge）という量 m（magnetic monopole，単磁極ともいう）を考えて，この磁荷がクーロン場と同じ形をした場

$$\boldsymbol{H}(\boldsymbol{r}) = \frac{1}{4\pi\mu_0}\frac{m}{r^2}\left(\frac{\boldsymbol{r}-\boldsymbol{r}'}{r}\right) \tag{3.21}$$

をつくると考えたからである．この場は電場（クーロン場）との対応がよいので，この $\boldsymbol{H}$ を磁場とよんだわけである*2)．実際磁石の先端の近傍ではこの式が表すような場が存在することが，他の磁石の先端を近づけることで確認できる．磁石とは距離 d（磁石の長さ）だけ離れたところに符号の逆な磁荷 m と $-m$ をもつものと考える．電気双極子にならって，これも磁気双極子という．磁石から離れた場所の場は正負 2 つの磁荷がそれぞれ式 (3.21) にしたがってつくる場の合成によって表される．$\mu_m = md$ を磁気双極子モーメントといい，これがつくる場を双極子場という．しかしここで問題になることは，磁荷 m または $-m$ が単独に存在するという実験的な証拠がどうしても得られないことである．

磁荷については，もしあるとすればその大きさを予想する理論もあり，磁荷を探索する大掛かりな実験も試みられてきた．しかし，いまだに見つかっていない．一方で正負の磁荷が対になっていると見なすことができる磁石は存在する．量子力学は，磁石の本性すなわち磁気双極子モーメントの発生する原因が，素粒子（多くの場合では電子）のもつスピンという角運動量であることを明らかにした．実際，後に示すように円形線輪を流れる電流（角運動量をもつ荷電粒子）は遠方で磁石がつくる場と同じものをあたえることが証明される．

磁荷がない以上 $\boldsymbol{H}$ という場を考えるのは適当ではない．第 1 章でも述べたが，電荷のつくる場 $\boldsymbol{E}$ と，電流のつくる場 $\boldsymbol{B}$ とを基本的な物理量として電磁気学を構成していこうとする立場を $\boldsymbol{E}$-$\boldsymbol{B}$ 対応の電磁気学という．そのなかでは磁荷という物理量は登場しない．現在の教科書はこの立場でかかれたものが多い．本書でも $\boldsymbol{E}$-$\boldsymbol{B}$ 対応をとる．これに対して $\boldsymbol{E}$ と $\boldsymbol{H}$ とを基本量として出発する電磁気学を $\boldsymbol{E}$-$\boldsymbol{H}$ 対応の電磁気学という．

---

*2) $\boldsymbol{H}$ を磁場とよぶ場合 $\boldsymbol{B}$ は磁束密度とよばれた．たとえば後に述べるファラデーの法則に現れる $\boldsymbol{B}$ は磁力線の面積密度の意味ももつからである．

誤解や取り違えのないようにするには，**E**–**B** 対応の電磁気学でも，**B** を，磁束密度 **B** をもつ磁場という表現を用いればよいであろうが，これは煩雑である．本書では単に磁場 **B** とよぶことにする．式 (3.21) で定義される **H** という場は極性ベクトルであるから，**E**–**B** 対応の理論のもとで，これを磁場とすることは適当ではない．後に5.5節で示すように，磁場 **H** は．式 (3.21) とは別の定義にしたがって導入される．その量は物質の磁性などを論じる際には便利な量であるからである．

■ 演習問題 3.1

有限の長さの直線電流がつくる磁場 **B** をもとめよ．

〔解　答〕

直線電流 I(A, A′) があり，直線から r はなれた点 B につくられる磁場を計算する (図 3.3)．直線の両端 A, A′ から点 B を見込む角を $\theta_{\mathrm{A}}, \theta_{\mathrm{A'}}$ とする．点 B から R の距離の直線上の点 C にある電流の断片 $I\mathrm{d}l$ が点 B につくる磁場（紙面下向き）の大きさは式 (3.8) より

$$\mathrm{d}B = \frac{\mu_0}{4\pi}\cdot\frac{I\sin\theta\mathrm{d}l}{R^2} = \frac{\mu_0 I\sin\theta}{4\pi}\cdot\frac{\sin^2\theta}{r^2}\cdot\frac{r\mathrm{d}\theta}{\sin^2\theta} = \frac{\mu_0 I\sin\theta}{4\pi r}\mathrm{d}\theta \qquad (3.22)$$

となる．ここで

$$R\sin\theta = r$$

$$\mathrm{d}l = \frac{R\mathrm{d}\theta}{\sin\theta} = \frac{r\mathrm{d}\theta}{\sin^2\theta}$$

の関係を使った．直線上の各電流片が点 B につくる磁場はすべて同じ方向だから式 (3.22) を代数的に加え合わせる（積分する）と

$$B = \frac{\mu_0 I}{4\pi r}(\cos\theta_{\mathrm{A}} - \cos\theta_{\mathrm{A'}}) \qquad (3.23)$$

が得られる．

■ 演習問題 3.2

半径 a の円電流がその中心を通る垂直軸上高さ z の点につくる磁場をもとめよ．

〔解　答〕

図 3.4 において，円周上点 A にある電流片 $I\mathrm{d}\boldsymbol{l}$ が，軸上点 B につくる磁場 $\mathrm{d}\boldsymbol{B}$ は

$$\mathrm{d}\boldsymbol{B} = \frac{\mu_0}{4\pi}\cdot\frac{I\mathrm{d}\boldsymbol{l}\times\boldsymbol{R}}{R^3}$$

であるが，A が円周上を一回りすると $\mathrm{d}\boldsymbol{B}$ の軸に垂直な成分は打ち消し合ってゼロとなり，軸に平行な成分のみが加え合わされる．A が紙面内にあると a, R, $\mathrm{d}\boldsymbol{B}$ もすべて紙面内にあり

$$\mathrm{d}B_{\parallel} = \frac{\mu_0}{4\pi}\cdot\frac{I\cos\theta}{R^2}\cdot\mathrm{d}l = \frac{\mu_0 Ia}{4\pi R^3}\mathrm{d}l$$

となる．$R=\sqrt{a^2+z^2}$，また $\mathrm{d}l$ の一周積分は $2\pi a$ であるから

$$B_{\parallel} = \frac{\mu_0 Ia^2}{2R^3} = \frac{\mu_0 Ia^2}{2(\sqrt{a^2+z^2})^3} \tag{3.24}$$

となる．円の中心 O 点では，式 (3.24) で $z=0$ として，磁場は円の面に垂直で

$$B = \frac{\mu_0 I}{2a}$$

の大きさをもつ．

■ 演習問題 3.3

長さ L，半径 a の円形断面をもつソレノイドに I の電流が流れているとき，ソレノイドの中心軸上の磁場をもとめよ．

〔解　答〕

図 3.5 に示すように変数をとる．ソレノイドの単位長さあたりの巻き数を n とすると点 A における電流は $In\mathrm{d}z$ になる．この電流が軸上の点 B につくる磁場は式 (3.24) により

$$\mathrm{d}B = \frac{\mu_0 In\,\mathrm{d}za^2}{2R^3} = \frac{\mu_0 In}{2a}\sin^3\theta\,\mathrm{d}z = -\frac{\mu_0 In}{2}\sin\theta\mathrm{d}\theta$$

となる．ただし

$$\frac{a}{R}=\sin\theta,\ \frac{a}{z}=\tan\theta,\ \text{したがって，}\ \mathrm{d}z = \frac{-a\sec^2\theta}{\tan^2\theta}\mathrm{d}\theta = \frac{-a}{\sin^2\theta}\mathrm{d}\theta$$

の関係を使った．点 A をソレノイドの下端から上端まで積分すると点 B の磁場は

$$B = -\frac{\mu_0 nI}{2}\int_{\theta_1}^{\theta_2}\sin\theta\mathrm{d}\theta = \frac{\mu_0 nI}{2}(\cos\theta_1-\cos\theta_2) \tag{3.25}$$

となる．ただし θ_1，θ_2 はそれぞれ B 点からソレノイドの下端，上端を見込む角である．すなわち B 点が下端から l の位置にあれば，

$$\tan\theta_1 = \frac{a}{l'}\tan(\pi-\theta_2) = \frac{a}{L-l}$$

からきまる角度である．ソレノイドの半径が長さに比べて十分小さく，また B 点がソレノイドの十分内部にあれば，$\theta_1 \fallingdotseq 0$，$\theta_2 \fallingdotseq \pi$ であるから，式 (3.25) は

$$B = \mu_0 nI \tag{3.26}$$

となり，位置に無関係に一定の値をとる．先に式 (3.20) で示したようにアンペールの定理を使うと，磁場は軸上のみならず，いたるところで一定となる．このようにソレノイドは一様な磁場をつくるのに適している．

3.2　アンペール場・ビオ-サバール場の微分表現

静磁場 $\boldsymbol{B}$ の性質を表す微分表現をもとめよう．ビオ-サバールの場 (3.16)

$$\boldsymbol{B}(\boldsymbol{r}) = \frac{\mu_0}{4\pi}\iiint \frac{\boldsymbol{i}(\boldsymbol{r}')\times(\boldsymbol{r}-\boldsymbol{r}')}{r^3}\mathrm{d}V'$$

は，$\boldsymbol{r}$ 点の磁場は $\boldsymbol{r}'$ の点にある電流密度がつくる磁場を寄せ集めたものであるということから，座標 $\boldsymbol{r}'$ について積分している．ここで座標 $\boldsymbol{r}$ の点で $\boldsymbol{B}$ の発散（divergence）を計算する．x，y，z について偏微分するときは $\boldsymbol{r}'$ は定数と考える．しかし，$\boldsymbol{r}$ 点と $\boldsymbol{r}'$ 点との間の距離

$$r = \sqrt{(x-x')^2+(y-y')^2+(z-z')^2}$$

には x，y，z が含まれていることに注意して右辺の被積分関数を微分すると，$\mathrm{div}\,\boldsymbol{B}$ の第 1 項は

$$\begin{aligned}\frac{\partial B_x}{\partial x} &= \frac{\mu_0}{4\pi}\iiint \frac{\partial}{\partial x}\left\{\frac{i_{y'}(z-z')-i_z'(y-y')}{r^3}\right\}\mathrm{d}V' \\ &= \frac{\mu_0}{4\pi}\iiint \{i_{y'}(z-z')-i_z'(y-y')\}\frac{\partial}{\partial x}\frac{1}{r^3}\mathrm{d}V' \qquad (3.27) \\ &= \frac{3\mu_0}{4\pi}\iiint \frac{i_{y'}(x-x')(z-z')-i_z'(x-x')(y-y')}{r^5}\mathrm{d}V'\end{aligned}$$

となる．同様にして $\partial B_y/\partial y$, $\partial B_z/\partial z$ を計算して，被積分関数を全部加え合わせると，

$$\begin{aligned}&\frac{1}{r^5}\{i_{y'}(x-x')(z-z')-i_z'(x-x')(y-y')+i_{z'}(y-y')(x-x')-i_x'(y-y')(z-z') \\ &\qquad +i_x'(z-z')(y-y')-i_y'(z-z')(x-x')\} = 0\end{aligned}$$

となる．すなわち電流がつくる式 (3.16) の場は

$$\mathrm{div}\,\boldsymbol{B} = 0 \qquad (3.28)$$

の性質をもつ．この式は電流は放射状の磁場をつくらないことを表現している．この式が常に成立することは実験的にも確認されている．放射状の磁場が観測されないということは，式 (2.58) の電場の場合のガウスの定理と対応させれて考えれば，電荷に相当する磁荷というものが存在しないということを意

味している．

さてアンペールの法則から電流と磁場の間には

$$\oint_L \boldsymbol{B}\cdot \mathrm{d}\boldsymbol{l} = \mu_0 \iint_S \boldsymbol{i}\cdot \mathrm{d}\boldsymbol{S} \tag{3.29}$$

の関係があった．この式の左辺はベクトル場について一般的に成立するストークスの公式により

$$\oint_L \boldsymbol{B}\cdot \mathrm{d}\boldsymbol{l} = \iint_S \mathrm{rot}\, \boldsymbol{B}\cdot \mathrm{d}\boldsymbol{S} \tag{3.30}$$

とかき直せる．式 (3.29)，(3.30) の右辺の被積分関数を比較することにより

$$\mathrm{rot}\, \boldsymbol{B} = \mu_0 \boldsymbol{i} \tag{3.31}$$

が得られる（演習問題 3.4 参照）．すなわちこの場合の磁場 $\boldsymbol{B}$ は渦場であり，その空間微分（回転：rotation）の大きさは電流に比例することが導かれた．これはアンペールの力の法則の微分表現である．すなわちアンペール場あるいはそれを拡張したビオ-サバール場の性質は 2 つの微分方程式

$$\mathrm{div}\, \boldsymbol{B} = 0 \tag{3.28}$$

$$\mathrm{rot}\, \boldsymbol{B} = \mu_0 \boldsymbol{i} \tag{3.31}$$

によって表現された（必要条件）．これは単なるかきかえでなく，式 (3.4) のアンペール場にしても，式 (3.16) のビオ-サバール場にしても，2 点あるいは空間に広がった座標について定義されている式が，空間の任意の点で成立する式に置きかえられていることに注意したい．逆に式 (3.28)，式 (3.31) が成立する場はアンペール場（3.4），またはビオ-サバール場（3.16）である（十分条件）（次節の式 (3.41) の導出を参照）．式 (3.28)，(3.31) の場が時間に依存する場合は，マクスウェルの方程式に拡張される．

■ 演習問題 3.4

$\boldsymbol{r}'$ に分布する電流が $\boldsymbol{r}$ につくる磁場が

$$\boldsymbol{B} = \frac{\mu}{4\pi}\iiint \left\{\boldsymbol{i}\times\frac{\boldsymbol{r}-\boldsymbol{r}'}{|\boldsymbol{r}-\boldsymbol{r}'|^3}\right\}\mathrm{d}V'$$

であるとき，$\mathrm{div}\, \boldsymbol{B} = 0$，$\mathrm{rot}\, \boldsymbol{B} = \mu_0 \boldsymbol{i}$ となることを示せ．

〔解　答〕

3.2 節の本文を参照すると，ベクトル演算の公式により

$$\mathrm{div}\left(\boldsymbol{i}\times\frac{\boldsymbol{r}-\boldsymbol{r}'}{|\boldsymbol{r}-\boldsymbol{r}'|^3}\right) = \frac{\boldsymbol{r}-\boldsymbol{r}'}{|\boldsymbol{r}-\boldsymbol{r}'|^3}\mathrm{rot}\, \boldsymbol{i}(\boldsymbol{r}') - \boldsymbol{i}\, \mathrm{rot}\frac{\boldsymbol{r}-\boldsymbol{r}'}{|\boldsymbol{r}-\boldsymbol{r}'|^3}$$

ここで演算は $\boldsymbol{r}$ についての微分であることに注意すれば $\mathrm{rot}\,\boldsymbol{i}=0$. また第 2 項の積分も前問によりゼロになる．同じように被積分関数に rot を演算すると，公式により

$$\mathrm{rot}\left(\boldsymbol{i}\times\frac{\boldsymbol{r}-\boldsymbol{r}'}{|\boldsymbol{r}-\boldsymbol{r}'|^3}\right)=\boldsymbol{i}\,\mathrm{div}\frac{\boldsymbol{r}-\boldsymbol{r}'}{|\boldsymbol{r}-\boldsymbol{r}'|^3}-\frac{\boldsymbol{r}-\boldsymbol{r}'}{|\boldsymbol{r}-\boldsymbol{r}'|^3}\mathrm{div}\,\boldsymbol{i}(\boldsymbol{r}')$$
$$+\left(\frac{\boldsymbol{r}-\boldsymbol{r}'}{|\boldsymbol{r}-\boldsymbol{r}'|^3}\cdot\mathrm{grad}\right)\boldsymbol{i}(\boldsymbol{r}')-(\boldsymbol{i}\cdot\mathrm{grad})\frac{\boldsymbol{r}-\boldsymbol{r}'}{|\boldsymbol{r}-\boldsymbol{r}'|^3}\qquad(1)$$

となるが，div，grad が $\boldsymbol{r}$ についての微分であることを考えれば，第 2 項，第 3 項はゼロとなることがわかる．

ところで式 (2.2) の両辺に div を演算すると

$$\mathrm{div}\,\boldsymbol{E}=\frac{1}{4\pi\varepsilon}\iiint\rho(\boldsymbol{r}')\mathrm{div}\frac{\boldsymbol{r}-\boldsymbol{r}'}{|\boldsymbol{r}-\boldsymbol{r}'|^3}\,\mathrm{d}V'=\frac{\rho(\boldsymbol{r})}{\varepsilon}\qquad(2)$$

となるから $(1/4\pi)\mathrm{div}[(\boldsymbol{r}-\boldsymbol{r}')/|\boldsymbol{r}-\boldsymbol{r}'|^3]$ はこの積分で δ 関数 $\delta(\boldsymbol{r},\boldsymbol{r}')$ の働きをしているとみることができる．この関係を使うと，式 (1) の第 1 項の積分は

$$\frac{\mu}{4\pi}\iiint\boldsymbol{i}(\boldsymbol{r}')\mathrm{div}\frac{\boldsymbol{r}-\boldsymbol{r}'}{|\boldsymbol{r}-\boldsymbol{r}'|^3}\,\mathrm{d}V'=\mu\boldsymbol{i}(\boldsymbol{r})$$

となる．次に式 (1) の第 4 項の積分がゼロになることを示す．いま

$$K_{x'}=i_{x'}\frac{\boldsymbol{r}-\boldsymbol{r}'}{|\boldsymbol{r}-\boldsymbol{r}'|^3},\quad K_{y'}=i_{y'}\frac{\boldsymbol{r}-\boldsymbol{r}'}{|\boldsymbol{r}-\boldsymbol{r}'|^3},\quad K_{z'}=i_{z'}\frac{\boldsymbol{r}-\boldsymbol{r}'}{|\boldsymbol{r}-\boldsymbol{r}'|^3}$$

で定義された量を考えると，

$$\frac{\partial K_{x'}}{\partial x'}+\frac{\partial K_{y'}}{\partial y'}+\frac{\partial K_{z'}}{\partial z'}=\mathrm{div}'\,\boldsymbol{i}(\boldsymbol{r}')+(\boldsymbol{i}\cdot\mathrm{grad}')\frac{\boldsymbol{r}-\boldsymbol{r}'}{|\boldsymbol{r}-\boldsymbol{r}'|^3}=-(\boldsymbol{i}\cdot\mathrm{grad})\frac{\boldsymbol{r}-\boldsymbol{r}'}{|\boldsymbol{r}-\boldsymbol{r}'|^3}$$

となる．なぜなら定常的な場では $\mathrm{div}'\,\boldsymbol{i}=0$ であり，また $(\boldsymbol{r}-\boldsymbol{r}')/|\boldsymbol{r}-\boldsymbol{r}'|^3$ に対する微分については $\partial/\partial x'\to-\partial/\partial x$ すなわち $\mathrm{grad}'\to-\mathrm{grad}$ と置きかえられるからである．したがって式 (1) の第 4 項の積分は，ガウスの定理を使って

$$\frac{\mu}{4\pi}\iiint_V\left(\frac{\partial K_{x'}}{\partial x'}+\frac{\partial K_{y'}}{\partial y'}+\frac{\partial K_{z'}}{\partial z'}\right)\mathrm{d}V'=\iint_S\frac{\boldsymbol{r}-\boldsymbol{r}'}{|\boldsymbol{r}-\boldsymbol{r}'|^3}(\boldsymbol{i}'\cdot\mathrm{d}\boldsymbol{S}')$$

となるが，電流が分布している領域にくらべて十分大きな表面をとれば，この積分はゼロとなる．

3.3　ベクトルポテンシャル

電場 $\boldsymbol{E}$ がスカラーポテンシャル Φ を微分してもとめられたことにならって，電流のつくる磁場 $\boldsymbol{B}$ を導くポテンシャルが存在するかどうか探してみよう．なぜそのようなポテンシャルを考えるかについては後で議論する．まずベ

クトル場 $\boldsymbol{A}$ がどんな場であっても，これに rot と div の微分演算を，この順序で続けて行うと必ずゼロになる．すなわち

$$\mathrm{div}\cdot\mathrm{rot}\,\boldsymbol{A}=0 \tag{3.32}$$

は，一般的に成立する数学の公式である．一方で，電流のつくる磁場は渦場なので

$$\mathrm{div}\,\boldsymbol{B}=0 \tag{3.33}$$

でなければならない．そこでもし $\boldsymbol{B}$ がなんらかのベクトル場 $\boldsymbol{A}$ によって

$$\boldsymbol{B}=\mathrm{rot}\,\boldsymbol{A} \tag{3.34}$$

とかければ，式 (3.32) の公式によって式 (3.33) の磁場の性質が自動的にみたされる．もちろん $\boldsymbol{A}$ はそれに rotation の演算を行うことによって

$$\boldsymbol{B}=\frac{\mu_0}{4\pi}\iiint\frac{\boldsymbol{i}(\boldsymbol{r}')\times(\boldsymbol{r}-\boldsymbol{r}')}{r^3}\mathrm{d}V' \tag{3.16}$$

で表される磁場を正しくあたえるものでなくてはならない．電荷がつくる静電ポテンシャル

$$\Phi=\frac{1}{4\pi\varepsilon_0}\iiint\frac{\rho(r')}{r}\mathrm{d}V' \tag{2.72}$$

から類推して電流がつくるポテンシャルが

$$\boldsymbol{A}=\frac{\mu_0}{4\pi}\iiint\frac{\boldsymbol{i}(x',y',z')}{\sqrt{(x-x')^2+(y-y')^2+(z-z')^2}}\mathrm{d}x'\mathrm{d}y'\mathrm{d}z' \tag{3.35}$$

とかけるものと仮定して，これに rotation の演算をしてみよう．まず $\boldsymbol{B}$ の x 成分

$$B_x=\frac{\partial A_z}{\partial y}-\frac{\partial A_y}{\partial z}$$

を計算するが，この微分演算は座標 x，y，z について行うので

$$\begin{aligned} A_z&=\frac{\mu_0}{4\pi}\iiint\frac{i_z(x',y',z')}{\sqrt{(x-x')^2+(y-y')^2+(z-z')^2}}\mathrm{d}x'\mathrm{d}y'\mathrm{d}z' \\ A_y&=\frac{\mu_0}{4\pi}\iiint\frac{i_y(x',y',z')}{\sqrt{(x-x')^2+(y-y')^2+(z-z')^2}}\mathrm{d}x'\mathrm{d}y'\mathrm{d}z' \end{aligned} \tag{3.36}$$

のそれぞれの被積分関数の分母のみに作用し，分子の電流の成分には作用しないことに注意しよう．分母を微分すると

$$\frac{\partial}{\partial y}\frac{1}{r}=-\frac{1}{r^2}\frac{\partial r}{\partial y}=-\frac{1}{r^2}\frac{2(y-y')}{2r}=-\frac{y-y'}{r^3} \tag{3.37}$$

同様にして

$$\frac{\partial}{\partial z}\frac{1}{r} = -\frac{1}{r^2}\frac{\partial r}{\partial z} = -\frac{1}{r^2}\frac{2(z-z')}{2r} = -\frac{z-z'}{r^3} \tag{3.38}$$

であるから

$$B_x = \frac{\mu_0}{4\pi}\iiint\left\{-\frac{i_z'\cdot(y-y')}{r^3}+\frac{i_y'\cdot(z-z')}{r^3}\right\}\mathrm{d}V' \tag{3.39}$$

すなわち

$$B_x = \frac{\mu_0}{4\pi}\iiint\frac{\{\boldsymbol{i}'\times(\boldsymbol{r}-\boldsymbol{r}')\}_x}{r^3}\mathrm{d}V' \tag{3.40}$$

と計算される．$\boldsymbol{B}$ の 3 つの成分をベクトルの式にまとめると

$$\boldsymbol{B} = \frac{\mu_0}{4\pi}\iiint\frac{\boldsymbol{i}'\times(\boldsymbol{r}-\boldsymbol{r}')}{r^3}\mathrm{d}V' \tag{3.41}$$

となり，式 (3.16) と一致する．計算の途中で，電流は $\boldsymbol{r}'$ の座標での値であることをはっきりさせるために $\boldsymbol{i}'$ とかいた．こうして電流分布 $\boldsymbol{i}(\boldsymbol{r}')$ がつくる磁場が正しく導かれた．すなわち式 (3.35) のベクトル場 $\boldsymbol{A}$ は電流のつくる磁場を微分演算によって導くポテンシャルの 1 つである．$\boldsymbol{A}$ はベクトル場であるので，ベクトルポテンシャルとよぶ．ここで「1 つ」といったのは $\boldsymbol{B}$ をあたえる $\boldsymbol{A}$ は式 (3.35) に確定できず不定性があるからである．たとえば式 (3.35) で表される $\boldsymbol{A}$ に任意のスカラー関数 $u(\boldsymbol{r})$ からつくられる $\mathrm{grad}\,u$ を付け加えた新しいベクトル

$$\boldsymbol{A}' = \boldsymbol{A}+\mathrm{grad}\,u \tag{3.42}$$

に rotation を演算すると，任意のスカラー関数について常に成立する微分の公式

$$\mathrm{rot}\cdot\mathrm{grad}\,u = 0 \tag{3.43}$$

によって

$$\mathrm{rot}\,\boldsymbol{A}' = \mathrm{rot}\,\boldsymbol{A}+\mathrm{rot}\cdot\mathrm{grad}\,u = \mathrm{rot}\,\boldsymbol{A} = \boldsymbol{B}$$

となるので，$\boldsymbol{A}'$ も $\boldsymbol{A}$ も同じ rotation の演算で正しい $\boldsymbol{B}$ をあたえるポテンシャルとなる．ベクトルポテンシャルには関数を付け加えてもよいという不定性がある．

ベクトルポテンシャルが，有限な体積内に分布する電流によって式 (3.35) であたえられるときには

$$\mathrm{div}\,\boldsymbol{A} = 0 \tag{3.44}$$

であることを証明できる．式 (3.35) の両辺に divergence の微分演算を行う．

div は座標（x, y, z）についての微分であるから，座標（x', y', z'）にある電流 $\boldsymbol{i}'$ には作用しない．したがって

$$\begin{aligned}\operatorname{div}\boldsymbol{A} &= \frac{\mu_0}{4\pi}\iiint\left\{\frac{\partial}{\partial x}\frac{i_x'}{r}+\frac{\partial}{\partial y}\frac{i_y'}{r}+\frac{\partial}{\partial z}\frac{i_z'}{r}\right\}\mathrm{d}V' \\ &= \frac{\mu_0}{4\pi}\iiint\left\{i_x'\frac{\partial}{\partial x}\frac{1}{r}+i_y'\frac{\partial}{\partial y}\frac{1}{r}+i_z'\frac{\partial}{\partial z}\frac{1}{r}\right\}\mathrm{d}V'\end{aligned} \tag{3.45}$$

である．また式 (3.37)，(3.38) を参照すると

$$\frac{\partial}{\partial x}\frac{1}{r} = -\frac{x-x'}{r^3}$$

$$\frac{\partial}{\partial x'}\frac{1}{r} = \frac{x-x'}{r^3}$$

したがって

$$\frac{\partial}{\partial x}\frac{1}{r} = -\frac{\partial}{\partial x'}\frac{1}{r}$$

であるから，式 (3.45) はつぎのようにかき直せる．

$$\begin{aligned}\operatorname{div}\boldsymbol{A} &= -\frac{\mu_0}{4\pi}\iiint\left\{i_x'\frac{\partial}{\partial x'}\frac{1}{r}+i_y'\frac{\partial}{\partial y'}\frac{1}{r}+i_z'\frac{\partial}{\partial z'}\frac{1}{r}\right\}\mathrm{d}V' \\ &= -\frac{\mu_0}{4\pi}\iiint\left(\boldsymbol{i}'\cdot\operatorname{grad}'\frac{1}{r}\right)\mathrm{d}V'\end{aligned} \tag{3.46}$$

ここで座標（x', y', z'）について gradient を演算することを grad′ とかいた．同様に divergence をとる演算を div′ とかくことにすると

$$\begin{aligned}\operatorname{div}'\frac{\boldsymbol{i}'}{r} &= \frac{\partial}{\partial x'}\frac{i_x'}{r}+\frac{\partial}{\partial y'}\frac{i_y'}{r}+\frac{\partial}{\partial z'}\frac{i_z'}{r} \\ &= \frac{1}{r}\left(\frac{\partial}{\partial x'}i_x'+\frac{\partial}{\partial y'}i_y'+\frac{\partial}{\partial z'}i_z'\right)+i_x'\frac{\partial}{\partial x'}\frac{1}{r}+i_y'\frac{\partial}{\partial y'}\frac{1}{r}+i_z'\frac{\partial}{\partial z'}\frac{1}{r} \\ &= \frac{1}{r}\operatorname{div}'\boldsymbol{i}'+\boldsymbol{i}'\cdot\operatorname{grad}'\frac{1}{r}\end{aligned} \tag{3.47}$$

である．ところで，いたるところで電流の湧き出しがないとすると

$$\operatorname{div}'\boldsymbol{i}' = 0 \tag{3.48}$$

である（この式は静電気学における電荷の保存に呼応している）．式 (3.47)，(3.48) から式 (3.46) の被積分関数は $\operatorname{div}'(\boldsymbol{i}'/r)$ に置きかえられる．すなわち

$$\operatorname{div}\boldsymbol{A} = -\frac{\mu_0}{4\pi}\iiint\operatorname{div}'\frac{\boldsymbol{i}'}{r}\mathrm{d}V'$$

この式の右辺についてガウスの定理を使って，体積積分を面積積分に置きかえる．

$$\mathrm{div}\,\boldsymbol{A} = -\frac{\mu_0}{4\pi}\iint_S \frac{\boldsymbol{i}'}{r}\mathrm{d}\boldsymbol{S}$$

ここで積分する閉曲面を十分に大きくとると，電流はすべてその内部に含まれ，表面では電流 $\boldsymbol{i}'$ はゼロになるから，この積分はゼロになる．すなわち

$$\mathrm{div}\,\boldsymbol{A} = 0 \tag{3.44}$$

が証明された．

ベクトルポテンシャル $\boldsymbol{A}$ には式 (3.42) で示すような関数不定性があることを述べたが，式 (3.42) の変換をした $\boldsymbol{A}'$ については $\mathrm{div}\,\boldsymbol{A}'$ は必ずしもゼロにならない．そこで一般のベクトルポテンシャル $\boldsymbol{A}$ に対しても，その不定性を制限する目的で，$\boldsymbol{A}$ の付加条件として

$$\mathrm{div}\,\boldsymbol{A} = 0$$

を $\boldsymbol{A}$ がみたすべき性質として付け加えることができる．このようにして特別な $\boldsymbol{A}$ を選び出すことをゲージ（gauge）をきめるという．式 (3.42) によって異なる $\boldsymbol{A}$ を導くことをゲージ変換という[*3]．どのようなゲージをとるかは，一応任意である．それならば計算に都合のよいゲージをとるのが得策である．$\mathrm{div}\,\boldsymbol{A} = 0$ のゲージはこの後の計算を行うのにも確かに都合がよく，また式 (2.73) の Φ と，式 (3.35) の $\boldsymbol{A}$ を比較したとき，同じかたちをしていて対称性がよい．これは後に述べるクーロンゲージとよばれるものである．しかし時間に依存した電磁気学ではさらに優れたゲージ（ローレンツゲージ）が登場する．なおクーロンゲージをとってもベクトルポテンシャルの不定性が完全に取り去られたわけではない．式 (3.43) の変換において，関数 u が，もし $\triangle u = 0$ をみたしていると（$\triangle u = 0$ をみたすような関数でゲージを変換すると），（$\mathrm{div}\cdot\mathrm{grad}\,u = \triangle u = 0$ なので）新しい $\boldsymbol{A}'$ はすべて $\mathrm{div}\,\boldsymbol{A}' = 0$ をみたすからである．

さて任意のベクトルについてなりたつベクトル場の二次微分の公式

$$\mathrm{rot}\cdot\mathrm{rot}\,\boldsymbol{A} = \mathrm{grad}\cdot\mathrm{div}\,\boldsymbol{A} - \triangle\boldsymbol{A}$$

と式 (3.44) を使うと

$$\mathrm{rot}\,\boldsymbol{B} = \mu_0\boldsymbol{i} \tag{3.31}$$

の式は，ベクトルポテンシャル $\boldsymbol{A}$ についてつぎのようにかき直せる．

[*3] 「ゲージ変換は物理学における重要な概念である．電磁気学におけるゲージ変換については，時間に依存する電磁気学において，スカラーポテンシャルおよびベクトルポテンシャルを合わせて，改めて正しく定義される．

$$\mathrm{rot}\,\boldsymbol{B}=\mathrm{rot}\cdot\mathrm{rot}\,\boldsymbol{A}=\mathrm{grad}\cdot\mathrm{div}\,\boldsymbol{A}-\triangle\boldsymbol{A}=-\triangle\boldsymbol{A}=\mu_0\boldsymbol{i} \tag{3.49}$$

すなわち

$$\triangle\boldsymbol{A}=-\mu_0\boldsymbol{i} \tag{3.50}$$

が得られる．この式は3つの成分をもつベクトル式であるが，各成分それぞれの式はポアソンの方程式とまったく同型である．電荷分布から静電ポテンシャルを解く問題と電流分布からベクトルポテンシャルを解く問題とはまったく同じ作業となる．したがって式 (3.50) の2階の微分方程式の解が，

$$\boldsymbol{A}=\frac{\mu_0}{4\pi}\iiint\frac{\boldsymbol{i}'}{r}\mathrm{d}V' \tag{3.35}$$

になっているはずである．このことは式 (3.35) のラプラシアン$\triangle$を計算することで直接確かめられる．$\triangle$は座標 (x,y,z) について行い，積分は電流が存在する座標 (x',y',z') について行う．微分と積分の順序を入れかえると

$$\triangle\boldsymbol{A}(\boldsymbol{r})=\frac{\mu_0}{4\pi}\iiint\boldsymbol{i}(x'y'z')\cdot\triangle\left(\frac{1}{r}\right)\mathrm{d}V' \tag{3.51}$$

であるが，電流が存在しない場所 $r=|\boldsymbol{r}-\boldsymbol{r}'|\neq 0(\boldsymbol{r}'\neq\boldsymbol{r})$ では式 (3.50) の右辺 $\boldsymbol{i}$ はゼロであるが，式 (3.51) において$\triangle(1/r)=0$なので，$\triangle\boldsymbol{A}=0$ となり，式 (3.50) は成立する．なぜなら

$$\frac{\partial}{\partial x}\frac{1}{r}=-\frac{x-x'}{r^3}$$

$$\frac{\partial^2}{\partial x^2}\frac{1}{r}=-\frac{1}{r^3}-(x-x')\left(-3\frac{x-x'}{r^5}\right)$$

$$=-\frac{1}{r^3}+\frac{3(x-x')^2}{r^5}$$

したがって

$$\begin{aligned}\triangle\left(\frac{1}{r}\right)&=\left(\frac{\partial^2}{\partial x^2}+\frac{\partial^2}{\partial y^2}+\frac{\partial^2}{\partial z^2}\right)\left(\frac{1}{r}\right)\\&=-\frac{3}{r^3}+\frac{3\{(x-x')^2+(y-y')^2+(z-z')^2\}}{r^5}\\&=0\end{aligned} \tag{3.52}$$

となるからである．$r=0$ の場合は $(1/r)$ が発散してしまうので別に考えなければならない．式 (3.51) の体積積分において，$\boldsymbol{r}'=\boldsymbol{r}$ の点以外では，被積分関数がゼロになるので，積分の範囲を $\boldsymbol{r}'=\boldsymbol{r}$ の点を中心とする半径 a の小さな球にしても変わらない．a が十分小さければ，このなかで電流は一定の値

としてよいから，電流 $\boldsymbol{i}(x'y'z')$ を $\boldsymbol{i}(xyz)$ として積分の外に出してしまう．また

$$\triangle\left(\frac{1}{r}\right) = \mathrm{div}\cdot\mathrm{grad}\frac{1}{r}$$

とかけるから，式 (3.51) は

$$\triangle \boldsymbol{A}(\boldsymbol{r}) = \frac{\mu_0}{4\pi}\boldsymbol{i}(\boldsymbol{r})\iiint_{r'=a}\mathrm{div}\cdot\mathrm{grad}\frac{1}{r}\mathrm{d}V'$$

となる．この式の右辺にガウスの定理を適用して，面積積分に直して計算を進めると，

$$\begin{aligned}\triangle \boldsymbol{A}(\boldsymbol{r}) &= \frac{\mu_0}{4\pi}\boldsymbol{i}(\boldsymbol{r})\iint_{r'=a}\left(\mathrm{grad}\frac{1}{r}\right)\mathrm{d}\boldsymbol{S} \\ &= \frac{\mu_0}{4\pi}\boldsymbol{i}(\boldsymbol{r})\iint_{r'=a}\left(\mathrm{grad}\frac{1}{r}\right)_r\mathrm{d}S_r \\ &= \frac{\mu_0}{4\pi}\boldsymbol{i}(\boldsymbol{r})\iint_{r'=a}-\frac{1}{r^2}\mathrm{d}S_r' \\ &= -\frac{\mu_0}{4\pi a^2}\boldsymbol{i}(\boldsymbol{r})\iint_{r'=a}\mathrm{d}S_r' \\ &= -\frac{\mu_0\boldsymbol{i}}{4\pi a^2}4\pi a^2 \\ &= -\mu_0\boldsymbol{i}\end{aligned}$$

すなわち

$$\triangle \boldsymbol{A} = -\mu_0\boldsymbol{i} \tag{3.50}$$

が証明された．この証明では磁場 $\boldsymbol{B}$ を使わなかった．したがって式 (3.50) から式 (3.51) の関係を使って，

$$\mathrm{rot}\,\boldsymbol{B} = \mu_0\boldsymbol{i} \tag{3.31}$$

が逆に導かれるはずである．すなわち式 (3.50) の微分方程式の解であるベクトルポテンシャル $\boldsymbol{A}$，式 (3.35) の rotation をとって得られる磁場 $\boldsymbol{B}$ は，式 (3.31) できまる大きさをもつ渦場であることが証明された．

静電ポテンシャル（スカラーポテンシャル）Φ も任意の定数を付加しておいてもそこから同じ電場 $\boldsymbol{E}$ が導かれるという不定性があった．静電ポテンシャルの場合は，この定数不定性はエネルギーを測る原点をどこにとるかという問題に置きかえられた．また静電ポテンシャルには静電エネルギーという物理的な裏づけがあった．これに対してベクトルポテンシャルの物理的な裏づけは今ひとつ明らかでない．まして関数 $\mathrm{grad}\,u$ の不定性があり，測定によってその

数値を確定できない以上，これを物理的に実在する量とはいえないという考えもある．しかしベクトルポテンシャルは上記の計算で示したように数学的には大変便利な量で，電磁気学のさまざまな計算を簡略にし，方程式を美しくまとめあげる．ことに時間に依存した電磁場の微分方程式は，$\boldsymbol{A}$ を使うことで一般的に解くことが可能になる．

時間に依存する電磁気学ではスカラーポテンシャルとベクトルポテンシャル（あわせて電磁ポテンシャルという）の不定性が結合して現れる．計算の上ではこの不定性をむしろ積極的に利用して，方程式を簡単にすることができる．電磁ポテンシャルにはこのような効用がありながら，それがもつ不定性のゆえに，物理量として実在するものなのかどうかについて議論がある．古典電磁気学の範囲では，これについて結論を得ることはできない．アハラノフとボームは $\boldsymbol{E}$ や $\boldsymbol{B}$ がゼロの空間でも Φ や $\boldsymbol{A}$ があれば電子の運動（電子の波動関数の位相）はその影響を受け，その結果は量子干渉として観測できるはずだとする思考実験を提案した．また量子力学では電荷や電流と電磁場の相互作用のエネルギーなどは，Φ や $\boldsymbol{A}$ を使うことで，きれいに定式化できる．このことは，古典物理学は「力」（この場合は電場・磁場）を中心においた学問体系であるのに対して，量子力学はエネルギー（ポテンシャル）を中心概念として記述する体系であることにも関係している．これらについては改めて議論する．

3.4 環状電流のつくる場，磁気双極子モーメント

小さな領域で流れる閉電流が十分遠方につくる磁場を考えよう．この場は磁気双極子モーメントのつくる場と等価になり，電気双極子モーメントの場合と同様に原子や分子の相互作用を考える上で重要な場となる．

図 3.7 に示すように，閉電流の中心 O から観測点 P までのベクトルを $\boldsymbol{R}$，電流から P までの距離を r とする．ベクトルポテンシャルは

$$\boldsymbol{A} = \frac{\mu_0}{4\pi}\iiint\frac{\boldsymbol{i}}{r}\mathrm{d}V \tag{3.53}$$

の体積積分であたえられる．電流は環状の部分にしか流れておらず，またそのうえではどこでも強さは等しいのでこれを I とすると，体積積分は

$$\boldsymbol{A} = \frac{\mu_0 I}{4\pi}\oint\frac{1}{r}\mathrm{d}\boldsymbol{l} \tag{3.54}$$

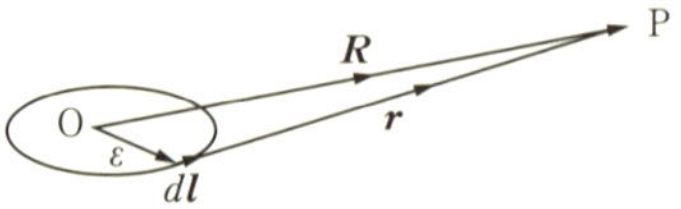

図 3.7 環状電流のつくる場（式(3.63)，(3.64) をみよ）.

の線積分に置きかえられる．中心 O から環状電流の 1 点までのベクトルを ε とし，$1/r$ を式 (2.116) と同様に展開し第 2 項までとると，

$$\boldsymbol{A}=\frac{\mu_0 I}{4\pi R}\oint \mathrm{d}\boldsymbol{l}+\frac{\mu_0 I}{4\pi R^3}\oint(\boldsymbol{\varepsilon}\cdot\boldsymbol{R})\mathrm{d}\boldsymbol{l} \tag{3.55}$$

となる．第 1 項の積分は環をベクトル的に一巡するのでゼロになる．第 2 項は 3 つのベクトルの積であるが，これをもとめるために 3 つのベクトルについて一般的になりたつ公式

$$\boldsymbol{A}\times(\boldsymbol{B}\times\boldsymbol{C})=(\boldsymbol{A}\cdot\boldsymbol{C})\boldsymbol{B}-(\boldsymbol{A}\cdot\boldsymbol{B})\boldsymbol{C} \tag{3.56}$$

をまず証明しよう．左辺のベクトル積の x 成分は定義によって

$$\begin{aligned}\{\boldsymbol{A}\times(\boldsymbol{B}\times\boldsymbol{C})\}_x &= A_y(\boldsymbol{B}\times\boldsymbol{C})_z-A_z(\boldsymbol{B}\times\boldsymbol{C})_y\\ &= A_y(B_xC_y-B_yC_x)-A_z(B_zC_x-B_xC_z)\\ &= (A_yC_y+A_zC_z)B_x-(A_yB_y+A_zB_z)C_x\end{aligned} \tag{3.57}$$

となるが，この式の第 1 項に $A_xB_xC_x$ を加えて，また第 2 項から引けば

$$\begin{aligned}\{\boldsymbol{A}\times(\boldsymbol{B}\times\boldsymbol{C})\}_x &= (A_xC_x+A_yC_y+A_zC_z)B_x-(A_xB_x+A_yB_y+A_zB_z)C_x\\ &= (\boldsymbol{A}\cdot\boldsymbol{C})B_x-(\boldsymbol{A}\cdot\boldsymbol{B})C_x\end{aligned} \tag{3.58}$$

となる．この式は左辺，右辺とも式 (3.56) の x 成分である．y，z 成分についても同様な式が得られるので，式 (3.56) は証明された．式 (3.56) の左右の項を一部移項して 2 で割ると

$$\frac{1}{2}(\boldsymbol{A}\cdot\boldsymbol{B})\boldsymbol{C}=-\frac{1}{2}\boldsymbol{A}\times(\boldsymbol{B}\times\boldsymbol{C})+\frac{1}{2}(\boldsymbol{A}\cdot\boldsymbol{C})\boldsymbol{B} \tag{3.59}$$

となる．両辺に(1/2) $(\boldsymbol{A}\cdot\boldsymbol{B})\boldsymbol{C}$ を加え，右辺第 1 項のベクトル積の順序を変えると，

$$(\boldsymbol{A}\cdot\boldsymbol{B})\boldsymbol{C}=\frac{1}{2}(\boldsymbol{B}\times\boldsymbol{C})\times\boldsymbol{A}+\frac{1}{2}(\boldsymbol{A}\cdot\boldsymbol{C})\boldsymbol{B}+\frac{1}{2}(\boldsymbol{A}\cdot\boldsymbol{B})\boldsymbol{C} \tag{3.60}$$

が得られる．ここで $\boldsymbol{A}=\boldsymbol{R}$，$\boldsymbol{B}=\varepsilon$，$\boldsymbol{C}=\mathrm{d}\boldsymbol{l}$ と置くと，

$$(\boldsymbol{R}\cdot\varepsilon)\mathrm{d}\boldsymbol{l}=\frac{1}{2}(\varepsilon\times\mathrm{d}\boldsymbol{l})\times\boldsymbol{R}+\frac{1}{2}(\boldsymbol{R}\cdot\mathrm{d}\boldsymbol{l})\varepsilon+\frac{1}{2}(\boldsymbol{R}\cdot\varepsilon)\mathrm{d}\boldsymbol{l}$$

が得られる．これを式 (3.55) の第 2 項に代入すると（第 1 項はゼロであった

ことに注意して）

$$\boldsymbol{A} = \frac{\mu_0 I}{4\pi R^3}\left\{\frac{1}{2}\oint(\varepsilon\times \mathrm{d}\boldsymbol{l})\times\boldsymbol{R}+\frac{1}{2}\oint(\boldsymbol{R}\cdot\mathrm{d}\boldsymbol{l})\varepsilon+\frac{1}{2}\oint(\boldsymbol{R}\cdot\varepsilon)\mathrm{d}\boldsymbol{l}\right\} \quad (3.61)$$

となる．後に証明するが，この式の第２項と第３項は大きさが等しく符号が逆となり打ち消しあう．第１項において $\boldsymbol{R}$ は積分の外に出せる．また

$$\boldsymbol{S} = \frac{1}{2}\oint\varepsilon\times\mathrm{d}\boldsymbol{l} \quad (3.62)$$

は環状電流の面積の大きさをもち，その面の法線の方向（面積をつくるベクトル ε と $\mathrm{d}\boldsymbol{l}$ の両方に垂直な方向）を向いたベクトル（面積ベクトル）である．さらにこれに電流 I を乗じた

$$\mu_{\mathrm{m}} = I\boldsymbol{S} \quad (3.63)$$

というベクトルを新たに定義し，これを磁気双極子モーメントとよぶ．その単位は［A m^2］である．μ_{m} を使うと，ベクトルポテンシャルは

$$\boldsymbol{A} = \frac{\mu_0}{4\pi}\frac{\mu_{\mathrm{m}}\times\boldsymbol{R}}{R^3} \quad (3.64)$$

とかける．この式は式 (2.114) の電気双極子モーメントがつくるスカラーポテンシャルと大変よく似た式になっている．スカラーポテンシャルでは分子がスカラー積，ベクトルポテンシャルでは分子はベクトル積になっている．

つぎに $\boldsymbol{A}$ の rotation を計算して磁場をもとめる．微分は $\boldsymbol{R}$ の座標について行うので，μ_{m} は定数として計算できる．

$$\begin{aligned} B_x &= \frac{\mu_0}{4\pi}\left\{\frac{\partial}{\partial y}\frac{(\mu_{\mathrm{m}}\times\boldsymbol{R})_z}{R^3}-\frac{\partial}{\partial z}\frac{(\mu_{\mathrm{m}}\times\boldsymbol{R})_y}{R^3}\right\} \\ &= \frac{\mu_0}{4\pi}\left\{\frac{\partial}{\partial y}\frac{(\mu_{\mathrm{m}})_x y-(\mu_{\mathrm{m}})_y x}{R^3}-\frac{\partial}{\partial z}\frac{(\mu_{\mathrm{m}})_z x-(\mu_{\mathrm{m}})_x z}{R^3}\right\} \end{aligned} \quad (3.65)$$

さて

$$\frac{\partial}{\partial y}\frac{y}{R^3} = \frac{1}{R^3}-\frac{3y^2}{R^5}$$

$$\frac{\partial}{\partial y}\frac{x}{R^3} = -\frac{xy}{R^5}$$

であるから

$$B_x = \frac{\mu_0}{4\pi}\left\{(\mu_{\mathrm{m}})_x\frac{2x^2-y^2-z^2}{R^5}+3(\mu_{\mathrm{m}})_y\frac{xy}{R^5}+3(\mu_{\mathrm{m}})_z\frac{zx}{R^5}\right\} \quad (3.66)$$

となる．一方

$$\mathrm{grad}\frac{\mu_{\mathrm{m}}\cdot\boldsymbol{R}}{R^3} \quad (3.67)$$

の x 成分を計算してみると

$$\frac{\partial}{\partial x}\frac{(\mu_{\mathrm{m}})_x x+(\mu_{\mathrm{m}})_y y+(\mu_{\mathrm{m}})_z z}{R^3}=(\mu_{\mathrm{m}})_x\left(\frac{1}{R^3}-\frac{3x^2}{R^5}\right)-3(\mu_{\mathrm{m}})_y\frac{xy}{R^5}-3(\mu_{\mathrm{m}})_z\frac{zx}{R^5}$$
$$=(\mu_{\mathrm{m}})_x\frac{y^2+z^2-2x^2}{R^5}-3(\mu_{\mathrm{m}})_y\frac{xy}{R^5}-3(\mu_{\mathrm{m}})_z\frac{zx}{R^5}$$

となるが，これはちょうど式 (3.66) の括弧のなかの量の符号を変えたものになっている．したがって

$$B_x=-\frac{\mu_0}{4\pi}\left\{\mathrm{grad}\frac{\boldsymbol{\mu}_{\mathrm{m}}\cdot\boldsymbol{R}}{R^3}\right\}_x$$

とかける．ベクトルとしてかくと

$$\boldsymbol{B}=-\frac{\mu_0}{4\pi}\mathrm{grad}\frac{(\boldsymbol{\mu}_{\mathrm{m}}\cdot\boldsymbol{R})}{R^3}$$
$$=-\frac{\mu_0}{4\pi}\mathrm{grad}\frac{(\boldsymbol{\mu}_{\mathrm{m}}\cdot\boldsymbol{k})}{R^2} \tag{3.68}$$

である．これは式 (2.116) の電気双極子モーメントがつくる電場とまったく同じ形をしている．つまり環状電流がつくる磁場は，あたかも一定の距離離れて配列した正負の単磁荷がつくる場と同じ形にかけることがわかった．式 (3.63) で定義される量を磁気双極子モーメントというゆえんである．もちろん単磁荷はないわけであるが，磁気双極子モーメントは次節で述べるように，スピンが原因となってつくられるので，この双極子磁場は実在する．閉じた電流は双極子ポテンシャル，双極子場をつくることがわかった．

さて面積ベクトル

$$\boldsymbol{S}=\frac{1}{2}\oint\boldsymbol{\varepsilon}\times\mathrm{d}\boldsymbol{l} \tag{3.62}$$

の x, y, z 各成分は $\boldsymbol{S}$ を yz 面，zx 面，xy 面に射影した面積になっていなければならない．$\boldsymbol{S}$ の x 成分

$$\frac{1}{2}\oint(\varepsilon_y\mathrm{d}z-\varepsilon_z\mathrm{d}y)$$

を計算しよう．まず

$$\oint\varepsilon_y\mathrm{d}z$$

を図 3.8 によって考える．図 3.8 (a) の一周積分のうち A → B → C では弧 ABC の左側のたんざくの面積を足していくわけであるが，積分の方向が z 軸の負の方向に向っているので，図 3.8 (b) の面積 S'_x の符号を変えた（$-S'_x$）

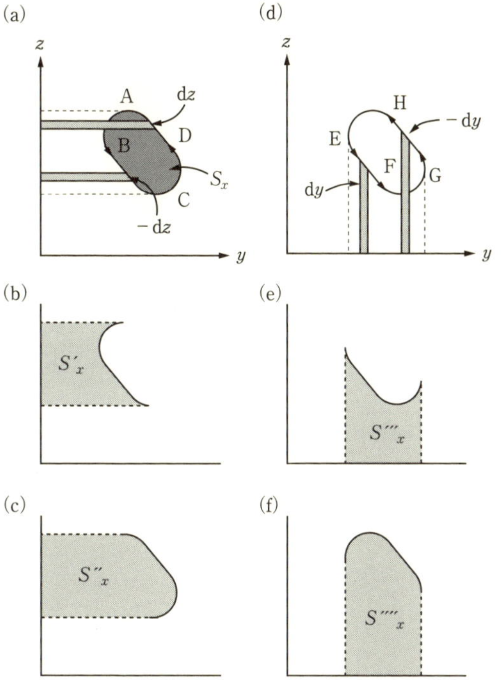

図 3.8

面積ベクトル $\boldsymbol{S}=\frac{1}{2}\oint\boldsymbol{\varepsilon}\times\mathrm{d}\boldsymbol{l}$ の3成分はそれぞれの座標面に射影した面積 S_x, S_y, S_z である．式(3.68)，(3.69) などをみよ．

になる．C → D → A の積分では弧 CDA の左側の面積 S_x''（図 3.8 (c)）になる．したがって

$$\oint\varepsilon_y\mathrm{d}z=-S_x'+S_x''=S_x \tag{3.69}$$

すなわち閉曲線 ABCD で囲まれた面積（$\boldsymbol{S}$ の yz 面への射影の面積）になる．同様にして図 3.8 (d)，(e)，(f) によって，

$$\oint\varepsilon_z\mathrm{d}y=S_x'''-S_x''''=-S_x \tag{3.70}$$

がいえる．したがって

$$\frac{1}{2}\oint(\varepsilon_y\mathrm{d}z-\varepsilon_z\mathrm{d}y)=S_x$$

が求められた．同様にして $\boldsymbol{S}$ の y，z 成分についても

$$\frac{1}{2}\oint(\varepsilon_z \mathrm{d}x - \varepsilon_x \mathrm{d}z) = S_y$$
$$\frac{1}{2}\oint(\varepsilon_x \mathrm{d}y - \varepsilon_y \mathrm{d}x) = S_z$$

が成立する．すなわち $\boldsymbol{S}$ の 3 成分はそれぞれ y-z 面，z-x 面，x-y 面に射影した面積になっている．これで $\boldsymbol{S}(S_x, S_y, S_z)$ がベクトルであることが証明できた．式 (3.69)，式 (3.70) から

$$\oint \varepsilon_y \mathrm{d}z = -\oint \varepsilon_z \mathrm{d}y \qquad (3.71)$$

の関係がある．これは一周積分において y と z との役割を交換すると符号が変わるということである．これは x-y，x-z の組についてもいえる．また

$$\oint \varepsilon_x \mathrm{d}x = 0$$

すなわち形式的に

$$\oint \varepsilon_x \mathrm{d}x = -\oint \varepsilon_x \mathrm{d}x$$

であるから，まとめてかくと

$$\begin{aligned}\oint \varepsilon_x \mathrm{d}x &= -\oint \varepsilon_x \mathrm{d}x \\ \oint \varepsilon_y \mathrm{d}x &= -\oint \varepsilon_x \mathrm{d}y \\ \oint \varepsilon_z \mathrm{d}x &= -\oint \varepsilon_x \mathrm{d}z\end{aligned} \qquad (3.72)$$

である．ここで　式 (3.72) の各式の両辺にそれぞれ R_x，R_y，R_z を掛けて和をとると

$$\oint R_x \varepsilon_x \mathrm{d}x = -\oint R_x \varepsilon_x \mathrm{d}x$$
$$\oint R_y \varepsilon_y \mathrm{d}x = -\oint R_y \varepsilon_x \mathrm{d}y$$
$$\oint R_z \varepsilon_z \mathrm{d}x = -\oint R_z \varepsilon_x \mathrm{d}z$$
$$\oint (\boldsymbol{R} \cdot \varepsilon) \mathrm{d}x = -\oint (\boldsymbol{R} \cdot \mathrm{d}\boldsymbol{l}) \varepsilon_x$$

が得られる．y，z 成分についても同様な式

$$\oint (\boldsymbol{R} \cdot \varepsilon) \mathrm{d}y = -\oint (\boldsymbol{R} \cdot \mathrm{d}\boldsymbol{l}) \varepsilon_y$$
$$\oint (\boldsymbol{R} \cdot \varepsilon) \mathrm{d}z = -\oint (\boldsymbol{R} \cdot \mathrm{d}\boldsymbol{l}) \varepsilon_z$$

が得られるから，ベクトル式としてまとめると

$$\oint (\boldsymbol{R}\cdot\boldsymbol{\varepsilon})\mathrm{d}\boldsymbol{l} = -\oint (\boldsymbol{R}\cdot\mathrm{d}\boldsymbol{l})\boldsymbol{\varepsilon} \tag{3.73}$$

が得られる．この関係から前に証明を後回しにした式 (3.61) において，第2項と第3項が，打ち消し合うことが証明された．

3.5　スピンと磁石・磁気双極子モーメント —磁場をつくるもう一つの原因—

前節で環状電流のつくる場は磁気双極子モーメントがつくる場と同等であることが示された．ただし磁気双極子モーメントは，磁荷から定義されるのではなく，環状電流から定義された．原子のなかで電子が原子核を中心として周回している（角運動量がある）というイメージ（量子力学では厳密な意味ではこの描像は正しくないが）は環状電流が存在することであるから，電子が角運動量をもっていると，磁気双極子モーメントが生じ，したがって磁場をつくることになる．周回というイメージはともかくとして，量子力学によれば原子に束縛された電子の集団はゼロまたは $\hbar = h/2\pi$ の整数倍の角運動量をもつ．これを軌道角運動量という．h はプランク定数とよばれ，

$$h = 6.62606876(52)\times 10^{-34}\ \mathrm{J\ s} \tag{3.74}$$

の値をもつ普遍定数である．大半の原子や，安定な分子ではそこに含まれる多くの電子の角運動量がベクトル的に合成された結果ゼロになっている．ところが電子・陽子・中性子などの素粒子はスピン（spin）というそれぞれ固有の角運動量をもつ．その大きさは $\hbar/2 = h/4\pi$ である．スピンの概念を正しく把握するためには，量子力学によらなければならないが，古典物理学からの類推では粒子の自転による角運動量に相当するものと考えられるので，この名前がつけられた．原子核のような複合粒子では構成する陽子や中性子のスピンがベクトル的に合成されるが，その結果たまたま大きな合成スピンをもつ原子核も稀に存在する．しかし多くの安定な原子核では合成スピンはゼロとなっている．原子や分子のなかの多くの電子のスピンもそれぞれ逆向きに合成されてゼロになっている場合が多い．一般に複合粒子の場合，合成スピンがゼロになる方がその粒子は安定であるということで，合成スピンが有限な値に残るにはなんらかの理由が必要になる．原子や分子など複合粒子では，軌道角運動量とスピン

角運動量が合成されて，全角運動量は$\hbar$の整数倍か半奇数倍になる．単体の粒子はもちろん，複合粒子でも構成粒子数が奇数で打ち消し合えない場合には角運動量が有限に残る．

さてスピン角運動量があると環状電流のイメージからも類推できるように，磁気双極子モーメントが発生する．その大きさは，スピン角運動量を$\boldsymbol{S}\hbar$（電子の場合），または$\boldsymbol{I}\hbar$（原子核の場合）とすると，それぞれ

$$\mu_{\mathrm{S}} = 2\frac{e}{2m}S_z\hbar \tag{3.75}$$

$$\mu_{\mathrm{I}} = 2\frac{e}{2M}I_z\hbar \tag{3.76}$$

となる．ここで$S_z\hbar$，$I_z\hbar$はスピン角運動量$\boldsymbol{S}\hbar$，$\boldsymbol{I}\hbar$の空間射影成分，m，Mはそれぞれ電子，陽子の質量である．$\hbar$は角運動量の次元をもつから，S_z，I_zは次元をもたない数値である．μ_{s}，μ_{I}の次元（単位）は

$$\left[\frac{eh}{m}\right] = \left[\frac{\mathrm{A\ s\ \ kg\,m^2 s^{-1}}}{\mathrm{kg}}\right] = \left[\mathrm{A\ m^2}\right]$$

となり，式(3.63)で定義された磁気双極子モーメントの単位と一致する．

Mはmの約2000倍であるから，同じ大きさの角運動量でも原子核の磁気双極子モーメントは電子の磁気双極子モーメントに比べて約2000分の1である．　原子のなかの電子の軌道角運動量$\boldsymbol{L}\hbar$も磁気双極子モーメント

$$\mu_{\mathrm{L}} = \frac{e}{2m}L_z\hbar$$

をつくる．軌道運動の場合，磁気双極子モーメントと角運動量の比はスピンの場合に比べて1/2である．その説明も量子力学をまたなければならない．

再三述べたように多くの物質では角運動量はたがいに打ち消しあうように合成されて総和はゼロになっている．しかし奇数個の電子をもつラジカルなどではゼロになれない．また$\mathrm{O_2}$などの2,3の分子では安定な状態でも合成スピンが残っている（これを常磁性気体とよぶ）．鉄で代表される遷移金属ではスピンが平行にそろう方が，エネルギーが低くなり安定になる．その結果大きな磁気双極子モーメントをもつことになる（強磁性体）．スピンに起因する微視的な磁気モーメントが一方向にそろって合成されて，巨視的な磁気モーメントを生じているものである．いわゆる磁石はこういう物質からつくられている．単位の体積に含まれる磁気双極子モーメントの総和を磁化$\boldsymbol{M}$という．これは電気学における分極$\boldsymbol{P}$に相当する．

これまで電磁現象の原因となるものは電荷とそれが運動してつくる電流であった．スピンに基づく磁気双極子モーメントがつくる磁場が電流のつくる場とまったく同じ性質のものであるということは厳密には証明できない．しかし多くの実験事実は両者がまったく区別できないものであることを示している．

この磁石の一端の近傍ではあたかも単磁極があるような場ができるので，ここからクーロンの法則によって，磁場 $\boldsymbol{H}$ がまず定義されたのが，歴史的な事実である．後に述べるように磁場 $\boldsymbol{H}$ と磁場 $\boldsymbol{B}$ の間には

$$\boldsymbol{B} = \mu\boldsymbol{H}$$

の関係がある．μ は物質の磁気的性質を表す透磁率とよばれる量で，真空の場合に磁気定数 μ_0 に一致する．

4 電場と磁場がともにある場

4.1 静電場・静磁場の基本方程式のまとめ

この節では時間に依存しない電場・磁場に関してこれまでに得られた公式を整理してまとめておこう．電気と磁気の間に美しい対応関係があることをみて

表 4.1 静電気学と静磁気学の対応関係

静電気学	静磁気学
$\boldsymbol{r}'$ に体積密度 $\rho(\boldsymbol{r}')$ の電荷分布があるとき，$\boldsymbol{r}$ にはクーロン場（電場） $$\boldsymbol{E}(\boldsymbol{r}) = \frac{1}{4\pi\varepsilon_0}\iiint_V \frac{\rho(\boldsymbol{r}')(\boldsymbol{r}-\boldsymbol{r}')}{\lvert\boldsymbol{r}-\boldsymbol{r}'\rvert^3}\mathrm{d}V' \quad (4.1)$$ がつくられる．$\boldsymbol{r}$ にある電荷 $q(\boldsymbol{r})$ には $$\boldsymbol{F}(\boldsymbol{r}) = q(\boldsymbol{r})\cdot\boldsymbol{E}(\boldsymbol{r}) \quad (4.2)$$ のクーロン力が働く．	$\boldsymbol{r}'$ に面積密度 $\boldsymbol{i}(\boldsymbol{r}')$ の電流分布があるとき，$\boldsymbol{r}$ にはアンペール場（磁場） $$\boldsymbol{B}(\boldsymbol{r}) = \frac{\mu_0}{4\pi}\iiint_V \frac{\boldsymbol{i}(\boldsymbol{r}')\times(\boldsymbol{r}-\boldsymbol{r}')}{\lvert\boldsymbol{r}-\boldsymbol{r}'\rvert^3}\mathrm{d}V' \quad (4.1')$$ がつくられる．$\boldsymbol{r}$ にある電流 $\boldsymbol{i}(\boldsymbol{r})$ には単位長さあたり $$\boldsymbol{f}(\boldsymbol{r}) = \boldsymbol{i}(\boldsymbol{r})\times\boldsymbol{B}(\boldsymbol{r}) \quad (4.2')$$ のアンペール力が働く．
式 (4.1) は空間の各点で成立するつぎの 2 つの式に書きかえられる． $$\mathrm{div}\,\boldsymbol{E}(\boldsymbol{r}) = \frac{\rho(\boldsymbol{r})}{\varepsilon_0} \quad (4.3)$$ $$\mathrm{rot}\,\boldsymbol{E}(\boldsymbol{r}) = 0 \quad (4.4)$$ すなわちクーロン場は湧き出しをもち，渦がない場である．	式(4.1′) は空間の各点で成立するつぎの 2 つの式にかきかえられる． $$\mathrm{rot}\,\boldsymbol{B}(\boldsymbol{r}) = \mu_0\boldsymbol{i}(\boldsymbol{r}) \quad (4.3')$$ $$\mathrm{div}\,\boldsymbol{B}(\boldsymbol{r}) = 0 \quad (4.4')$$ すなわちアンペール場は湧き出しをもたない渦場である．
電場 $\boldsymbol{E}$ は電荷分布 $\rho(\boldsymbol{r}')$ からつくられるスカラーポテンシャル $$\Phi(\boldsymbol{r}) = \frac{1}{4\pi\varepsilon_0}\iiint_V \frac{\rho(\boldsymbol{r}')}{\lvert\boldsymbol{r}-\boldsymbol{r}'\rvert}\mathrm{d}V' \quad (4.5)$$ に $$\boldsymbol{E} = -\mathrm{grad}\,\Phi \quad (4.6)$$ の微分演算を行うことで導かれる．	磁場 $\boldsymbol{B}$ は電流分布 $\boldsymbol{i}(\boldsymbol{r}')$ からつくられるベクトルポテンシャル $$\boldsymbol{A}(\boldsymbol{r}) = \frac{\mu_0}{4\pi}\iiint_V \frac{\boldsymbol{i}(\boldsymbol{r}')}{\lvert\boldsymbol{r}-\boldsymbol{r}'\rvert}\mathrm{d}V' \quad (4.5')$$ に $$\boldsymbol{B} = \mathrm{rot}\,\boldsymbol{A} \quad (4.6')$$ の微分演算を行うことで導かれる．
式 (4.5) の Φ はポテンシャル方程式 $$\Delta\Phi = -\frac{\rho}{\varepsilon_0} \quad (4.7)$$ の解である．(4.6) でもとめられる $\boldsymbol{E}$ は自動的に式 (4.3)，(4.4) を満足する．	式 (4.5′) の $\boldsymbol{A}$ はポテンシャル方程式 $$\Delta\boldsymbol{A} = -\mu_0\boldsymbol{i} \quad (4.7')$$ の解である．式 (4.6′) でもとめられる $\boldsymbol{B}$ は自動的に式 (4.3′)，(4.4′) を満足する．
クーロン場は任意の閉曲面 S，V について式 (4.3) とガウスの定理を使うと $$\iint_S \boldsymbol{E}(\boldsymbol{r})\cdot\mathrm{d}\boldsymbol{S} = \frac{1}{\varepsilon_0}\iiint_V \rho(\boldsymbol{r}')\mathrm{d}V' \quad (4.8)$$ で表せられる性質をもつ．これはクーロンの法則の 1 つの積分表現である．	アンペール場は任意の閉曲線 L, S について式 (4.3′) とストークスの定理を使うと $$\oint_L \boldsymbol{B}(\boldsymbol{r})\cdot\mathrm{d}\boldsymbol{l} = \mu_0\iint_S \boldsymbol{i}(\boldsymbol{r}')\cdot\mathrm{d}\boldsymbol{S}' \quad (4.8')$$ で表せられる性質をもつ．これはアンペールの法則の積分表現である．

とれるであろう（表4.1）.

定常電流の場合には電流の湧き出しも吸い込みもないから

$$\mathrm{div}\,\boldsymbol{i} = 0 \tag{4.9}$$

の条件が成立する．これは後に述べる電荷の保存則

$$\mathrm{div}\,\boldsymbol{i} + \frac{\partial \rho}{\partial \boldsymbol{t}} = 0 \tag{4.10}$$

において，電荷の時間変化がない特別な場合である．ベクトルポテンシャルが式 (4.5′) でかかれる場合には

$$\mathrm{div}\,\boldsymbol{A} = 0 \tag{4.11}$$

が成立する．しかしポテンシャル方程式（4.7′）の解が，いつでも式 (4.11) をみたすとは限らない．その場合 $\boldsymbol{A}$ の不定性を利用して

$$\boldsymbol{A}' = \boldsymbol{A} + \mathrm{grad}\,u$$

の変換を行い，$\mathrm{div}\,\boldsymbol{A}' = 0$ をみたす $\boldsymbol{A}'$ を新しくポテンシャルとすることができる．

電荷の場合にはいくらでも点電荷に近いものがつくることができるから，クーロン力あるいはクーロン場は高い精度で実験的に検証できる．電流の場合は有限な大きさの閉回路で実現できるものなので，アンペール力の場合の無限に長い直線電流とか，ビオ-サバール場の無限小の電流成分 $I\mathrm{d}\boldsymbol{l}$ を実現することは困難で，実験的検証の精度を上げにくい事情がある．

これに対して式 (4.8′) は実験に適していて，高い精度の検証を可能にする．後に述べるように，これらの式が拡張されたマクスウェルの方程式はさらに高い精度で実験的に検証される．

ここで整理した電気現象に対する左欄の公式群と磁気現象に対する右欄の公式群の両方に現れる電磁気量はない．すなわち静電現象と静磁現象はまったく独立に記述されていて両者はまじりあっていない．ρ が原因となって電場 $\boldsymbol{E}$ がつくられ，$\boldsymbol{i}$ が原因となって磁場 $\boldsymbol{B}$ がつくられ，しかも $\boldsymbol{E}$ は ρ にだけ力をおよぼし，$\boldsymbol{B}$ は $\boldsymbol{i}$ にだけにしか力をおよぼさないからである．後に述べるように ρ や $\boldsymbol{i}$ が時間的に変化すると $\boldsymbol{E}$ や $\boldsymbol{B}$ が1つの式のなかに現れるようになる．

後に述べるオームの法則，すなわち定常的な電場と定常的な電流の間になりたつ関係式

$$\boldsymbol{i} = \sigma \boldsymbol{E} \tag{4.12}$$

には，みかけ上，左欄の電気的な変数と右欄の磁気的変数が1つの式のなかに

現れている．導体中の電気伝導は本来時間に陽に依存するダイナミックな過程であるが，この方程式は電子の散乱過程に統計的平均あるいは時間的平均を行った結果，電気伝導率 σ を定数として，$\boldsymbol{E}$ と $\boldsymbol{i}$ の間に比例関係が設定できるということを表している．このことについては5.3節で改めて論じる．

4.2　ローレンツ力，量子ホール効果，電気抵抗標準

電荷 q をもった粒子が速度 $\boldsymbol{v}$ で運動していると，式 (3.1) により $q\boldsymbol{v}$ に比例した電流が流れていることになる．もし磁場 $\boldsymbol{B}$ があるとこの粒子には式 (3.7) により

$$\boldsymbol{F} = q\boldsymbol{v}\times\boldsymbol{B} \tag{4.13}$$

の力が働く．右辺の次元（単位）は

$$[\mathrm{C\ m\ s^{-1}\ kg\ s^{-2}}] = [\mathrm{m\ kg\ s^{-2}}] = [\mathrm{N}]$$

となり確かに力の単位になっている．この力をローレンツ力という．ベクトル積の定義から，力の方向は，$\boldsymbol{v}$ にも，$\boldsymbol{B}$ にも直交している．さらに電場 $\boldsymbol{E}$ があると電荷自身にクーロン力が直接働くから，運動する電荷にはあわせて

$$\boldsymbol{F} = q\boldsymbol{E}+q\boldsymbol{v}\times\boldsymbol{B} \tag{4.14}$$

の力が働く．2つの力を合わせた式 (4.14) をローレンツ力とよぶこともある．

式 (4.14) において第1項はクーロン力に基づくもの，第2項はアンペール力に基づくものでその起源は明確である．ところでこれら2つの力はこれまで異質のものと考えてきたが相対論の立場からみるとそうはいえないことにふれておこう．相対論的表現では電場・磁場の成分は独立な物理量の成分ではなく，1つの物理量4元2階テンソルの各成分になる．そしてこれらの成分は運動している座標系からみると（各成分にローレンツ変換とよばれる演算をする）電場と磁場がたがいにまじりあう．ここでは結果だけをかくが，S系でみた電場・磁場の各成分を E_x，E_y，E_z，B_x，B_y，B_zとすると，S系に対して x 方向に，速さ v で運動するS′系からみた電場の成分は

$$E_x' = E_x$$
$$E_y' = \gamma(E_y+vB_z)$$
$$E_z' = \gamma(E_z-vB_y)$$

となる（ただし$\gamma = 1/\sqrt{1-(v^2/c^2)}$，$c$ は光速）．電荷と一緒に運動する系では電荷は静止しているからクーロン力しか働かないが，その電場の式のなかに磁

場が入っている．磁場にたいして運動している電荷は，クーロン力だけを考えていても磁場から力を受けることになる．これがアンペール力に相当する．クーロン力にローレンツ変換を行うと自動的にローレンツ力の表式が出てくるわけである．

ローレンツ力で記述されるよく知られた現象にサイクロトロン運動とホール効果がある．サイクロトロン運動は一様な磁場のなかで，荷電粒子が磁場に垂直な面内で等速度円運動をする現象である．粒子にはその速度ベクトルと磁場の両方に垂直にローレンツ力が働き，これが円運動を持続させる求心力になる．力の方向は粒子から円の中心をみる方向に一致する．力と変位の方向が直交しているので，ローレンツ力は粒子に仕事をしない．したがって粒子は運動エネルギーが一定の等速円運動をする．大きさの関係 $qvB = mr\omega^2$（求心力と遠心力の釣り合い，r は円運動の半径），$v = r\omega$ から運動の角速度は $\omega = qB/m$ となる．これをサイクロトロン角周波数という．この現象を量子力学的に扱った結果，運動のエネルギーが $\hbar\omega$，$2\hbar\omega$，$3\hbar\omega$，……と量子化される状態がランダウ準位とよばれるものである．

ホール効果は1879年にアメリカの物理学者 E. H. Hall（1855-1938）によって発見された現象で，x 方向に流れる電流に z 方向の磁場を加えると，y 方向に起電力（ホール電圧）が発生するというものである．これはまさにローレンツ力により，荷電粒子に $\boldsymbol{v}$（x 方向）と $\boldsymbol{B}$（z 方向）のどちらにも直交する方向（y 方向）に力が働くためである．$\boldsymbol{v}$ をドライブしている電場 E_x とホール電場 E_y の比から

$$\frac{E_y}{E_x} = \tan\theta$$

によって定義されるホール角 θ は，またサイクロトロン周波数と平均自由時間を使って

$$\theta = \omega\tau$$

とかける．すなわち次の衝突までの間に自由に行うサイクロトロン運動の回転角によってホール電圧がきまることになる．このサイクロトロン運動のエネルギーはランダウ準位に量子化されるので，その効果を観測することができる．たとえばホール電圧と電流の比 $j_x = \sigma_{xy}E_y$ から定義されるホール伝導率は，古典電磁気学では

$$\sigma_{xy} = \frac{ne}{B}$$

ともとめられ，電子密度 n に対して線形の関数であるが，ある種（二次元系）の半導体では，低温，高磁場の条件下で，電気伝導率が電子密度（この場合電流に比例）に対して階段状の変化をみせる．これは電子密度が増えるにしたがって，ランダウ準位がつぎつぎと占有されていく量子効果の現れである．これを量子ホール効果という．理論的な示唆に基づき，1979 年に実験的に検証された．

このステップのところの伝導率

$$\sigma_{xy} = N\frac{e^2}{h}$$

あるいはその逆数の電気抵抗値は

$$R_{\mathrm{H}} = \frac{1}{N}\frac{h}{e^2} \tag{4.15}$$

とかけて，普遍的な基礎定数　e（素電荷）と h（プランク定数）と整数（量子数）N だけできまる．つまり量子ホール効果できめられる抵抗値（後に述べるように 25812.807 Ω/N の値をもつ）は電気抵抗を測る標準器として使える．実際に電気抵抗の標準は現在は，量子ホール効果によって，供給されている．$N=1$ の場合のホール抵抗値

$$R_{\mathrm{H}}(N=1)=h/e^2\ [\mathrm{J\,s\,C^{-2}}]=[\mathrm{m^2\,kg\,s^{-2}\cdot s\cdot A^{-2}\,s^{-2}}]=[\mathrm{m^2\,kg\,s^{-3}\,A^{-2}}]=[\Omega] \tag{4.16}$$

は，基礎定数である h および e の数値から計算すればよいわけであるが，基礎定数値は数年ごとに改定されるので，これを標準値とすることは具合が悪い．そこで 1990 年に R_{H} の値を，その当時に h および e の最も正確な値から計算した値，

$$R_{\mathrm{K-90}} = 25812.807\ \Omega \tag{4.17}$$

に固定することがきめられた．ホール効果の解析に使われる定数を，$R_{\mathrm{K}} = h/e^2$ とかき，これをフォン・クリッツイング定数とよぶ．$R_{\mathrm{K-90}}$ は 1990 年に協定できめられた値であることを意味する．

ローレンツ力とは関係ないが，電圧標準について簡単にふれておこう．絶縁物の薄膜を超伝導物質でサンドイッチ状にはさんだ素子（ジョセフソン接合）を超伝導状態にして電磁波（周波数 f）を照射しながら電流-電圧の関係を測定すると，階段状に変化する特性が現れる（交流ジョセフソン効果）．これは素子を貫いて流れる粒子（この場合，クーパーペアとよばれる電子対）の量子

力学的な位相が電流を強く制約するためである．n 番目のステップ電圧は

$$V_n = \left(\frac{h}{2e}\right)nf$$

であたえられることが確かめられている．この比例定数の逆数

$$K_\mathrm{J} = \frac{2e}{h} \tag{4.18}$$

をジョセフソン定数という．この値がわかっていれば，電圧は周波数の測定からあたえられる．K_J の値も基礎定数値だけから計算できるが，この値が数年ごとに変わっては具合がわるいので，1990 年に，

$$K_{\mathrm{J}-90} = 483597.898\ \mathrm{GHz\ V^{-1}} \tag{4.19}$$

と固定することに協定によってきめられた．

現在すべての電磁気量の SI 単位は，量子ホール効果できめられる電気抵抗値とジョセフソン効果できめられる電圧値を標準として，誘導されている．SI の基本単位である電流そのものの定義にしたがった標準はつくられていない．電流値は電圧標準と抵抗標準を組み合わせてつくられる．古典電磁気学は量子力学には関係なく構成されている体系であるが，その諸量の大きさをきめる単位は，排他律や波動関数の位相といった量子力学固有の概念に制約されてきまっていることは興味深い．

4.3　マクスウェルの応力テンソル

静電エネルギーが電荷の上に集中しているのではなく，場に分散している形式にかけたことに対応して，電荷の間に働く力も遠くはなれて作用しあうのではなく，1 つの電荷がその周囲の空間を変化させて場をつくり，他の電荷はその場所の場から力を受けると考える．これは弾性体のなかで実際に応力が分布していることに類似している．この近接作用のアイデアはファラデーによって出されたものであるが，これを数式できちんと表現したのはマクスウェルなので，このように空間に分布する応力をマクスウェルの応力あるいは応力テンソルとよぶ．ある面（その方向をきめるのに 3 つの変数が必要）を通して働く力（その方向をきめるのにまた 3 つの変数が必要）を完全に記述するためには $3\times3=9$ の成分が必要なので，この応力は 3 元 2 階のテンソルになる．

まず，空間に電荷が 1 つあるときは，これに静電的な力は働かないことに注

意しよう．電荷がある広がりをもって分布している場合もそれ自身には力は働かない．電荷 $\rho(\boldsymbol{r})\mathrm{d}V$ に $\rho(\boldsymbol{r}')\mathrm{d}V'$ から働く力と $\rho(\boldsymbol{r}')\mathrm{d}V'$ に $\rho(\boldsymbol{r})\mathrm{d}V$ から働く力とは大きさが同じで方向が逆なので打ち消し合い，結局電荷分布全体にわたる力の総和はゼロになるからである．電荷 q_1 と q_2 があった場合，q_1 に働く力は q_2 のつくる電場 $\boldsymbol{E}_2$ による $q_1 \cdot \boldsymbol{E}_2$ であるが，これを q_1，q_2 がつくる全電場 $\boldsymbol{E} = \boldsymbol{E}_1 + \boldsymbol{E}_2$ を使って，$q_1 \cdot \boldsymbol{E}$ とかいておいてよい．$\boldsymbol{E}_1$ は q_1 に力をおよぼさないからである．電荷が空間に分布しているときは，合力はベクトル和

$$\boldsymbol{F} = \iiint \rho_1(\boldsymbol{r}) \boldsymbol{E}\, \mathrm{d}V \tag{4.20}$$

である．$\rho_1 = \varepsilon_0 \operatorname{div} \boldsymbol{E}$ であるからこの積分は

$$\boldsymbol{F} = \varepsilon_0 \iiint \boldsymbol{E}\,(\boldsymbol{r}) \operatorname{div} \boldsymbol{E}(\boldsymbol{r})\, \mathrm{d}V \tag{4.21}$$

とかき直せる．この積分は電荷 1 の分布する範囲について行えばよいわけであるが，電荷 2 の存在する範囲を除いた全空間に広げてもよいはずである．こうして電荷に働く力が空間に分布する電場でかかれたわけである．
式 (4.21) の x 成分をかくと

$$\begin{aligned} F_x &= \varepsilon_0 \iiint E_x \left\{ \frac{\partial E_x}{\partial x} + \frac{\partial E_y}{\partial y} + \frac{\partial E_z}{\partial z} \right\} \mathrm{d}V \\ &= \varepsilon_0 \iiint E_x \cdot \operatorname{div} \boldsymbol{E}\, \mathrm{d}V \end{aligned} \tag{4.22}$$

となる．ここでテンソル

$$T_{ik} = \varepsilon_0\, E_i\, E_k - \frac{\varepsilon_0}{2} \delta_{ik}\, E^2 \tag{4.23}$$

を定義する．δ_{ik} はクロネッカーの δ とよばれる記号で，$i = k$ のとき 1，$i \neq k$ のとき 0 を表す．まずテンソル T の 1 行目の 3 成分をかくと

$$\begin{aligned} T_{xx} &= \frac{\varepsilon_0}{2} (E_x{}^2 - E_y{}^2 - E_z{}^2) \\ T_{xy} &= \varepsilon_0 E_x E_y \\ T_{xz} &= \varepsilon_0 E_x E_z \end{aligned} \tag{4.24}$$

である．この 3 成分をベクトルとみてその divergence を計算すると以下のようになる．

$$\begin{aligned} &\frac{\partial T_{xx}}{\partial x} + \frac{\partial T_{xy}}{\partial y} + \frac{\partial T_{xz}}{\partial z} \\ &= \varepsilon_0 \left(E_x \frac{\partial E_x}{\partial x} - E_y \frac{\partial E_y}{\partial x} - E_z \frac{\partial E_z}{\partial x} \right) + \varepsilon_0 \left(E_x \frac{\partial E_y}{\partial y} + E_y \frac{\partial E_x}{\partial y} \right) + \varepsilon_0 \left(E_x \frac{\partial E_z}{\partial z} + E_z \frac{\partial E_x}{\partial z} \right) \end{aligned}$$

$$= \varepsilon_0 E_x \left\{ \frac{\partial E_x}{\partial x} + \frac{\partial E_y}{\partial y} + \frac{\partial E_z}{\partial z} \right\} + \varepsilon_0 E_z \left\{ \frac{\partial E_x}{\partial z} - \frac{\partial E_z}{\partial x} \right\} - \varepsilon_0 E_y \left\{ \frac{\partial E_y}{\partial x} - \frac{\partial E_x}{\partial y} \right\}$$

$$= \varepsilon_0 E_x \cdot \mathrm{div}\, E + \varepsilon_0 E_z (\mathrm{rot}\, E)_y - \varepsilon_0 E_y (\mathrm{rot}\, E)_z$$

$$= \varepsilon_0 E_x \cdot \mathrm{div}\, \boldsymbol{E} + \varepsilon_0 (\boldsymbol{E} \times \mathrm{rot}\, \boldsymbol{E})_x \tag{4.25}$$

さて静電場では，$\mathrm{rot}\, \boldsymbol{E} = 0$ であるから式 (4.25) の第 2 項はゼロになり，残る $\varepsilon_0 E_x \mathrm{div}\, \boldsymbol{E}$ は式 (4.22) の力の x 成分の被積分関数に一致する．そこで

$$F_x = \iiint \left(\frac{\partial T_{xx}}{\partial x} + \frac{\partial T_{xy}}{\partial y} + \frac{\partial T_{xz}}{\partial z} \right) \mathrm{d}V \tag{4.26}$$

とかける．$\boldsymbol{T}_x(T_{xx}, T_{xy}, T_{xz})$ をベクトルと考えて，式 (4.26) の右辺をガウスの定理によって面積積分に置きかえると

$$\begin{aligned} F_x &= \iiint_V \mathrm{div}\, \boldsymbol{T}_x \mathrm{d}V \\ &= \iint_S \boldsymbol{T}_x \cdot \mathrm{d}\boldsymbol{S} \\ &= \iint_S T_{xx} \mathrm{d}y\mathrm{d}z + T_{xy} \mathrm{d}z\mathrm{d}x + T_{xz} \mathrm{d}x\mathrm{d}y \end{aligned} \tag{4.27}$$

となる．この式の形は弾性体の力学に現れる応力分布 (T_{xx}, T_{xy}, T_{xz}) と力 F_x の関係を表す式と同じで，面積 $\boldsymbol{S}$ を通して x 方向に働く力を示している．たとえば $\boldsymbol{T}_{xx}$ は法線が x 方向を向いた単位の面積を通して x 方向に働く力を表している．式 (4.23) で定義される $\boldsymbol{T}$ のほかの成分を使って，同様な計算を行うと

$$F_y = \iint_S T_{yx} \mathrm{d}y\mathrm{d}z + T_{yy} \mathrm{d}z\mathrm{d}x + T_{yz} \mathrm{d}x\mathrm{d}y \tag{4.28}$$

$$F_z = \iint_S T_{zx} \mathrm{d}y\mathrm{d}z + T_{zy} \mathrm{d}z\mathrm{d}x + T_{zz} \mathrm{d}x\mathrm{d}y \tag{4.29}$$

が得られる．結局 F_x, F_y, F_z の式は S 上の面積 $\mathrm{d}S$ を通して働く力が，その面積の方向を表す単位ベクトルを $\boldsymbol{n}$ として，$\boldsymbol{T}\cdot\boldsymbol{n}\mathrm{d}S$ とかけることを表している．式 (4.23) で定義される $\boldsymbol{T}$ は空間に分布した応力の分布を表し，マクスウェルの応力テンソルとよばれる．

応力場の分布の式には電荷が現れない．電場が空間に分布していてそこに電荷があたえられれば力が働くということはイメージしやすいが，応力場のように電荷がない真空の場に常時，力の分布が存在していることはイメージしにくい．この応力を受け止めている実体は何であろうか．そこで考えられるのは電気力線の存在である．電気力線の管を考えた場合これを空間に維持するために

は長さの方向に張力が働き，断面の方向には力線を締めつける収縮力が働いていると考えられる．実際に式 (4.23) をテンソルのかたちにかいた応力テンソル

$$T=\varepsilon_0\begin{vmatrix}\frac{1}{2}({E_x}^2-{E_y}^2-{E_z}^2) & E_xE_y & E_xE_z \\ E_xE_y & \frac{1}{2}({E_y}^2-{E_z}^2-{E_x}^2) & E_yE_z \\ E_xE_z & E_yE_z & \frac{1}{2}({E_z}^2-{E_x}^2-{E_y}^2)\end{vmatrix} \tag{4.30}$$

を電場の方向とそれと直角な 2 つの方向を主軸にとり変換してみよう．永年方程式

$$|T_{\alpha\beta}-\delta_{\alpha\beta}\lambda|=0$$

の固有値

$$\lambda_1=\frac{\varepsilon_0}{2}E^2,\ \ \lambda_{2,3}=-\frac{\varepsilon_0}{2}E^2$$

によって

$$T=\frac{\varepsilon_0}{2}\begin{vmatrix}E^2 & 0 & 0 \\ 0 & -E^2 & 0 \\ 0 & 0 & -E^2\end{vmatrix} \tag{4.31}$$

が得られる．これは主軸 (1,1) の方向（電場 $\boldsymbol{E}$ の方向）に正の力，それと直角な (2,2)，(3,3) の方向に負の力が働いていることを示している．

磁場があるときは磁場による力が付け加わる．この場合応力テンソルの式は

$$T_{ik}=\varepsilon_0E_iE_k-\frac{\varepsilon_0}{2}\delta_{ik}E^2+\frac{1}{\mu_0}B_iB_k-\frac{1}{2\mu_0}\delta_{ik}B^2 \tag{4.32}$$

と一般化される．

式 (4.25) において，電場が時間的に変動する場合は，$\mathrm{rot}\,\boldsymbol{E}$ はゼロにならないので，式(4.26) と式 (4.30) で定義される力の式には，$\mathrm{rot}\,\boldsymbol{E}$ からくる項と，$\mathrm{rot}\,\boldsymbol{B}$ からくる項とが付け加わる．電磁波の項で改めて述べるが，マクスウェルの方程式を使って計算すると，力の式は

$$\boldsymbol{F}=\iiint_V\left\{\rho\boldsymbol{E}+\boldsymbol{i}\times\boldsymbol{B}+\frac{\partial}{\partial t}\varepsilon_0\boldsymbol{E}\times\boldsymbol{B}\right\}\mathrm{d}V \tag{4.33}$$

と求まる．積分の第 1 項はクーロン力，第 2 項はアンペール力である．第 3 項は運動量の流れの時間微分が力をつくり出すと解釈できる．力学において運動

量の時間変化は力をあたえるが，第３項はこれに相当している．実際に電荷が時間的に変動すると遠くはなれたほかの電荷が力を受けて運動する．つまり遠くの電荷に力積があたえられたことになる．この作用の伝達は遠くはなれた電荷間に直接力が働いているのではなく，第一の電荷が時間的に変動する応力の場をつくり出し，それが第二の電荷の位置に達し，第二の電荷はその電磁場から力をあたえられると考える．この際に伝播しているものが電磁波の運動量であると解釈する．電磁波はエネルギーだけでなく運動量も運ぶのである．電磁波の運動量の伝播については時間に依存する電磁気学の項で改めて論じることにする．

5

物質と電磁場

5.1 物質と電磁場

これまで電荷と電場，電流と磁場などの関係を考える際に，物質の存在を意識してこなかった．いわば真空という空間のなかで電磁気学を考えてきたわけである．しかし実際には，物質の存在を無視するわけにはいかない．物質の存在が電磁気学をどのように変えるかを考えよう．物質は原子や分子でできている．そして原子や分子は正の電荷をもった原子核とそれに強く，あるいは場合によっては“ゆるく”結合した負の電荷をもった電子とからできている．また前の章で述べたように電子や原子核はスピンという自由度をもち，それに付随する磁気双極子モーメントをもつ．物質に電場や磁場がかかると，物質の状態（主として物質のなかの電子の状態）が変化する．この変化を外場に対する物質の応答とよぶ．この応答が電場や磁場にはね返り，物質中の電場や磁場を変化させる．

古典電磁気学を考える上では，物質の構造あるいはその構造の変化に深くは立ち入らない．電場と物質の相互作用を古典論で考える上では，物質には導体（金属），誘電体（絶縁体）そして半導体の3種類があるとすれば十分である．その応答の様子は導体に対しては電気伝導率 σ，誘電体に対しては誘電率 ε または電気感受率 $\chi_e(\varepsilon=\varepsilon_0+\varepsilon_0\chi_e)$ という，物質固有の定数を使って記述する．磁場に対する応答を考慮する場合は，相互作用の性質によって強磁性体，反磁性体，常磁性体などの何種類かの磁性体を考える必要がある．そして磁場に対する応答の様子は透磁率 μ または磁気感受率 $\chi_m(1/\mu=(1/\mu_0)-(\chi_m/\mu_0))$ という物理量によって記述する．χ_m は常磁性体では正の定数，反磁性体では負の定数，強磁性体では定数にはならず，係数自体が磁場の関数になる．同じように原子から構成されている物質になぜこのような性質の違いが現れるかについては量子力学を用いた物性論によって説明されるが，古典電磁気学ではその成因にまでは立ち入らない．なお半導体は原理のうえでは絶縁体の特殊な場合と考えられるが，導体とも絶縁体ともかなり違った性質を示す．ところで物質は，導体，誘電体，磁性体などにはっきり区別できるわけではない．むしろ，どの物質も伝導性，誘電性，常磁性，反磁性などをあわせもっていると考えるべきである．実際の物質はいずれかの性質が強く現れ，ほかの性質がマスクされていて，実際上，上記のような分類が可能になっているのである．たとえば金属にも誘電性があり，その誘電率が考えられる．常磁性体にも反磁性があるが，常磁性にマスクされてしまって表に現れない．

導体ではそれを構成する原子のなかで，一部の電子が原子核とゆるく結合していて，その電子は固体のなかを，ほぼ自由に動くことができる．外から電場がかかると，この電子に力が働くが，電子は原子核の正電荷からの束縛をはなれて電場と逆の方向に運動する（電子の電荷は負と定義する）．

これに対して誘電体の場合には原子核と電子の結合が強く，正の原子核は電場の方向に，負の電子は電場と逆の方向に多少変位するが，電場がよほど強くないかぎり電子が束縛をはなれて運動することはなく，この変位はあるところで止まる．これが分極とよばれる現象である．その結果，移動した電荷 q と $-q$ が $\boldsymbol{x}$ だけはなれて対になって存在するとき，$\mu = q\boldsymbol{x}$ の双極子モーメントが電場によって誘導されたという．電荷素量 1 つ分の電荷が原子の大きさ程度（0.1 nm）ずれたとすると，電気双極子モーメントの大きさは

$$|\mu| = 1.6\times10^{-19}\,\mathrm{C}\times10^{-10}\,\mathrm{m} = 1.60\times10^{-29}\,\mathrm{C\ m} \approx 4.8\quad \mathrm{D} = \text{debye} \qquad (5.1)$$

となる．この式の最後に示した単位 1 debye $= 3.3\times10^{-30}$ C m はミクロな双極子モーメントの大きさを表すのに便利な単位で，歴史的に常用され，いまだに多くの書物に現れるが，SI 単位系には属してないので，やがて使われなくなるであろう．なお μ と $\boldsymbol{E}$ との積 $\mu\boldsymbol{E}$ はエネルギーの次元になることを確かめておこう．

$$[\mu\boldsymbol{E}] = [\mathrm{C\ m\ V\ m^{-1}}] = [\mathrm{C\ V}] = [\mathrm{J}] \qquad (5.2)$$

すなわち $\mu\boldsymbol{E}$ は電気双極子モーメント μ が電場 $\boldsymbol{E}$ のなかでもつエネルギーである．これは電荷 q と $-q$ を x だけ引きはなすために必要な仕事から計算できる．一方で電荷 q がポテンシャル Φ のなかでもつエネルギーは $q\Phi$ であることも関連をつけて覚えておこう．$\mu\boldsymbol{E}$ あるいは $q\Phi$ は，量子力学で物質と電磁場の相互作用を考える上で重要な量である．

さて原子が分極して示す双極子モーメントは，小さすぎて巨視的な電磁気学の手段では観測にはかからない．しかし，多くの原子が分極するとその合成した価は観測できる．たとえば，1モルの物質のなかには

$$N_{\mathrm{A}} = 6.02214199(47)\times 10^{23}\ \mathrm{mol}^{-1} \tag{5.3}$$

個の原子がある（この N_{A} をアボガドロ数という）．この原子全部が同じ方向に分極したとすると，モル当たりの電気双極子モーメントは

$$\boldsymbol{P}_{\mathrm{mol}} = N_{\mathrm{A}}\boldsymbol{\mu} \approx 6.4\times 10^{-6}\ \mathrm{C\ m\ mol^{-1}} \tag{5.4}$$

となり，これは観測可能な量である．このような巨視的な分極が電磁気学のなかに取り入れられる．電磁気学では，単位体積あたりの電気双極子モーメントの合成した量（電気双極子モーメントの体積密度）を分極 $\boldsymbol{P}$ と定義する．したがってその単位は

$$[\boldsymbol{P}] = [\mathrm{C\ m\ m^{-3}}] = [\mathrm{C\ m^{-2}}] \tag{5.5}$$

である．厳密なことをいえば分極 $\boldsymbol{P}$ は $\boldsymbol{E}$ と同じように座標の関数であるから，1点で定義される量でありながら，1 m^3 などの空間的広がりをもっていてはおかしい．はじめに有限な体積を考えておいて，その体積をゼロにもっていった極限の値と考えるべきである．

同様にして磁化 $\boldsymbol{M}$ が定義される．しかし磁気の場合には磁場をつくったり，あるいは逆に磁場に誘導される物理量として，電流と，スピンに起因する磁気モーメントの2つがあるためにより複雑である．外からの磁場によって，ミクロな渦電流が誘導される．これがマクロな体積のなかで合成された電流となって現れる．この電流密度を磁化電流 $\boldsymbol{i}_{\mathrm{m}}$ としよう．磁化 $\boldsymbol{M}$ は

$$\mathrm{rot}\,\boldsymbol{M} = \boldsymbol{i}_{\mathrm{m}} \tag{5.6}$$

で定義される．磁化電流 $\boldsymbol{i}_{\mathrm{m}}$ は物質内で比較的に自由に運動できる電子によってつくられる．その方向は外場をつくる電流（伝導電流 $\boldsymbol{i}_{\mathrm{t}}$ とする）と逆向きになることが一般である．これは時間に依存した電磁気学に現れるファラデーの電磁誘導に関係したレンツの法則すなわち「外から加えられた磁束を減らすような向きに電流が誘導される」という事実に基づいている．したがってこれは反磁性である．上の式で左辺の次元（単位）は $\boldsymbol{M}$ の次元（単位）を長さの次元（単位）で割ったものである．右辺は電流密度なので［$\mathrm{A\ m^{-2}}$］の次元（単位）をもつ．したがって磁化 $\boldsymbol{M}$ の次元（単位）は［$\mathrm{A\ m^{-1}}$］である．なお後に述べる $\boldsymbol{B} = \mu\boldsymbol{H}$（$\mu$ は透磁率）から定義される磁場 $\boldsymbol{H}$ の単位も［$\mathrm{A\ m^{-1}}$］であることを注意しておこう．

また外から磁場がかかるとスピンに付随する微細な磁気双極子モーメントの方向がそろうために，マクロな磁気双極子モーメントが発生する．しかし，その方向と大きさは電気双極子モーメントの場合のように単純ではない．その違いによって，常磁性，反磁性，強磁性などの性質が観測されることはすでに述べた．そろった磁気双極子モーメントをマクロな体積で合成して磁化が得られる．この場合，磁化 $\boldsymbol{M}$ は単位体積あたりに生じた磁気双極子モーメント（磁気双極子モーメントの体積密度）で定義される．磁気双極子モーメントの単位は［$\mathrm{A\ m^2}$］であったから，この体積密度である磁化の単位は［$\mathrm{A\ m^{-1}}$］になるので，式 (5.6) で定義される電流のつくる磁化と一致する．また磁気双極子モーメント μ_{m} が磁場 $\boldsymbol{B}$ のなかでもつエネルギーが $\mu_{\mathrm{m}}\boldsymbol{B}$ であるから，$\boldsymbol{MB}$ はエネルギーの体積密度の次元をもつことになる．$[\boldsymbol{B}] = [\mathrm{T}] = [\mathrm{kg\ s^{-2}\ A^{-1}}]$，$[\boldsymbol{M}] = [\mathrm{A\ m^{-1}}]$ だから

$$[\boldsymbol{MB}] = [\mathrm{A\,m^{-1}}][\mathrm{kg\,s^{-2}\,A^{-1}}] = [\mathrm{m^{-1}\,kg\,s^{-2}}] = [\mathrm{J\,m^{-3}}] \tag{5.7}$$

で確かめられる．単位のことを繰り返し確かめた理由は，書物によって磁化や磁化率，磁気モーメントの定義が磁気定数 μ_0 だけ異なるものがあるからである．その場合には磁気エネルギーの体積密度は $\boldsymbol{MH}$ であたえられるので注意する必要がある．

さてスピン磁気モーメントが外からの磁場の方向にそろえば，磁化率が正ということになり常磁性をあたえる．スピン同士の相互作用あるいはスピンと磁場の相互作用が強いと，非常に大きな磁化が生じる．しかし磁化は，原子の磁気双極子モーメントに原子数を乗じた量よりは大きくはなれない．つまり磁化の大きさは磁場が大きくなるにしたがって，飽和を示すことになる．すなわち磁場と磁化の関係が線形（比例関係）ではなくなる．また磁気双極子モーメント間の強い相互作用のため，磁場をゼロにもどしても，磁化がゼロにならないことがある（残留磁化）．これらの性質が強磁性の直感的な説明である．

電場や磁場によって物質のなかにどのような分極や磁化がつくられるか．また逆に分極や磁化がどのように電場や磁場を変化させるかを議論することで，物質中の電磁気学が展開される．以下につづく 4 つの節で導体，誘電体，磁性体につき，やや詳しく論じる．

5.2　導体内の電荷分布，表面電荷のつくる電場

ほかの物体と電気的に接触していない孤立した物体は，電荷（実際には電子）を蓄えることができ，その全電荷は一定に保たれる．導体の場合には，電子の間には反発力が働き，電子は導体内で自由に動くことができるので[*1)]，はじめどのように電子を導体に付加しても電子は瞬時に最も安定な分布に落ち着くはずである．この電子分布について，つぎのことが数学的に証明できる．導体内では電荷は表面だけに分布する．導体内部はいたるところで等ポテンシャルになり，したがって，いたるところで $\boldsymbol{E}=0$ である．仮りに導体内部にテスト電荷をおいても，これに働く静電力（表面にある電荷からくる）の総和はゼロになる．

電子相互には反発力が働き，しかも電子は自由に動けるとすると，結局電子は表面にへばりつく．表面に沿っても電子が動かないとすると，ほかの全電子からの反発力の合力は，表面に垂直で外に向かう力になっているはずであろう．そしてこの外向きの合力と逆方向に，電子を導体に束縛している力があるはずである．束縛力をあたえるポテンシャルを障壁ポテンシャルという．この障壁をこえるだけのエネルギーが電子にあたえられれば電子は外に飛び出す．光電効果はその一例である．束縛力あるいは障壁ポテンシャルは量子力学によって計算される．

電荷だけが独立に存在することはなく，電荷はかならず粒子に担われて移動する．多くの電磁現象で，電荷の担い手は電子である．電子は電荷のほかに質量とかスピンなどをもつので，その移動の際にときにはこれらの自由度についても考慮する必要がある．その様子を量子力学を使って論じる学問は物性物理学である．古典電磁気学では，多くの場合，質量などのあたえる効果を無視し，電荷自身に力が働き，これが移動するように表現する[*2)]．たとえば電流については，質量の流れを考えない．この限りでは本節のなかで電荷といっても電子といっても等価である．

[*1)] 電気的に中性の導体内でも原子核のつくる格子に束縛されている電子と格子の間を自由に動ける電子とがある．後者を伝導電子または自由電子とよぶ．電圧をかけたとき流れる電流の担い手である．外から余分に加えられた電子は束縛されることなく自由に動けるものと考える．

[*2)] 輸送現象などを扱う際には，電子の質量を陽に考慮する．オームの法則の項（5.3 節）を参照．

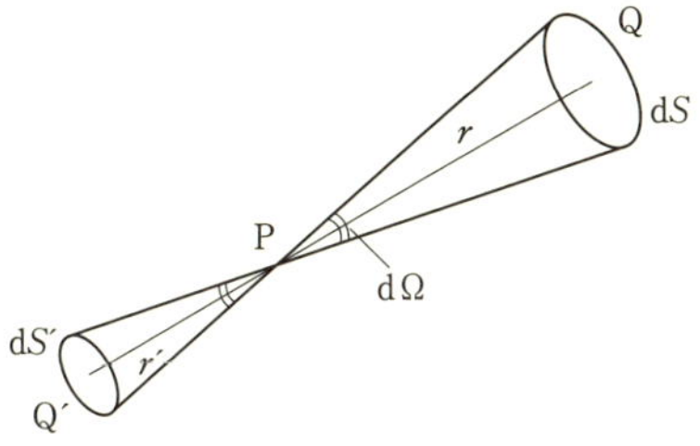

図 5.1
球の表面に一様に分布する電荷による場は，内部の任意の点でゼロになる（式 (5.9) をみよ）．

導体球の場合について考えよう．対称性から考えて，電荷は球の表面に一様な面密度 σ で分布するであろう．このような場合，球内の一点 P に表面電荷から受ける電気力の合成はゼロになることを示そう．図 5.1 に示すように，点 P を通り任意の直線をかき球面との交点を点 Q，Q′ とする．このとき球の性質によって，この直線と点 Q，Q′ における接平面とのなす角（θ）は等しい (図は直線と球の中心を含む平面に投影してかかれている)．つぎに点 P を頂点とし直線を軸とした微小な立体角 $\mathrm{d}\Omega$ の円錐を考え，これが球面から切り取る面積を $\mathrm{d}S$，$\mathrm{d}S'$ とする．立体角の定義から

$$\mathrm{d}\Omega = \frac{\mathrm{d}S\cdot\sin\theta}{r^2} = \frac{\mathrm{d}S'\cdot\sin\theta}{r'^2} \tag{5.8}$$

である．ここで r，r' は，それぞれ PQ，PQ′ の距離である．$\mathrm{d}S$，$\mathrm{d}S'$ にある電荷 $\sigma\mathrm{d}S$，$\sigma\mathrm{d}S'$ が P にある単位電荷におよぼす力はクーロンの法則によって，

$$\begin{aligned} \mathrm{d}F &= \frac{1}{4\pi\varepsilon_0}\frac{\sigma\mathrm{d}S}{r^2} \\ \mathrm{d}F' &= \frac{1}{4\pi\varepsilon_0}\frac{\sigma\mathrm{d}S'}{r'^2} \end{aligned} \tag{5.9}$$

であるが，式 (5.8) の関係から $\mathrm{d}F$，$\mathrm{d}F'$ は大きさが等しく方向が逆向きでたがいに打ち消しあう．点 P からみて球面上で向かい合う電荷からの力がすべて打ち消しあうので，結局，球の表面の全電荷からの合力はゼロになる．点 P は任意の点であったから，導体球内部の点には電気力が働かない，すなわち，いたるところで電場はゼロになり，したがって，いたるところで等ポテンシャルである．

このことは任意のかたちをした導体についても証明できる．導体がどのよう

なかたちをしていても，表面の電荷は導体内のいたるところで電場がゼロになるように分布するのである．球体でない場合には，もちろん面密度は一様にはならない．上記の円錐が同じ立体角で導体表面から切り取る面積は曲面の曲率半径が小さいところでは小さく，曲率半径が大きいところでは大きくなる．したがって，式 (5.9) で力が等しくなるためには，電荷密度は前者で大きく，後者で小さくなければならない．電荷は表面の曲率半径が小さなところ（とがったところ）に多く集まる．

完全導体で電気抵抗がゼロとしても，導体内で電場がゼロになっているので，電流が無限大になるという不都合も起こらない．

上記の議論を逆にみると，帯電した導体球の内部で電気力が働かないということは，電気力の法則が距離の逆二乗則になっていることである．さらにこの議論からすると，導体が球であっても，表面だけをもつ球殻であっても内部の電気的な様子は変わらない．したがって，一様に帯電した球殻の内部の電場を測定して，それが常にゼロになっていれば，電気力の逆二乗則すなわちクーロンの法則を実験的に証明することになる．また導体の閉曲面で囲まれた内部の空間で，電場がゼロになることは，静電遮蔽として実用的に使われている．

導体の内部でいたるところで電場がゼロであるならば，導体内部に電荷が安定に存在していてもよさそうである．その電荷には，何の力も働かないからである．しかし，電荷があるとその周辺は等ポテンシャルにはならなくなるので，導体全体が等ポテンシャルであることに反する．すなわち，導体内部には電荷も存在しない．

まず半径 R の導体が電荷 q をもつとしよう．無限遠から球の表面まで単位電荷（テスト電荷）をもち込む仕事は

$$\Phi_R = \int_\infty^R \frac{q}{4\pi\varepsilon_0 r^2}(-\mathrm{d}r) = \frac{q}{4\pi\varepsilon_0 R} \tag{5.10}$$

となるので，これが球の表面の電位としてよいであろう．テスト電荷には導体表面に分布する各電荷からの合力が働くが，これは球の中心に全電荷が集まったときに働く力に等しい．

つぎに図 5.2 のように中心を共通にした球殻 R_1, R_2 を考える．その上の電荷，電位をそれぞれ q_1，q_2，Φ_1，Φ_2 とする．静電誘導の一般式 (2.87) より

$$\begin{aligned} \Phi_1 &= D_{11}q_1 + D_{12}q_2 \\ \Phi_2 &= D_{21}q_1 + D_{22}q_2 \end{aligned} \tag{5.11}$$

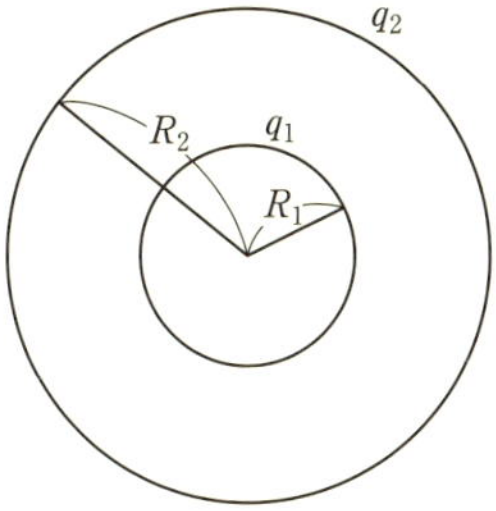

図 5.2
導体内部には電荷は存在しない（式 (5.11)～(5.17) をみよ）.

とかく．ここで

$$q_1 = 0, \quad q_2 = q$$

とすると，q の電荷をもった球殻の内部と同じであるから，Φ_1, Φ_2 は等しくなり，かつ

$$\Phi_1 = D_{12}q = \Phi_2,$$

$$\Phi_2 = D_{22}q = \frac{q}{4\pi\varepsilon_0 R_2}$$

となる．すなわち誘導係数は

$$D_{22} = D_{12} = D_{21} = \frac{1}{4\pi\varepsilon_0 R_2} \tag{5.12}$$

ともとまる．また式 (5.11) で

$$q_1 = q, \quad q_2 = 0$$

とすると，内側の球殻に電荷 q をあたえた場合と考えられるから

$$\Phi_1 = D_{11}q = \frac{1}{4\pi\varepsilon_0 R_1} \tag{5.13}$$

となる．これで D_{ik} はすべてもとめられたから式 (5.11) を具体的にかくと

$$\left.\begin{aligned}\Phi_1 &= \frac{1}{4\pi\varepsilon_0 R_1}q_1 + \frac{1}{4\pi\varepsilon_0 R_2}q_2 \\ \Phi_2 &= \frac{1}{4\pi\varepsilon_0 R_2}q_1 + \frac{1}{4\pi\varepsilon_0 R_2}q_2\end{aligned}\right\} \tag{5.14}$$

となる．これを逆に q_1，q_2 について解くと

$$q_1 = \frac{4\pi\varepsilon_0 R_1 R_2}{R_2 - R_1}\Phi_1 - \frac{4\pi\varepsilon_0 R_1 R_2}{R_2 - R_1}\Phi_2 \tag{5.15}$$

$$q_2 = -\frac{4\pi\varepsilon_0 R_1 R_2}{R_2 - R_1}\Phi_1 + \frac{4\pi\varepsilon_0 R_2^2}{R_2 - R_1}\Phi_2 \tag{5.16}$$

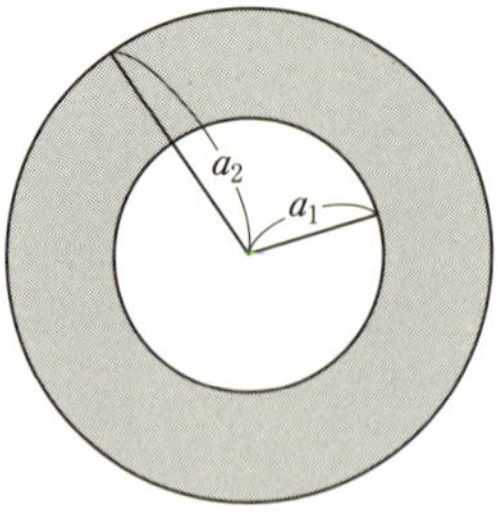

図 5.3　グリーンの定理による導体内が等ポテンシャルであることの証明（式 (5.18)～(5.20) をみよ）.

が得られる．ちなみに電荷の和を計算すると

$$q_1+q_2 = 4\pi\varepsilon_0 R_2 \Phi_2 \tag{5.17}$$

になっている．さて，ここで 2 つの球殻を導線でつないで同じ電位 $\Phi_1 = \Phi_2$ にすると，式 (5.15) より

$$q_1 = 0$$

となる．すなわち内外 2 つの球殻が等ポテンシャルになるときは，内殻には電荷は存在することができず，すべて外殻の上に電荷が集まることになる．この結論は球殻の数を増やしても成立する．導体内部をいろいろな半径の球殻で連続的に埋め尽くすとすると，等ポテンシャルとなった導体内部には電荷が存在せず，電荷はすべて最外殻に集まることになる．

逆に球殻内に電荷がないと，いたるところで電位は等しくなることをグリーンの定理を使って証明してみよう．図 5.3 のように同心の半径 a_1, a_2 の 2 つの球面で囲まれた領域でグリーンの定理を適用する．この領域には，電荷はないとする．

$$\iint\{u(\mathrm{grad}\ v)_n - v(\mathrm{grad}\ u)_n\}\mathrm{d}S = \iiint\{u\triangle v - v\triangle u\}\mathrm{d}V \tag{2.51}$$

において，スカラー場 u としてこの領域のポテンシャル Φ をとり，v として関数 1/r をとる．グリーンの公式は

$$\iint_{S_1+S_2}\left\{\Phi\frac{\partial}{\partial r}\frac{1}{r} - \frac{1}{r}\frac{\partial\Phi}{\partial r}\right\}\mathrm{d}S = \iiint_{V_{12}}\left\{\Phi\triangle\frac{1}{r} - \frac{1}{r}\triangle\Phi\right\}dV \tag{5.18}$$

となる．右辺の式において，$\triangle(1/r)$ は数学的にゼロである．また $\triangle\Phi$ はこの領域には電荷がないのでポアソンの式からゼロになる．したがって右辺はゼロである．左辺の計算を実行すると表面が 2 つあることに注意して

$$\iint_{S_1}\left\{\Phi\left(-\frac{1}{r^2}\right)_{r=a_1}-\frac{1}{a_1}\frac{\partial\Phi}{\partial r}\right\}\mathrm{d}S-\iint_{S_2}\left\{\Phi\left(-\frac{1}{r^2}\right)_{r=a_2}-\frac{1}{a_2}\frac{\partial\Phi}{\partial r}\right\}\mathrm{d}S=0 \quad (5.19)$$

となる．第1の積分と第2の積分の符号が異なるのは，面積ベクトルの方向が逆だからである．各積分の第2項はそれぞれ電場の表面積分になるが，電荷がゼロなので，ガウスの定理からゼロになる．結局残る項は

$$-\frac{1}{a_1^2}\iint_{S_1}\Phi\mathrm{d}S=-\frac{1}{a_2^2}\iint_{S_2}\Phi\mathrm{d}S \quad (5.20)$$

となる．対称性から各球面上で電位はそれぞれ一定とすると，

$$\frac{4\pi a_1^2}{a_1^2}\Phi(a_1)=\frac{4\pi a_2^2}{a_2^2}\Phi(a_2)$$

すなわち

$$\Phi(a_1)=\Phi(a_2)$$

が得られ，任意の球面上で電位は等しくなる．曲面上で電位が一定でなくても式 (5.20) の式は面積で平均した電位は各面上で等しいことを示している．

表面にある電荷あるいは表面の外部にある電荷には力が働いている．半径 R の球の表面の電位は

$$\Phi=\frac{q}{4\pi\varepsilon_0 R}$$

であるから，表面の近傍の電場は

$$\boldsymbol{E}=-\mathrm{grad}\,\Phi$$

において，球の対称性から r による微分だけがゼロでなく，

$$E_r=\left(-\frac{\partial\Phi}{\partial r}\right)_{r=R}=\frac{q}{4\pi\varepsilon_0 R^2} \quad (5.21)$$

すなわち r 方向成分のみをもつ電場である．表面電荷密度

$$\sigma=\frac{q}{4\pi R^2}$$

を用いると，簡単に

$$E_r=\frac{\sigma}{\varepsilon_0} \quad (5.22)$$

とかける．これは式 (2.93) で表される平面電荷分布の近傍の電場と同じである．

図 5.4 において点 P に球面上の全電荷がつくる電場を計算してみよう．球面上の一点 Q における微小面積 dS と線分 PQ のなす角を θ とすると

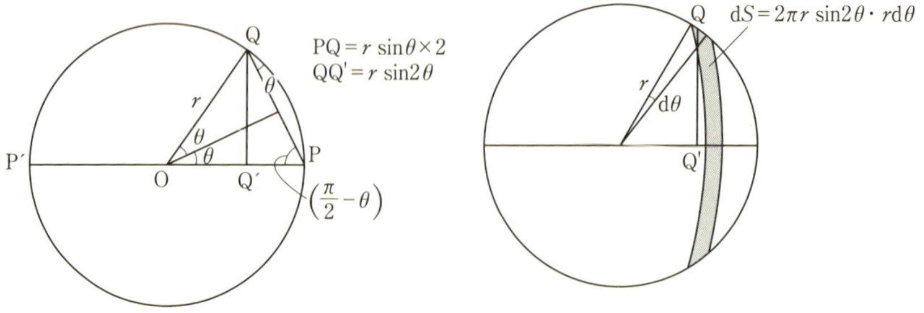

図 5.4　導体球面上の電荷が球面上の点につくる電場の計算（式 (5.23)〜(5.25) をみよ）．

$$\overline{\mathrm{PQ}} = r\sin\theta\times 2 \tag{5.23}$$

である．点 Q にある電荷が点 P につくる電場の法線成分は

$$\varDelta E_r = \frac{1}{4\pi\varepsilon_0}\frac{\sigma dS\sin\theta}{\overline{\mathrm{PQ}}^2}\cos\left(\frac{\pi}{2}-\theta\right) \tag{5.24}$$

となる．点 Q を通り球殻から切り取る半径 $\mathrm{QQ}' = r\sin 2\theta$，幅 $r\mathrm{d}\theta$ のリングの面積

$$2\pi r^2\sin 2\theta\mathrm{d}\theta$$

で式 (5.24) の dS を置きかえ，点 Q が点 P から点 P′ まで（$\theta = 0$から$\theta = \pi/2$ まで）動いたときの寄与を積分すると

$$\begin{aligned} E_r &= \frac{1}{4\pi\varepsilon_0}\int_0^{\frac{\pi}{2}}\frac{\sigma(2\pi r^2\sin 2\theta\mathrm{d}\theta)\sin\theta}{(2r\sin\theta)^2}\sin\theta \\ &= \frac{\sigma}{2\varepsilon_0} \end{aligned} \tag{5.25}$$

となる．点 P において法線成分以外はすべて打ち消し合う．この値は外部につくる電場の半分である．外部の電場はこの電場にさらに点 P の電荷がつくる電場 $\sigma/2\varepsilon_0$ との和となり，σ/ε_0 になる．

5.3　導体と定常電流，オームの法則

導体を電場のなかにいれると，自由な電荷は電場の方向（電子の場合は電荷が負なので逆方向）に移動する．導体が孤立していると電荷は両端にたまり，その場所の電位が高まり，これがはじめの電場の方向とは逆方向の電場をつくる．両者がちょうど打ち消しあったところで，それ以上の電流は流れなくな

る．このとき導体内の電場はゼロとなっている．一般に電荷は導体内の電場がゼロになるように自由に移動する．静電的には導体の内部では電場がなく，電位はどこでも同じになっていることは前節で説明した．

導体で興味があるのは継続的に電流が流れ続けるときである．そのためには電荷の流れる道筋（これを回路という）が閉じている必要がある．しかし単に閉じた導線では，電荷を流す“力”（起電力とよぶ）をつくる静電的な原因である $\boldsymbol{E}$ を一周積分すると

$$\oint \boldsymbol{E} d\boldsymbol{l} = \iint \mathrm{rot}\, \boldsymbol{E} d\boldsymbol{S} = 0$$

によってゼロになるので，持続的に電流を流すことはできない．電流を持続させるには，静電的なものではない，何かほかの原因が必要である．その1つとしてよく知られているのが電池で，これは化学的な作用で電荷を流し続ける“力”をつくり出している．回路に電池を挿入するとその両端子に電位差（電圧）が持続的に発生し，これがそれぞれ両端子に接続されている導体の両端の電位差となるから，電流が流れ続ける．電池のような働きをするものを一般に電源とよぶ．電流が流れている場合は導体内でも電位は一定でなく，したがって電場が存在することになる．

実際の金属では，電荷（電子）は無抵抗で流れるわけではない．金属内は完全に一様ではなく原子核のつくるポテンシャル（電位）が，周期的に，あるいは乱れをともなって並んでいる（これをその配列のかたちから格子とよぶ）．しかも原子は，熱運動をしている．電子は格子の熱運動によって散乱され，これが電流に対する抵抗となって現れる．オーム（O. Ohm）は金属内を流れる電流の大きさは電源があたえる電位差（電圧）に比例し，その比例係数は物質およびその形状によってきまる定数であることを実験的に発見した．これをオームの法則という．電流を I，電圧を V，導体できまる定数を R とかくと

$$I = V/R \tag{5.26}$$

という簡単な関係になる．この R という定数が電気抵抗で，その SI 単位は電圧ボルトと電流アンペアから誘導されるが，発見者にちなんでオーム［Ω］という固有の名称があたえられている．すなわちオームという組立単位は

$$[\Omega] = [\mathrm{VA}^{-1}] = [\mathrm{m}^2\ \mathrm{kg}\ \mathrm{s}^{-3}\ \mathrm{A}^{-2}] \tag{5.27}$$

である．電気抵抗 R は一様な断面積 S をもつ，長さ L の導体では

$$R = \frac{\rho L}{S} \tag{5.28}$$

の式からもとめられる．全電気抵抗は一様な導体の長さに比例し，断面積に反比例する．この式に現れる係数 ρ は，金属の形状にはよらず，種類だけできまる物質定数になる（電荷と同じ記号が使われるので注意）．ただし温度には依存する．ρ を体積抵抗率または比抵抗とよぶ．また ρ の逆数を σ とかき，これを電気伝導率または導電率とよぶ．これらの定数を使うと，電流密度 $\boldsymbol{i}$，電場 $\boldsymbol{E}$ を使ってオームの法則は

$$\boldsymbol{i} = \sigma \boldsymbol{E} = \frac{1}{\rho}\boldsymbol{E} \tag{5.29}$$

とかき直せる．ここでは $\boldsymbol{i}$ も $\boldsymbol{E}$ も大きさと方向をもつベクトルとして局所的に（座標の各点で）成立する式として表現されている．

$I = V/R$ の式は，導線がどんなに湾曲していても，導線のなかの 2 点間の電位差とその長さの方向に沿った 2 点間の抵抗の値について成立する．つまり導線のなかでは，電流の流れの方向にだけ電位差あるいは電場が存在し，横方向（断面内）にはないということである．仮りに横方向に電位差があっても断面内の電流分布がそれを打ち消すように変化して，その電位を打ち消してしまっている．

電流が $\boldsymbol{v}$ の速度で運動する電子によってつくられているとすると，導体内の電子の体積密度を n とすると電流密度は

$$\boldsymbol{i} = -ne\boldsymbol{v} \tag{5.30}$$

とかけることは容易に理解できる．電子はそれぞれの速度で運動しているであろうが，全体としては $\boldsymbol{v}$ の速度で流れているとする．つまり $\boldsymbol{v}$ はマクロにみたときの電子集団の平均の速度である．

この過程をミクロスコピックにみてみよう．個々の電子は平均して τ[s] に 1 回散乱されるとすると，電子はこの τ[s] の間（平均自由時間）に一度失った電場方向の速度を $\boldsymbol{v}$ まで回復するわけである．電子の質量を m として，τ の間に $\boldsymbol{E}$ から受けた力積が，電子が得た運動量に等しいとすると

$$-e\boldsymbol{E}\tau = m\boldsymbol{v} \tag{5.31}$$

となる．散乱直後の電子の速度はゼロとしてある．この v は電場で加速されて散乱直前にもつ速度である．この間電子は加速度運動している．したがって式 (5.30) と式 (5.31) の $\boldsymbol{v}$ は当然違うが，オーダーとしては同じと考えうる．

そこで式 (5.29)～(5.31) と連立させて σ または ρ を解くと

$$\sigma = \frac{1}{\rho} = \frac{m}{n\tau e^2} \tag{5.32}$$

となる．導体の例として銅を考えると，$1\,\mathrm{m}^3$ あたり原子の数は 8×10^{28} である．原子1個あたり1個の自由な電子があるとすればこれが n になる．電子は $10^5\,\mathrm{m\,s^{-1}}$ の平均速度で走っているとしてこれが格子間隔（$10^{-10}\,\mathrm{m}$）の10倍程度ごとに散乱されるとすると，τ の値は $10^{-14}\,\mathrm{s}$ の程度になる．これらの数値を式 (5.32) に代入してみると

$$\rho \approx 4\times10^{-8}\,\Omega\ \mathrm{m}$$

が得られる．実際に観測される銅の抵抗率は室温で $1.7\times10^{-8}\,\Omega\,\mathrm{m}$ であるので，かなり乱暴な上のような考察からでも，実験値に近い値が得られる．つまり電気抵抗の生じるメカニズムは上記の計算が示すものと理解される．ただしこのような簡単な議論では，金属，絶縁体，半導体で電気伝導率が桁違いに異なることが説明できない．たとえばガラスやプラスチックでは抵抗率の値は，$10^{10}\,\Omega\,\mathrm{m}$ の程度である．半導体の場合は物質の純度や温度で敏感に変わるので，一概にいえないが，オーダーとして $10^{-5}\,\Omega\,\mathrm{m}$ を中心とした値である．量子力学によれば，物質によって自由に動きうる電子の密度 n が大きく違うことが導かれる．n が小さければ絶縁体，大きければ金属になる．n の値がこれらの中間にあり，しかも温度によって敏感に変わる場合が半導体である（半導体の場合温度など状態によって n が敏感に変わるので，ρ や σ を物質定数とするのはあまり適当ではない．電子（または正孔）の動きやすさ μ_{n}（または μ_{p}，移動度：これも温度の関数である）のほうがより適当である．電気伝導度と移動度の間には $\sigma = e(n_{\mathrm{n}}\mu_{\mathrm{n}} + n_{\mathrm{p}}\mu_{\mathrm{p}})$ の関係がある*3)．）

一般に温度が上がると自由な電子の数が増す．しかし金属の場合は，もともと自由電子の数が多いから変化の割合はわずかである．絶縁体の場合はよほど温度が高くならないと自由電子の数が増えない．これに対して半導体の場合は温度によって自由電子の数が大きく変化する．一方で温度が上昇すると，格子をつくる原子が激しく振動するので，電子の散乱は一層激しくなる．これは τ を短くすることになるので，σ を小さくし，ρ を大きくする．金属の場合，温度があがると電気抵抗が大きくなることが理解できる．半導体の場合には逆に温度があがると抵抗が小さくなる．これは電子数（または正孔数）n が大きくなる効果のほうが，τ を短くする効果より，はるかに優勢になるからである．

---

*3) $\omega \gg 1/\tau$ のときは $\sigma = ne^2/i\omega m$ 虚数．
気体プラズマのように希薄な伝導体に交流電場がかかった場合にも σ が定義できる．この場合 σ は純虚数になる（7.4節，式 (7.99) をみよ）．

4.1節で述べたように，オームの法則

$$\boldsymbol{i} = \sigma \boldsymbol{E} = \left(\frac{1}{\rho}\right) \boldsymbol{E} \tag{5.29}$$

では，静磁気学の量と静電気学の量が1つの式の両辺に現れている．式(5.30)と式(5.29)を組み合わせると

$$-ne^2 v = \sigma e E$$

となり，変数だけに着目すると電荷（$-e$）の速度 $\boldsymbol{v}$ が力 eE に比例することになり，加速度が力に比例するとするニュートン力学からすると奇異なかたちになっている．したがって伝導率 σ には時間の次元の量が含まれていなければならないが，その時間は変数としてではなく，なんらかの方法によって平均化されたパラメータとして入っていることになる．そのパラメータがさきに述べた τ である．τ は長い時間にわたって平均された量または多数の電子について統計的に平均された量である．電場によって加速される電子の運動（電流）に関する現象は本来，時間に依存する問題であるが，平均化によって，時間に陽に依存しない静電磁気学の式として登場するのである．なおオームの法則は交流回路においても成立するものとされる．τ を金属電子論によって評価すると，10^{-14} s の程度になることはすでに述べた．交流の電圧や電流の変化を考える時間は 2×10^{-2} s（50 Hz）の程度で，τ に比べれば十分に長い時間なのでミクロな過程を平均化してしまうことが許されるからである．

導体の境界面で電場はどうなるであろうか．導体の外に電場があってもなかに入り込むことはできない．導体内部には電場は存在しないからである．図5.5に示すように，導体の表面に沿って導体の外となかを通る細長い閉曲線を考えてみよう．rot $\boldsymbol{E} = 0$ とストークスの定理とによってこの閉曲線を1周したときの電場の和はゼロにならなければならない．和がゼロということは，導体内部と外部の電場が打ち消しあっているか，電場がどちらもないかである．導体内部に打ち消すべき電場がないということは外部にも電場はあってはならないということになる．導体外部では，導体表面に沿った電場はないということである．電場は，導体表面で垂直になっていなければならない．

図5.6のように導体表面に沿って導体内部と外部にそれぞれ表面に平行な底面をもつ薄い閉曲面を考える．もし導体内部に磁場がないとするなら，div $\boldsymbol{B} = 0$ と，ガウスの定理によって，表面に垂直な磁場は導体外部にも存在できないはずである．すなわち磁場は導体表面では表面に平行でなければならない．導体内部に静磁場はないとはいえない．しかしマクスウェルの方程式を使うと

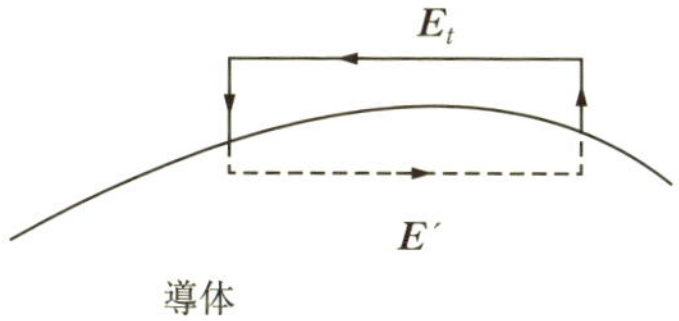

図 5.5
導体表面に接する電場はない．rot $\boldsymbol{E}=0$，$\boldsymbol{E}'=0$ ならば $\boldsymbol{E}_t=0$.

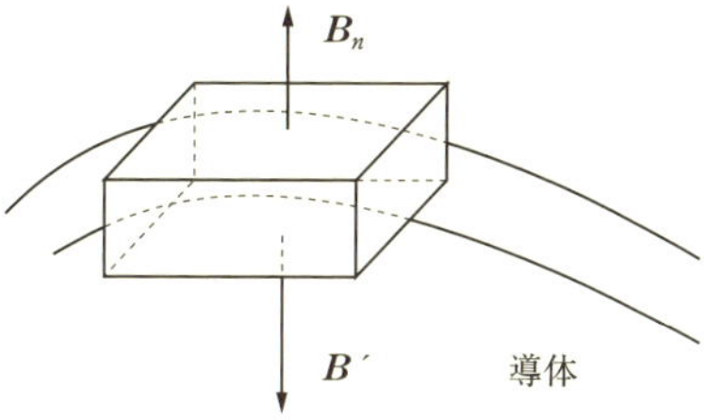

図 5.6
導体表面で，面に垂直な（高周波）磁場はない．div $\boldsymbol{B}=0$，また $\boldsymbol{B}'=0$ の場合には $\boldsymbol{B}_n=0$

導体内部には，少なくとも時間的に変化する磁場はないと結論できる．すなわち変動する電磁場（電磁波や光）の磁場成分は導体の表面で平行の成分だけをもつ．電場の接線成分と磁場の法線成分がゼロであることは，光や電波の伝播を考えるうえで重要な境界条件となる．これについては後に詳しく述べる．

5.4 誘電体内の電場，分極ベクトル，電気変位（電束密度）

図 5.7 に示すように中性の（帯電していない）誘電体のなかに，電荷分布（具体的には帯電した物体）を放り込む．この電荷密度を ρ_t（>0）としよう．誘電体は分極し，正電荷分布の近傍に正味の負電荷分布 $-\rho_p$（<0）が生じる．この分極は図 5.7 のようにつぎつぎに分極をつくり出し，誘電体内を波及していくが，注入された電荷の中心から離れたところでは，いたるところで隣りあった分極の正負の電荷が打ち消しあう．中心近傍に生じた負電荷の相手となる正味の正の電荷は遠方の誘電体の表面に分布する．ρ_t を真電荷，ρ_p を分極電荷とよぶ．分極は電荷が d$\boldsymbol{r}$ だけ移動してできたとすると，巨視的には単位体積あたり

$$\boldsymbol{P}\,[\mathrm{C\ m\ m^{-3}}] = \rho_p\,[\mathrm{C\ m^{-3}}]\,\mathrm{d}\boldsymbol{r}\,[\mathrm{m}] \qquad (5.33)$$

の分極ベクトルができたことになる．注入された正電荷と，その近傍に引き寄せられた負電荷の分布をすべて内に含んだ閉曲面 S を考える（図 5.7）．分極の際に閉曲面の表面の面積 d$\boldsymbol{S}$ を通って面積密度（$-\rho_p\mathrm{d}\boldsymbol{r}$）の電荷が d$\boldsymbol{S}$（外向きが正）とは逆向きに流れたたことになる．すなわち

$$(-\rho_p\mathrm{d}\boldsymbol{r})(-\mathrm{d}\boldsymbol{S}) = \rho_p\mathrm{d}V = \boldsymbol{P}\mathrm{d}\boldsymbol{S} \qquad (5.34)$$

この式の両辺を閉曲面の体積および表面積について積分し，ガウスの定理を使

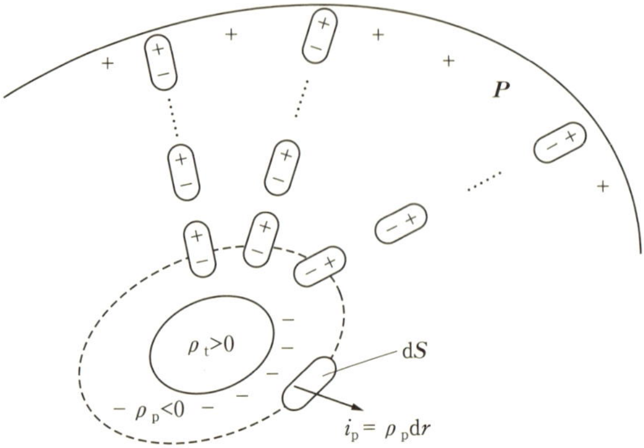

図 5.7
ρ_t の注入により誘起される分極電荷分布 $-\rho_p$ と d$\boldsymbol{S}$ を通って外向きに流れる電流 $i_p = \rho_p \mathrm{d}\boldsymbol{r}$

うと

$$\iiint \rho_p \mathrm{d}V = \iint \boldsymbol{P} \mathrm{d}\boldsymbol{S} = \iiint \mathrm{div}\, \boldsymbol{P} \cdot \mathrm{d}V \tag{5.35}$$

となる．最初と最後の式の被積分関数を等しいと置くと

$$\rho_p = \mathrm{div}\, \boldsymbol{P} \tag{5.36}$$

が得られる．すなわち分極電荷は $\boldsymbol{P}$ という放射状のベクトル場をつくっている．さて電場 $\boldsymbol{E}$ はそれが真電荷であれ分極電荷であれ，そこに存在するすべての電荷からつくられるから，電荷分布 $\rho_t - \rho_p$ があるところでは

$$\varepsilon_0\, \mathrm{div}\, \boldsymbol{E} = \rho_t - \rho_p = \rho_t - \mathrm{div}\, \boldsymbol{P} \tag{5.37}$$

となる．この式をみると $\boldsymbol{E}$ は ρ_t によって真空中でつくられる場より小さくなっていることがわかる．この式をさらにかき直すと

$$\mathrm{div}(\varepsilon_0 \boldsymbol{E} + \boldsymbol{P}) = \rho_t \tag{5.38}$$

が得られる．ここで

$$\boldsymbol{D} = \varepsilon_0 \boldsymbol{E} + \boldsymbol{P} \tag{5.39}$$

というベクトル場を改めて定義すると，

$$\mathrm{div}\, \boldsymbol{D} = \rho_t \tag{5.40}$$

となるが，この式をみると $\boldsymbol{D}$ は真電荷のみがつくる場となっていることがわかる．いいかえれば物質のなかの場でありながら，真空のなかでつくられる場と（ε_0 の比例定数の違いを考えなければ）同じものである．$\boldsymbol{D}$ は電気変位と

よばれる．これは 2.2 節で電束密度とよんだ量と実は同じになっている．

物質がなければもちろん

$$\boldsymbol{D} = \varepsilon_0 \boldsymbol{E} \tag{5.41}$$

で，$\boldsymbol{D}$ と $\boldsymbol{E}$ とは比例関係にあり，それを測る単位が違うだけである．

分極が外場 $\boldsymbol{E}$ によってつくられていて，その大きさが $\boldsymbol{E}$ に比例する場合には

$$\boldsymbol{P} = \varepsilon_0 \chi_e \boldsymbol{E} \tag{5.42}$$

とかくことができる．χ_e を電気感受率とよぶ．これら[*4)]は物質の分極の起こりやすさを表す物質定数である．χ_e を使って式 (5.39) をかき直すと

$$\boldsymbol{D} = \varepsilon_0 \boldsymbol{E} + \boldsymbol{P} = \varepsilon_0 \boldsymbol{E} + \varepsilon_0 \chi_e \boldsymbol{E} = \varepsilon_0 (1+\chi_e) \boldsymbol{E} = \varepsilon \boldsymbol{E} \tag{5.43}$$

となる．ただし

$$\varepsilon = \varepsilon_0 (1+\chi_e) \tag{5.44}$$

も物質定数で，この ε を誘電率あるいは電媒定数とよぶ．この定数は，分極という現象など媒質の誘電的な性質を表しているからである．真空中では $\varepsilon = \varepsilon_0$ となるので，ε_0 は，かつて真空の誘電率とよばれてきた．真空中での静電場の方程式 (4.1)～式 (4.7) までは，式のなかの ε_0 を ε に変えれば，物質のあるときの式として成立する．実測によれば ε は ε_0 に比べてかなり大きく，たとえば水の場合 $\varepsilon/\varepsilon_0$ は 80 位になる．これは同じ電荷をあたえても水のなかでは電場も電荷間の力も 1/80 に小さくなるということである．その理由は，分極で生じる逆符号の電荷が，はじめからある電荷の効果を相殺してしまうからである．$\varepsilon_r = \varepsilon/\varepsilon_0 = 1+\chi_e$ を比誘電率または相対誘電率という．

式 (5.43) をみると，$\boldsymbol{D}$ と $\boldsymbol{E}$ は比例していて，その限りでは新たな場 $\boldsymbol{D}$ を導入する意味が希薄である．実は物質が等方的でないと，ε（したがって χ_e も）はスカラーでなくなりテンソルとなる．この場合 $\boldsymbol{D}$ と $\boldsymbol{E}$ の方向は等しくならない．電場 $\boldsymbol{E}$ がかかる方向によって誘導される分極

$$\boldsymbol{P} = \varepsilon_0 \chi_e \boldsymbol{E}$$

の大きさが異なるということで，結晶などでこういう現象が観測される．それにしても $\boldsymbol{E}$ と $\boldsymbol{P}$ があれば，物質にかかわる現象を記述するのに十分なはずで

---

*4)　$\varepsilon_0 \chi_e$ を χ_e とかいてこれを分極率と定義する書物もある．最近では分極率 α は分子 1 個当たりに誘導される分極すなわち分子電気双極子モーメントに対して，$\mu_e = \alpha \boldsymbol{E}$ で定義される．このように分極率や電気感受率の定義や呼称は混乱している．本書では最近の IUPAC 等の推奨にしたがった（表 5.1 を参照）．

表 5.1 電気分極・磁化にかかわる諸量の定義

(IUPAP1987, ISO1992, IUPAC2007 の文書に準拠)

名称・記号・定義に使われる式・単位(次元)・注記の順に記載

電気双極子モーメント(electric dipole moment)

$\mu_e = q \cdot \Delta \boldsymbol{l}$ $[\mu_e] = [\mathrm{Cm}]$

誘電分極(dielectric polarization)

$\boldsymbol{P} = N\mu_e$(単位体積当たりの電気双極子モーメント) $[\boldsymbol{P}] = [\mathrm{C\,m^{-2}}]$

電気分極率(electric polarizability)

$\alpha : \mu_e = \alpha \boldsymbol{E}$ $[\alpha] = [\mathrm{Cm/Vm^{-1}}] = [\mathrm{F\,m^2}] = [\mathrm{C^2\,m^2\,J^{-1}}]$

注) たとえば分子1個当たりに誘導される分極というようにミクロな量について定義される.マクロな分極 P に対する分極率は次の χ_e を使って $\varepsilon_0\chi_e$ で定義され,その単位は ε_0 と同じ $[\varepsilon_0\chi_e] = [\mathrm{Cm^{-2}/Vm^{-1}}] = [\mathrm{F\,m^{-1}}] = [\mathrm{C^2\,m^{-1}\,J^{-1}}]$ である.

電気感受率(electric susceptibility)

$\chi_e : \boldsymbol{P} = \varepsilon_0\chi_e \boldsymbol{E}$ $[\chi_e]$ は無次元

注) 昔は $\varepsilon_0\chi_e$ を χ_e とかく定義もあった.

電気変位(electric displacement)

$\boldsymbol{D} : \boldsymbol{D} = \varepsilon_0\boldsymbol{E} + \boldsymbol{P} = \varepsilon_0\boldsymbol{E} + \alpha\boldsymbol{E} = \varepsilon_0\boldsymbol{E} + \varepsilon_0\chi_e\boldsymbol{E} = \varepsilon\boldsymbol{E}$, $[\boldsymbol{D}] = [\mathrm{C\,m^{-2}}]$

誘電率(permittivity)

$\varepsilon : \boldsymbol{D} = \varepsilon\boldsymbol{E}$ $\varepsilon = \varepsilon_0 + \alpha = \varepsilon_0 + \varepsilon_0\chi_e = \varepsilon_0(1+\chi_e)$ $[\varepsilon] = [\mathrm{F\,m^{-1}}]$

比誘電率(relative permittivity)

$$\varepsilon_r : \varepsilon_r = \frac{\varepsilon}{\varepsilon_0} = 1 + \chi_e \qquad [\varepsilon_r]\text{は無次元}$$

磁気双極子モーメント(magnetic dipole moment)

$\mu_m = I\Delta \boldsymbol{S}$: $[\mu_m] = [\mathrm{A\,m^2}] = [\mathrm{J\,T^{-1}}]$

磁化(磁気分極)(magnetization)

$\boldsymbol{M} = N\mu_m$(単位体積当たりの磁気双極子モーメント), $[\boldsymbol{M}] = [\mathrm{A\,m^{-1}}] = [\mathrm{J\ T^{-1}\,m^{-3}}]$

磁化率(magnetizability)

$\xi : \mu_m = \xi\boldsymbol{B}$ $[\xi] = [\mathrm{J\,T^{-2}}]$

注) たとえば分子1個当たりに誘導される磁気双極子モーメントというようにミクロな量について定義される.マクロな磁化 $\boldsymbol{M}$ に対する磁化率は次の χ_m を使って χ_m/μ_0 で定義され,その単位は $[\mu_0^{-1}]$ と同じで,$[\chi_m/\mu_0] = [\mathrm{A\,T^{-1}\,m^{-1}}] = [\mathrm{J\,T^{-2}\,m^{-3}}]$ である.

磁気感受率(magnetic susceptibility)

$$\boldsymbol{M} = \frac{\chi_m}{\mu_0}\boldsymbol{B} \ [\chi_m]\text{ は無次元}$$

磁場 $\boldsymbol{H}$(magnetic field)

$$\boldsymbol{H} = \frac{1}{\mu_0}\boldsymbol{B} - \boldsymbol{M} = \frac{1}{\mu_0}\boldsymbol{B} - \frac{\chi_m}{\mu_0}\boldsymbol{B} = \frac{1}{\mu_0}\boldsymbol{B}(1-\chi_m) = \frac{1}{\mu}\boldsymbol{B},\quad \boldsymbol{M} = \frac{\chi_m}{1-\chi_m}\boldsymbol{H} \qquad [\boldsymbol{H}] = [\mathrm{A\,m^{-1}}]$$

透磁率(permeability)

$$\mu : \boldsymbol{B} = \mu\boldsymbol{H},\quad \frac{1}{\mu} = \frac{1}{\mu_0}(1-\chi_m),\quad [\mu] = [\mathrm{H\,m^{-1}}] = [\mathrm{T\,A^{-1}\,m}] = [\mathrm{N\,A^{-2}}]$$

比透磁率(relative permeability)

$$\mu_r : \mu_r = \frac{\mu}{\mu_0} = \frac{1}{(1-\chi_m)} \qquad [\mu_r]\text{ は無次元}$$

ある．この限りでは $\boldsymbol{D}$ はやはり二次的な量あるいは従属的な量と考えられる．確かに $\boldsymbol{D}$ の導入は歴史的なものである．その呼び名には電気変位と電束密度と 2 つがある．電気的な変位に基づいて生じる $\boldsymbol{P}$ に関係している $\boldsymbol{D}$ を電気変位とよぶことはうなずける．$\boldsymbol{D}$ のもう 1 つのよび名である電束密度についてはすでに 2.2 節で議論したが，これについてここで再び考察しよう．

流体の流れ方をイメージした場合，流速ベクトルを $\boldsymbol{v}$ としたとき

$$\boldsymbol{v}\mathrm{d}\boldsymbol{S} \tag{5.45}$$

は，$\mathrm{d}\boldsymbol{S}$ という面積を貫いて単位時間に流れる流体の体積 $[\mathrm{m}^3\,\mathrm{s}^{-1}]$ である．非圧縮性の流体の場合は，この量は流れに沿って保存される（ただし流線はたがいに交差することはないということを前提としている）．つまり $\mathrm{d}\boldsymbol{S}$ と $\boldsymbol{v}$ は反比例し，面積 $\mathrm{d}\boldsymbol{S}$ が小さいところでは $\boldsymbol{v}$ が大きくなることは経験的にも理解できる．もし流体が圧縮されるものだとすると，流れに沿って保存される量は質量であり，質量は流体の体積密度を δ とすると

$$\delta\boldsymbol{v}\mathrm{d}\boldsymbol{S} \tag{5.46}$$

である．式 (5.45) に比べて式 (5.46) のほうが，より一般的な保存量ということができる．

電場についても流れの場のように考えることができる．電場のなかに電荷を置くと力を受けて運動するが，その軌跡は流線となる．これを電気力線とよんだ（2.2 節）．ふつう電気力線は電場の原因となる正の電荷から出発して負の電荷に終わる曲線でかかれる．また曲線の面積密度は $\boldsymbol{E}$ に比例する．電荷の運動の軌跡は一義的にきまるから電気力線は交わることはない．ここで

$$\boldsymbol{E}\cdot\mathrm{d}\boldsymbol{S}$$

は面積 $\mathrm{d}\boldsymbol{S}$ を貫く電気力線の数で，一様な媒質中ではこの量は保存される．しかし異なる ε をもつ誘電体の境界を貫くと，$\boldsymbol{E}\cdot\mathrm{d}\boldsymbol{S}$ は保存されない．誘電体表面には分極電荷があり，この電荷を終端とする電気力線が存在するため，境界の外と内では流線の数が違ってしまう．この場合でも

$$\varepsilon\boldsymbol{E}\cdot\mathrm{d}\boldsymbol{S} = \boldsymbol{D}\cdot\mathrm{d}\boldsymbol{S}$$

は保存される．なぜなら

$$\mathrm{div}\,\boldsymbol{D} = \rho_{\mathrm{t}} \tag{5.40}$$

であるから $\boldsymbol{D} = \varepsilon\boldsymbol{E}$ は真電荷だけからつくられる場であり，分極電荷の存在に影響されないからである．これは，上記流体の場合に質量が保存されることに相当している．ρ_{t} から出る力線の密度，すなわち単位面積あたりの電束，す

なわち電束密度 $\boldsymbol{D}$ は真空から物質のなかに入っても，あるいは異なる誘電体の境界を貫いても変わらない．このように $\boldsymbol{D}$ は物理的な 1 つの概念を表現していて，誘電体内の場を扱う際に便利な量である．これが $\boldsymbol{D}$ が電束密度とよばれ（まったく独立ではないが）1 つの定義量となっているゆえんである．なお $\boldsymbol{E}$ を表現する力線を電気力線（line of electric force），$\boldsymbol{D}$ を表現する力線を電束線（line of electric induction）とよび区別することがある．

5.5　磁化 $\boldsymbol{M}$，磁場 $\boldsymbol{H}$

歴史的には磁場 $\boldsymbol{H}$ は磁荷の存在を前提として，磁荷間に働く力のクーロンの法則を使って定義されたものであるが，磁荷がないとしたとき，磁場 $\boldsymbol{H}$ はどのように定義したらよいであろうか．分極ベクトル $\boldsymbol{P}$ から $\boldsymbol{D}$ を定義したのにならって，磁化 $\boldsymbol{M}$ と $\boldsymbol{H}$ や $\boldsymbol{B}$ の関係を考えてみよう．磁気学の場合，磁場を発生する原因に電流とスピンと 2 つあることが事情をやや複雑にする．物質に外から磁場がかかったとき，物質には誘導電流（磁化電流とよぶ）が流れ，これが磁化を生じる．またスピンに基づく磁気双極子モーメントが磁場の方向にそろうということでも磁化を生じる（磁気モーメントがそろう理由は磁場のなかで磁気モーメントは磁場の方向（または反対の方向）に向く方がそのエネルギーが小さくなるからである）．電気分極の場合には $\boldsymbol{P}$ は $\boldsymbol{E}$ の方向に誘導されたが，磁気現象の場合には磁化の方向は外の磁場の方向にそろう場合と逆向きになる場合とがある．すなわち後に定義する磁気感受率 χ_{m} の符号が正になる場合と負になる場合とがある．

さてこの誘導電流が外場に応答した物質の磁化であるとすると，レンツの法則で，磁化の方向は外場の方向と逆向きとなる．このような応答をする物質を反磁性体という．この電流はどこを流れるのであろうか．ミクロな考え方からすれば，原子核の外側を回る電子の運動状態の変化とみられる．その意味でこれを分子電流とよぶ．マクロな磁化は分子電流が合成されて，外に現れたものである．個々の分子電流はそれぞれの原子核に束縛されていて広い範囲に伝導することはない．電気の場合の分子分極に相当する．外から加える磁場もソレノイドに電流を流すなどの手段で，マクロな電流（伝導電流）でつくられるが，反磁性電流（合成された分子電流）は伝導電流と向きが逆である．

磁場をつくるもう 1 つの原因であるスピンに基づく磁気双極子モーメントは

電気分極と同じように，一般には外部磁場と同じ方向を向く．そのほうがエネルギーが下がるからである．いろいろな方向を向いていて，その効果が相殺されていた個々の磁気双極子モーメントの向きがそろうと，マクロな大きさの磁気双極子モーメントが磁化として外に現れる．このような性質をもつ物質を常磁性体という．特に大きな磁気双極子モーメントが現れたり，外部磁場を取り去っても磁化が残るような物質を強磁性体という．こういう物質にも反磁性電流は流れるのであるが，スピンの効果に比べると無視できるほど小さい．物質がこのように多用な応答を示すことは量子力学で定量的に説明できる．古典電磁気学ではその磁化発生の詳細には立ち入らない．外場に対して物質が磁化するが，その磁化率が個々の物質固有の定数であるとして議論を進める．磁化率には正負があり，大きさの範囲も広い．強磁性体では磁化率が定数でなく，それ自身も磁場の関数になる．

古典電磁気学では磁場をつくる原因は電流である．また 3.4 節で磁気双極子モーメントがつくる場は円形電流がつくる場と等価であることが示された．そこでしばらくミクロな現象には立ち入らないで，磁化ベクトル $\boldsymbol{M}$ は，伝導電流密度 $\boldsymbol{i}_{\mathrm{t}}$ でつくられる外場によって誘導される磁化電流の面積密度 $\boldsymbol{i}_{\mathrm{m}}$ がつくる渦場であるとしよう．アンペール場の微分表現の式の類推から

$$\mathrm{rot}\,\boldsymbol{M} = \boldsymbol{i}_{\mathrm{m}} \tag{5.47}$$

と定義する．この式は分極ベクトル $\boldsymbol{P}$ の発散が分極電荷 ρ_{t} からつくられるとした式 (5.36) に対応している．磁場 $\boldsymbol{B}$ の回転（rotation）はその座標点にある電流密度の総和からつくられるから

$$\mathrm{rot}\,\boldsymbol{B} = \mu_0(\boldsymbol{i}_{\mathrm{t}}+\boldsymbol{i}_{\mathrm{m}}) = \mu_0\boldsymbol{i}_{\mathrm{t}}+\mu_0\,\mathrm{rot}\,\boldsymbol{M} \tag{5.48}$$

したがって

$$\mathrm{rot}(\boldsymbol{B}-\mu_0\boldsymbol{M}) = \mu_0\boldsymbol{i}_{\mathrm{t}} \tag{5.49}$$

の関係が得られる．ここで新たにベクトル場を

$$\boldsymbol{H} = \frac{1}{\mu_0}\boldsymbol{B}-\boldsymbol{M} \tag{5.50}$$

によって定義すると

$$\mathrm{rot}\,\boldsymbol{H} = \boldsymbol{i}_{\mathrm{t}} \tag{5.51}$$

となり，この場 $\boldsymbol{H}$ は外から加えた（束縛されていない）伝導電流 $\boldsymbol{i}_{\mathrm{t}}$ のみによってできる（物質の影響を排除した）渦場であるということができる．これは静電気学で場 $\boldsymbol{D}$ が外から加えた真電荷 ρ_{t} だけからつくられる場 (5.40) であ

ったことに対応している[*5)].

さて磁化 $\boldsymbol{M}$ は式 (5.47) によって電流から定義されて，その単位（次元）は電流密度に長さの次元を乗じたもの，すなわち

$$[\boldsymbol{M}] = [\mathrm{A\,m^{-2}\,m}] = [\mathrm{A\,m^{-1}}] \tag{5.52}$$

である．一方，磁化はスピンに起因した磁気双極子モーメントの整列とも考えられる．磁気双極子モーメントが電流と面積の積 $\mu_m = I\Delta \boldsymbol{S}$（単位[$\mathrm{A\,m^2}$]）で定義されていれば，磁化 $\boldsymbol{M}$ は単位体積に誘導される磁気モーメント $\mu_\mathrm{m} \times N$ と定義され，その単位（次元）は

$$[\boldsymbol{M}] = [\mathrm{A\,m^2\,m^{-3}}] = [\mathrm{A\,m^{-1}}]$$

となり式 (5.47) の定義による単位，式 (5.52) と同じになることが確かめられる．これは電気分極 $\boldsymbol{P}$ の定義すなわち「単位体積に誘導された電気双極子モーメント」に対応している．

磁化 $\boldsymbol{M}$ を誘導する原因として磁場 $\boldsymbol{H}$ をとるか，磁場 $\boldsymbol{B}$ をとるかによって，その表式もその係数の定義も異なり，教科書の間でも混乱している．本書では国際機関[*6)]が推奨する表記法，命名法にしたがって以下のように記述する（表 5.1 参照）．

$\boldsymbol{E}-\boldsymbol{B}$ 対応の立場から，磁化 $\boldsymbol{M}$ が $\boldsymbol{B}$ から誘導されるとして

$$\boldsymbol{M} = \frac{\chi_\mathrm{m}}{\mu_0}\boldsymbol{B} \tag{5.53}$$

と定義する．ここで，χ_m を磁気感受率（magnetic susceptibility）という．χ_m は無次元量である（表 5.1 参照）．ふつう磁化率（magnetizability）ξ は分子 1 個に誘導される磁気双極子モーメントに対して

$$\mu_\mathrm{m} = \xi \boldsymbol{B}$$

の関係式によって定義される．したがって ξ の単位（次元）は

$$[\xi] = [\mathrm{J\,T^{-2}}]$$

となる．マクロな磁化 $\boldsymbol{M}$ に対する磁化率は，式 (5.53) から χ_m/μ_0 であり，その単位は [$\mathrm{J\,T^{-2}\,m^{-3}}$] である．分子に対する磁化率 ξ とは [$\mathrm{m^{-3}}$] だけ次元が違

---

*5) 式 (5.39) と式 (5.44) を比較すると，$\boldsymbol{H}$ の定義において定数 μ_0 が $\boldsymbol{B}$ の項の分母にあって，$\boldsymbol{D}$ と ε_0 の関係と扱いが違い，対応がきれいでない．また磁化率の定義式でも μ_0 が分母に現れて煩雑である．これは昔の（$\boldsymbol{E}$-$\boldsymbol{H}$ 対応の）電磁気学に現れる定数と同じ記号を使うためであって，本質的な意味があるわけではない．電場 $\boldsymbol{E}$ の定義式 (2.4) と磁場 $\boldsymbol{B}$ の定義式 (3.4) でも ε_0 と μ_0 はそれぞれ分母と分子に現れていた．

*6) IUPAC（国際純粋・応用化学連合）(2007)，IUPAP（国際純粋・応用物理学連合）(1987)，ISO（国際標準化機構）(1992) の文書などによる．

うので注意が必要である．

$\boldsymbol{B}=\mu\boldsymbol{H}$ によって透磁率（permeability）μ を定義すれば，式 (5.50) によって

$$\boldsymbol{H}=\frac{1}{\mu_0}\boldsymbol{B}-\boldsymbol{M}=\frac{1}{\mu_0}\boldsymbol{B}-\frac{\chi_{\mathrm{m}}}{\mu_0}\boldsymbol{B}=\frac{1-\chi_{\mathrm{m}}}{\mu_0}\boldsymbol{B}=\frac{1}{\mu}\boldsymbol{B} \tag{5.54}$$

であるから

$$\frac{1}{\mu}=\frac{1}{\mu_0}(1-\chi_{\mathrm{m}}) \tag{5.55}$$

の関係がえられる．μ の単位（次元）は

$$[\mu]=[\mathrm{H\,m^{-1}}]=[\mathrm{N\,A^{-2}}]$$

である．また

$$\mu_{\mathrm{r}}=\frac{\mu}{\mu_0}=\frac{1}{1-\chi_{\mathrm{m}}} \tag{5.56}$$

によって無次元の比透磁率（relative permeability）を定義する．磁場 $\boldsymbol{H}$ から磁化が誘導されるとすると，

$$\boldsymbol{M}=\frac{\chi_{\mathrm{m}}}{1-\chi_{\mathrm{m}}}\boldsymbol{H} \tag{5.57}$$

となり，この係数は無次元である．これらの定義式はかなり煩雑なので，電気の場合と対比させて表 5.1 にまとめておく．

1830 年代に電磁現象が経験的法則としてつぎのようにまとめられた．ファラデーの電磁誘導の法則（1831 年）は「閉じた回路がつくる面を貫いている磁束密度 $\boldsymbol{B}$ が変化すると，回路には電流が誘導される」と表現された．またレンツ（Lenz）の法則（1834 年）は「その電流の方向は磁束の変化を打ち消すような新たな磁束を生じる方向である」とするものである．電流が誘導されるということは，回路のなかに起電力すなわち電場 $\boldsymbol{E}$ が誘導されるということである．この現象は後にマクスウェルによって電磁現象の基本法則の 1 つとしてまとめられるのであるが，静電気学，静磁気学ではそれぞれ独立に扱われてきた電気的な量（$\boldsymbol{E}$）と磁気的な量（$\boldsymbol{B}$）とがはじめて 1 つの式のなかで関係づけられたわけで画期的なものである．このことについては時間に依存する電磁気学の章で改めて議論する．

6

時間に陽に依存する電磁現象：電磁力学

6.1　時間に依存する電磁気学の構成—電磁ポテンシャルについて—

時間的に変化する電磁現象を記述する学問を電気力学（electrodynamics）という．この学問は電気量と磁気量がからみ合って展開されるので，電磁力学（electro-magneto-dynamics）と呼称するほうが，適当かと思われるが，日本語でも英語でも前者の呼称が使われてきた．時間に依存する電磁現象は，すべてマクスウェル-ヘルツの方程式（通常はマクスウェルの方程式）に内在している．つまりどのような電磁現象もマクスウェル方程式を解くことにより得られる．したがってこの学問の構成は，実在する電磁現象を表現するマクスウェル方程式を導き，この方程式をいろいろな条件のもとに，ときには一般的に，ときには特殊の場合について解くということからなりたっているといえる．

静電気学・静磁気学では，それらは別個の学問といってよいほど，両者で定義される物理量が交差することはなかった．それらの基本方程式は 4.1 節にまとめられている．静電磁気学から電磁力学への基本方程式の移行の様子をまず列挙しよう．それぞれの式の意味は，後に詳しく説明する．

【静電磁場の方程式】　　　　【時間に依存する電磁場の方程式】

$$\mathrm{rot}\,\boldsymbol{E}(x, y, z) = 0 \quad\rightarrow\quad \mathrm{rot}\,\boldsymbol{E}(x, y, z, t) = -\frac{\partial \boldsymbol{B}(x, y, z, t)}{\partial t}$$

$$\frac{1}{\mu}\mathrm{rot}\,\boldsymbol{B}(x, y, z) = \boldsymbol{i} \quad\rightarrow\quad \frac{1}{\mu}\mathrm{rot}\,\boldsymbol{B}(x, y, z, t) = \boldsymbol{i} + \varepsilon\frac{\partial \boldsymbol{E}(x, y, z, t)}{\partial t}$$

$$\mathrm{div}\,\boldsymbol{E}(x, y, z) = \frac{\rho}{\varepsilon} \quad\rightarrow\quad \mathrm{div}\,\boldsymbol{E}(x, y, z, t) = \frac{\rho(x, y, z, t)}{\varepsilon}$$

$$\mathrm{div}\,\boldsymbol{B}(x, y, z) = 0 \quad\rightarrow\quad \mathrm{div}\,\boldsymbol{B}(x, y, z, t) = 0$$

$$\mathrm{div}\,\boldsymbol{i} = 0 \quad\rightarrow\quad \mathrm{div}\,\boldsymbol{i} + \frac{\partial \rho}{\partial t} = 0$$

時間に依存する電磁場の方程式では，第3式と第4式を除き，電気的量と磁気的量とが1つの方程式の左辺と右辺とに現れ，関係づけられている．つまり一方の物理量が原因となり他方の物理量を生じせしめているという因果関係をもっている．場の量は静場（static field）のときは空間座標だけの関数で，動場（dynamic field）のときは空間座標と時間座標の関数である．動場の場合，はじめの4つの式は，あわせて普通マクスウェル-ヘルツの方程式とよばれるものである．5番目の式は電荷保存を表す式である．動場の1番目と2番目の式は時間微分を含んでいるので，電場と磁場の間の時間的因果関係を表している．これが後にみるように電磁波を生み出す関係式である．電荷の存在と磁荷の不存在を定義する第3式と第4式だけは静電磁気学の場合と同じで，時間は単にパラメータとして含んでいるだけである．この2つの式は空間微分を含むだけで時間微分は含んでいない．この2式は，ある時刻に成立していれば，任意の時刻に成立する式である（演習問題6.1参照）．その意味では電磁現象を記述しているというよりは，永劫不変な宇宙の真理を表している式といったほうがよいかもしれない．

電磁力学では，ポテンシャルが重要な役割を演じる．静電気学では電位というスカラーポテンシャルが，静磁気学ではベクトルポテンシャルが導入された(2.6節，3.3節)．前者は力学における位置のエネルギーからの類推で，理解しやすい量であったが，後者の物理量としての実体はやや不明瞭であった．電磁気学のポテンシャルについては，これなしで静電磁気学の理論を構成していくことも可能である．しかし電磁力学，相対性理論，量子力学においては，電磁ポテンシャルという量なくしては，少なくとも理論の数学的な展開は困難または不可能である．

ポテンシャルが問題とされる理由は，すでに述べたように，これらが不定性をもっていること，とくにベクトルポテンシャルについては，その実体が把握しにくいことである．古典力学や古典電磁気学は，“力”を基本概念とする構成になっているので，微分演算によってそれを導く母関数としてのポテンシャルは2次的な量と見なされる．力学においてもポテンシャルエネルギーは定数不定性をもっている．つまりエネルギーの差は明確な量となるが，ポテンシャルエネルギーそのものの値は原点または基準点をどの位置にするかで変わってくる．電磁気学におけるポテンシャルはそれ以上に関数不定性をもつ．つまりポテンシャルの表式に適切な関数を付加しても電磁的力の表現である．電場，磁場などに対する表式はなんらの変更も受けない．このような不定性をもつ量は物理量として適当ではないという考えが生じるのもやむを得ない．

ここで電磁ポテンシャルの概念を歴史的にたどってみよう．ベクトルポテンシャルの概念は電磁力学の発端となる電磁誘導という現象の発見者ファラデーがすでにもっていたといわれる．ただしその名称には electro-tonic state という語を使っている．マクスウェルはこの名称を使って，その量の空間微分が磁場，時間微分が電場と定義している．すなわち

$$-\boldsymbol{E} = \frac{\partial \boldsymbol{A}}{\partial t} \tag{6.1}$$

$$\boldsymbol{B} = \mathrm{rot}\, \boldsymbol{A} \tag{6.2}$$

もしそうであるならば，同じ量の時間微分である電場と空間微分である磁場が関係付けられる，すなわち 1 つの式で結び付くのは当然である．実際，式 (6.1) の両辺に rotation の空間微分をほどこし，式 (6.2) の両辺を時間で偏微分すれば，それぞれの右辺は等しくなるので，それぞれの左辺を等しいとおくと

$$\mathrm{rot}\, \boldsymbol{E} = -\frac{\partial \boldsymbol{B}}{\partial t}$$

が得られる．これは電磁誘導の現象の定式化である．マクスウェルによれば，式 (6.1)，および式 (6.2) の定義式に現れる $\boldsymbol{A}$ という量は電磁誘導の本質であることになる．マクスウェルは後に $\boldsymbol{A}$ を electro-tonic intensity，electro-magnetic momentum，そしてついには vector potential といいかえているということである．

ファラデーやマクスウェルの仕事のなかで，すでにその概念が存在していたとはいえ，電場，磁場を導くベクトルポテンシャルの実体が説明されたわけではない．後の学者たちによってマクスウェルの関係式が現在みるようなかたちに整備されていく間に $\boldsymbol{A}$ は基本方程式からは姿を消してしまった．そればかりではなく $\boldsymbol{A}$ は電磁気学の記述には不必要であるという見解が優勢を示すようになった．

このような事情であるから，マクスウェル方程式の一般解を導くにあたって，ベクトルポテンシャルが登場してくるのは，不思議ではない．電磁ポテンシャルの不定性を制限するため，というより不定性をうまく利用して，一般解の導出を可能にした ϕ と $\boldsymbol{A}$ の関係式であるローレンツ条件とあいまって，マ

クスウェル方程式が相対論的に不変なかたちであることが，美しい形式で表現されることになる（前に述べたように，ポテンシャルの間に，ある制限を設定することを，ゲージをきめるという．ローレンツ条件が成立するゲージをローレンツ・ゲージという）．量子力学は，力よりむしろエネルギーをベースにした学問であるので，電磁的相互作用をその数学に取り入れるのには，力である電場，磁場という物理量を使うより，エネルギーであるポテンシャルを使う方が，きれいな式になる．このことは後にII巻，12.4節で具体的に示す．

一時期影が薄くなっていた，電磁ポテンシャルがふたたび登場してくるのは，1959年ごろである．電磁ポテンシャルの実在性について実験的に検証しようという提案は量子力学の立場からアハラノフ（Aharanov）とボーム（Bohm）によってなされた．古典物理学では，それを使えば，計算が確かに楽になるという観点からのみポテンシャルを捉え，したがってその実在性についてさらに立ち入るにはおよばないという考え方もある．一方，量子力学ではポテンシャルは波動関数の位相にそのまま現れるので，ベクトルポテンシャル $\boldsymbol{A}$ であたえられる位相（の差）が観測可能なものかどうかということは，ベクトルポテンシャル $\boldsymbol{A}$ が観測可能の実在の物理量かどうかの問題となるのである．アハラノフとボームは長いソレノイドの外部という，磁場は存在しないが，ベクトルポテンシャル $\boldsymbol{A}$ は場の量として存在する空間に電子のビームを走らせれば，ベクトルポテンシャル $\boldsymbol{A}$ が原因となって，電子の波動関数の位相にずれを生じさせ，それが観測できるのではないかと考えた．具体的には2重スリットを通過する電子線の干渉の実験において，スリットの中間にこれに平行に細いソレノイドを置く（図6.1）．ソレノイドに電流を流せばその内部に磁場ができるが，外部にはベクトルポテンシャルは存在するが磁場はない．電子の波動関数はソレノイド外部のベクトルポテンシャルのみの影響を受ける．ソレノイド電流のあるなしで，電子線のつくる干渉縞がずれるとすれば，それは磁場ではなく，ベクトルポテンシャル $\boldsymbol{A}$ の存在によって引き起こされたものと考えられる．しかし干渉縞のずれの大きさを計算すると，ソレノイドのなかに局在している磁場を1周する経路でベクトルポテンシャル $\boldsymbol{A}$ を線積分した量，したがって全磁束（磁束密度 $\boldsymbol{B}$ の面積積分）に比例する計算になる．この量にはベクトルポテンシャル $\boldsymbol{A}$ の不定性は現れない．

この実験が予想通りの結果を示したとしても，物理的効果は，ソレノイドのなかに局在しているとはいえそこに磁場があるから引き起こされたもので，あ

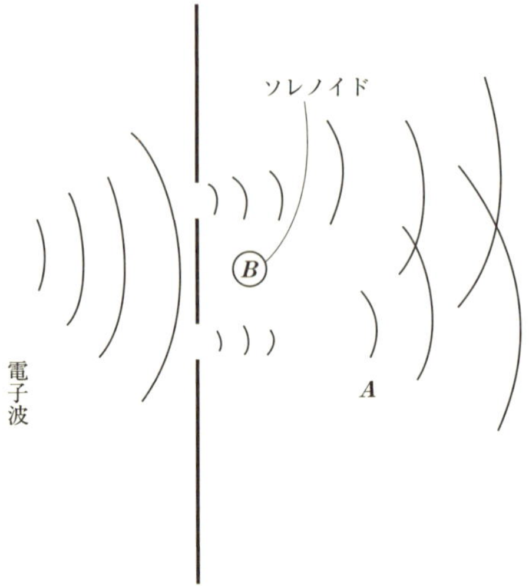

図 6.1 アハラノフ-ボーム効果実験の概念図

くまでも磁場の影響ではないかとする主張もありうる．しかし近接作用論では，電子線の通過したその場所（$\boldsymbol{A}$ のみあって $\boldsymbol{B}$ はない）に干渉縞のずれの原因がなければならないはずである．したがって，ベクトルポテンシャル $\boldsymbol{A}$ が原因となった観測可能な物理現象と考えざるをえない．

アハラノフとボームによる提案は 1959 年のことであったが，実験の難しさからなかなか確認は得られなかった．最近になって日立製作所の中央研究所で外村らが行った超伝導体によって磁場を遮蔽した電子線ホログラフィーの実験が，上記提案とは設定こそ異なるが，その趣旨を実証したものとして注目されている．

以上電磁ポテンシャルを実験にかかるかかからないかという，いわば実際的な面から議論してきたが，物理学理論の上では，電磁ポテンシャル自身あるいは，後に述べる（II 巻，9.1 節）ゲージ変換の自由度，あるいはそこから誘導される電磁場（電磁相互作用のかたち）がゲージ変換で不変であるという事実はさらに深い意味をもっているものと思われる．自然現象の数学的な記述はただ一通りであるという保証はない．新しく理論を拡張していくときに，その理論が元になった理論を特例として含むというのは当然のより所であるが，理論がゲージ不変な形につくられているというのも，構築の 1 つのガイドラインになる．電磁相互作用を手本として，弱い相互作用などほかの相互作用がゲージ変換で不変になる記述で構築されつつある（ゲージ理論）．ゲージ理論では，電磁ポテンシャルはゲージ場，すなわち電荷の大きさ（相互作用の強さ）を測るものさし（ゲージ）であり，さらにそれが場所の関数であることを表している．後に述べる（II 巻，12.4 節），電磁場中の荷電粒子の系のラグランジュアンやハミルトニアンを構築する際にも，ここで述べたガイドラインが働いている．

量子論（あるいはゲージ理論）の立場からは，電磁現象を表現する基本的な量はスカラーおよびベクトルポテンシャルであるとするのが，都合がよいと考えられる．このことに呼応して，電磁ポテンシャルを基本量としてまず採用し，電場・磁場をむしろ 2 次的な誘導量として古典電磁気学を記述していくという公理論的な方法もあることを指摘しておく．

■ 演習問題 6.1

$\operatorname{div} \boldsymbol{E} = \rho/\varepsilon$ という式はある時刻に成立していれば，時刻のいかんにかかわらず成立する式であることを示せ．

〔解　答〕

$\dfrac{\partial}{\partial t}\left[\operatorname{div} \boldsymbol{E} - \dfrac{\rho}{\varepsilon} = 0\right] = 0$ すなわち［……］内の式は時間的に変化しないことを示す．

$$\frac{\partial}{\partial t}\operatorname{div} \boldsymbol{E} - \frac{\partial}{\partial t}\frac{\rho}{\varepsilon} = \operatorname{div}\frac{\partial \boldsymbol{E}}{\partial t} - \frac{1}{\varepsilon}\frac{\partial \rho}{\partial t} = \frac{1}{\varepsilon\mu}\operatorname{div}\cdot\operatorname{rot} \boldsymbol{B} - \frac{1}{\varepsilon}\operatorname{div} \boldsymbol{i} - \frac{1}{\varepsilon}\frac{\partial \rho}{\partial t} = 0$$

すなわち［……］内の式の時間微分は左辺も右辺もゼロになる．この式の証明では div·rot という演算は恒等的にゼロであること（6.2 節で証明）と，動場の 2 番目の式と電荷保存則が使われている．

■ 演習問題 6.2

$\operatorname{div} \boldsymbol{B} = 0$ という式はある時刻に成立していれば，時刻のいかんにかかわらず成立する式であることを示せ．

〔解　答〕

$\dfrac{\partial}{\partial t}\operatorname{div} \boldsymbol{B} = \operatorname{div}\dfrac{\partial \boldsymbol{B}}{\partial t} = \operatorname{div}\cdot\operatorname{rot} \boldsymbol{E} = 0$ であるから $\dfrac{\partial}{\partial t}[\operatorname{div} \boldsymbol{B} = 0] = 0$ が成立する．

6.2　ファラデーの電磁誘導と変位電流

「閉回路を貫いている磁力線の数すなわち磁束が時間的に変化すると，その変化の速さに比例する起電力が回路内に発生する」．これは1831年にファラデーが発見した電磁現象を現在の用語を使って表現したものである．この現象をファラデーの電磁誘導という．閉回路を貫く全磁束 $\varPhi$ とその回路に生じる逆起電力（電圧）$-V$ とを使い，この現象を最初に数式で表したのはノイマンであるといわれている．その数式は

$$-V=\frac{\mathrm{d}\varPhi}{\mathrm{d}t} \tag{6.3}$$

である．ファラデーは現象を直感的にとらえるのは得意であったが，これを数式に表して演算を進めることはよくしなかったという話が伝わっている．さて式 (6.3) もまだ一般的ではない．これを定量的な関係にするには，回路がどのような形をしていて，どのくらいの面積をもっているか，V はどことどこの間の電位差なのか，などを指定しなければならないからである．

マクスウェルは，この関係をまったく任意の閉曲線とそれが取り囲む面積について成立する関係として，物理学的な意味で拡張した．空間に任意の閉曲面 S を考える．その面を貫く磁力線の数が時間的に変化すると，その面の周縁 l に沿って，その変化の割合に等しい起電力が生じる．起電力の向きは面の法線方向と逆右ねじの関係できめられる．この場合，空間にはもはや導線のようなものは存在しないから，数式にかくには，場の量を使って正確に表現しなければならない．電場の強さを $\boldsymbol{E}$，磁束密度を $\boldsymbol{B}$ とすると，この関係は

$$-\oint_C \boldsymbol{E}\cdot\mathrm{d}\boldsymbol{l}=\frac{\mathrm{d}}{\mathrm{d}t}\iint_S \boldsymbol{B}\cdot\mathrm{d}\boldsymbol{S} \tag{6.4}$$

と表すことができる．この式の左辺は面積 S の周縁に沿った一周線積分，右辺の積分は磁束の法線成分の面積積分である．$\mathrm{d}\boldsymbol{S}$ は $|\mathrm{d}\boldsymbol{S}|$ の大きさをもち，その法線方向の向きをもった面積ベクトルである．

面積 S は任意であったので，その面積を限りなく小さくしていった場合には，式 (6.4) のかわりにどんな表現が得られるであろうか．S が十分小さくなれば，積分は

$$\lim_{\varDelta S\to 0}\iint_{\varDelta S}\boldsymbol{B}\cdot\mathrm{d}\boldsymbol{S}=B_n\cdot\varDelta S \tag{6.5}$$

のように置きかえられる．また

$$\lim_{\Delta S\to 0}\frac{\oint \boldsymbol{E}\cdot \mathrm{d}\boldsymbol{l}}{\Delta S} = (\mathrm{rot}\,\boldsymbol{E})_n \tag{6.6}$$

は，ベクトル $\boldsymbol{E}$ の rotation，すなわち rot $\boldsymbol{E}$ の定義式である．したがって，式 (6.4) は

$$-(\mathrm{rot}\,\boldsymbol{E})_n\cdot\Delta S = \frac{\mathrm{d}}{\mathrm{d}t}(B_n\cdot\Delta S) \tag{6.7}$$

と書きかえられる．ΔS は時間的に変化するものではないと考えられるから，これを両辺に共通の因子として式 (6.7) からおとすことができる．また ΔS の方向も任意であるから，結局，式 (6.4) はその極限の場合として

$$\mathrm{rot}\,\boldsymbol{E} = -\frac{\partial \boldsymbol{B}}{\partial t} \tag{6.8}$$

と書き直すことができる．なお，ここで時間微分の意味を明確にするため，これを偏微分記号に書きかえた．

これが現在マクスウェルの方程式として知られている関係式の 1 つである．この式は任意の時刻に任意の点で，空間座標および時刻の関数である場の量 $\boldsymbol{E}$ と $\boldsymbol{B}$ の間に成立している関係で，それ以上に条件などの指定は必要ない．

ベクトル場について一般的に成立するストークスの定理

$$\oint_c \boldsymbol{E}\mathrm{d}\boldsymbol{l} = \iint_S \mathrm{rot}\,\boldsymbol{E}\cdot\mathrm{d}\boldsymbol{S} \tag{6.9}$$

を使い線積分を面積分に置きかえ，式 (6.4) において被積分関数が等しいとおくと直ちに式 (6.8) が得られる．

式 (6.8) は式 (6.3) を精密化したものであるが，その意味する物理的内容は大きくちがっていることに注意しなければならない．空間的ひろがりをもった具体的な回路について成立した関係が，任意の時刻に場の各点で成立するという保証はないからである．式 (6.8) を直接実験的に検証することは困難である．式 (6.8) は，本書でこれから議論する電磁気的諸現象を記述するうえで最も基本となる 2 つの方程式のうちの 1 つである．式 (6.8) の検証は，これから導かれる電磁現象がつねに実験や観測と矛盾しないということで，十分になされていると考えることができる．

式 (6.8) は電気量と磁気量とを因果関係としてはじめて結びつけたものであるが，電気と磁気の対称性からいって，これと逆の関係すなわち電場の時間的

変化が磁場を生じる現象はないのであろうか．少なくともマクスウェルが電磁現象を定式化した頃にはそのような現象はみつかっていなかった．それにもかかわらずマクスウェルはその方程式にこれに該当する項を導入した．まずアンペールが見い出した現象から考えよう．ある面 S を貫いて電流が流れるとその面の周縁に沿って磁場が生じるという現象である（3.1 節，3.2 節）．電流とはその面にわたって電流密度を積分したものであるから，$\iint_S \boldsymbol{i}\cdot \mathrm{d}\boldsymbol{S}$ である．これを面の周縁に沿った磁場を積分した $\oint_C \boldsymbol{B}\cdot \mathrm{d}\boldsymbol{l}$ に等しいとおく．すなわち次元をあわせるための磁気定数 μ_0 を入れて

$$\oint_C \boldsymbol{B}\cdot \mathrm{d}\boldsymbol{l} = \mu_0 \iint_S \boldsymbol{i}\cdot \mathrm{d}\boldsymbol{S} \tag{6.10}$$

左辺にストークスの定理を使って変形し，被積分関数を等しいとおくと

$$\mathrm{rot}\,\boldsymbol{B} = \mu_0 \boldsymbol{i} \tag{6.11}$$

が得られる．さて電場の変化 $(\partial \boldsymbol{E}/\partial t)$ も磁場をつくるとすれば，それはある種の電流の働きをもつものである．次元を合わせるるために電気定数 ε_0 をかけた $\varepsilon_0(\partial \boldsymbol{E}/\partial t)$ を電流密度 $\boldsymbol{i}$ に加えた

$$\boldsymbol{i} + \varepsilon_0 \frac{\partial \boldsymbol{E}}{\partial t}$$

を式 (6.10) に代入すると

$$\mathrm{rot}\,\boldsymbol{B} = \mu_0 \left(\boldsymbol{i} + \varepsilon_0 \frac{\partial \boldsymbol{E}}{\partial t} \right) \tag{6.12}$$

が得られる．これもマクスウェルの基本方程式の一つである．$\varepsilon_0(\partial \boldsymbol{E}/\partial t) = (\partial \boldsymbol{D}/\partial t)$ はマクスウェルによって変位電流密度とよばれた．物質のなかでは $\boldsymbol{P}$ を電気分極として

$$\boldsymbol{D} = \varepsilon \boldsymbol{E} = \varepsilon_0 \boldsymbol{E} + \boldsymbol{P} \tag{6.13}$$

であるから，変位電流密度は

$$\frac{\partial \boldsymbol{D}}{\partial t} = \varepsilon_0 \frac{\partial \boldsymbol{E}}{\partial t} + \frac{\partial \boldsymbol{P}}{\partial t} \tag{6.14}$$

となる．第 2 項は分極電流とよばれる項で分極密度の時間変化は電流と同じ作用を引き起こすものとして納得できる．しかし $\varepsilon_0(\partial \boldsymbol{E}/\partial t)$ の項の存在は検証されなければならない．

式 (6.12) がほかの電磁気学の諸方程式と矛盾なく成立し，またそこから導かれる電磁気学的諸現象が実験事実をよく説明していることが検証になってい

る．

電荷の保存則

定常電流が流れている場合は空間のどの点にも電荷がたまることはないから，あらゆる点で，流れ出ていく電流の総和はゼロすなわち

$$\mathrm{div}\,\boldsymbol{i}(x,y,z)=0$$

である（キルヒホッフの第一法則）．電荷が時間的に変化していると，たとえば電荷の減少分は外に流れ出ているわけであるから

$$-\frac{\partial\rho(x,y,z,t)}{\partial t}=\mathrm{div}\,\boldsymbol{i}(x,y,z,t) \tag{6.15}$$

になるはずである．すなわち任意の時空点での電荷の保存は

$$\frac{\partial\rho(x,y,z,t)}{\partial t}+\mathrm{div}\,\boldsymbol{i}(x,y,z,t)=0 \tag{6.16}$$

とかける（式 (4.10) をみよ）．

さてクーロンの法則の微分表現の 1 つが，任意の時刻で成立しているとすると

$$\rho(x,y,z,t)=\varepsilon_0\,\mathrm{div}\,\boldsymbol{E}(x,y,z,t) \tag{6.17}$$

また式 (6.12) から電流を解くと

$$\boldsymbol{i}=\frac{1}{\mu_0}\mathrm{rot}\,\boldsymbol{B}-\varepsilon_0\frac{\partial\boldsymbol{E}}{\partial t} \tag{6.18}$$

であるから式 (6.17) を時間で微分し，式 (6.18) に div を演算して代入した

$$\frac{\partial\rho(x,y,z,t)}{\partial t}+\mathrm{div}\,\boldsymbol{i}(x,y,z,t)=\varepsilon_0\frac{\partial}{\partial t}\,\mathrm{div}\,\boldsymbol{E}+\frac{1}{\mu_0}\mathrm{div}\cdot\mathrm{rot}\,\boldsymbol{B}-\varepsilon_0\,\mathrm{div}\,\frac{\partial\boldsymbol{E}}{\partial t} \tag{6.19}$$

式 (6.19) はゼロになり，電荷保存の式が成立する．なぜならば右辺第 1 項と第 3 項は時間微分と空間座標での微分である div の順序を入れかえることができるならば，打ち消し合う．また右辺第 2 項の div·rot の演算は

$$\begin{aligned}\mathrm{div}\cdot\mathrm{rot}\,\boldsymbol{B}&=\frac{\partial}{\partial x}\left(\frac{\partial B_z}{\partial y}-\frac{\partial B_y}{\partial z}\right)+\frac{\partial}{\partial y}\left(\frac{\partial B_x}{\partial z}-\frac{\partial B_z}{\partial x}\right)+\frac{\partial}{\partial z}\left(\frac{\partial B_y}{\partial x}-\frac{\partial B_x}{\partial y}\right)\\&=\frac{\partial^2 B_x}{\partial y\partial z}-\frac{\partial^2 B_x}{\partial z\partial y}+\frac{\partial^2 B_y}{\partial z\partial x}-\frac{\partial^2 B_y}{\partial x\partial z}+\frac{\partial^2 B_z}{\partial x\partial y}-\frac{\partial^2 B_z}{\partial y\partial x}=0\end{aligned} \tag{6.20}$$

つまり空間座標の微分の順序がかえられるならば，ベクトルが何であろうとこの 2 重微分は常にゼロである．結局上式の右辺はゼロとなり式 (6.14) が成立する．これは式 (6.12) に $\varepsilon_0\,(\partial\boldsymbol{E}/\partial t)$ の変位電流の項があるからである．マ

クスウェルの式は電荷保存が成立するようにできているということである．あるいはマクスウェルの式と電荷保存が並立するためには変位電流の存在が必要であるということである．磁場の定義はビオ-サバールの法則ではなく，式(6.12) によって定義されるように拡張された．

6.3　マクスウェル方程式

電磁場の基礎方程式の内容については前節までに議論してきたので，一連の式をここでまとめて列記しておく．これらを現在の形に整えたのはヘルツであるといわれるので，マクスウェル-ヘルツの方程式ともよばれる．

$$\mathrm{rot}\,\boldsymbol{E}(x,y,z,t) = -\frac{\partial \boldsymbol{B}(x,y,z,t)}{\partial t} \tag{6.21}$$

$$\frac{1}{\mu_0}\mathrm{rot}\,\boldsymbol{B}(x,y,z,t) = \boldsymbol{i} + \varepsilon_0 \frac{\partial \boldsymbol{E}(x,y,z,t)}{\partial t} \tag{6.22}$$

または

$$\mathrm{rot}\,\boldsymbol{B}(x,y,z,t) = \mu_0 \boldsymbol{i} + \varepsilon_0 \mu_0 \frac{\partial \boldsymbol{E}(x,y,z,t)}{\partial t} \tag{6.23}$$

$$\mathrm{div}\,\boldsymbol{E}(x,y,z,t) = \frac{\rho(x,y,z,t)}{\varepsilon_0} \tag{6.24}$$

$$\mathrm{div}\,\boldsymbol{B}(x,y,z,t) = 0 \tag{6.25}$$

すでに説明してきたように式 (6.21) はファラデーの電磁誘導の法則の微分表現，式 (6.22) は変位電流の存在を認めた拡張されたアンペールの力の法則である．式 (6.24) および式 (6.25) はそれぞれ静電磁気学でのクーロンの法則の微分表現の一部で，特に式 (6.25) は磁荷が存在しないことをも表している．場の量が時間に依存する場合もこれらの式は，時間をパラメーターとして含んだままで，そのまま成立すると考えられる．このことは式 (6.24) の関係式は時間的に変化しない，つまりある時刻で成立すればいつの時刻でも成立することを意味している（演習問題 6.1）．同様に式 (6.25) の関係も時刻にかかわらず成立している（演習問題 6.2）．当然のことながらある時刻に磁荷がゼロなら常に磁荷はゼロである．その意味で式 (6.24)，(6.25) は補助的な式とする見方もある（6.1 節）．

物質のなかでも，静電磁気学の場合 5.1 節，5.4 節，5.5 節に相当して，時間に依存する電磁場の関係式も電気定数 ε_0，磁気定数 μ_0 をそれぞれ誘電率

$\varepsilon = \varepsilon_0 + \varepsilon_0\chi_e$，透磁率 $1/\mu = (1/\mu_0)(1-\chi_m)$ に置きかえれば式 (6.23)，(6.24) がそのままの形で成立する．ただし電場も磁場もそれほど強くなく電場や磁場に対する物質の応答である分極や磁化がそれぞれ電場，磁場に比例するという範囲の話である．比例しない場合（非線形関係）については別項に述べる（非線形光学現象や非線形磁気現象）．物質の影響を受けない式 (6.21)，(6.25) とともに物質中のマクスウェル方程式としてまとめておく．

$$\mathrm{rot}\,\boldsymbol{E}(x,y,z,t) = -\frac{\partial \boldsymbol{B}(x,y,z,t)}{\partial t} \tag{6.21$'$}$$

$$\frac{1}{\mu}\,\mathrm{rot}\,\boldsymbol{B}(x,y,z,t) = \boldsymbol{i} + \varepsilon\frac{\partial \boldsymbol{E}(x,y,z,t)}{\partial t} \tag{6.22$'$}$$

または

$$\mathrm{rot}\,\boldsymbol{B}(x,y,z,t) = \mu\boldsymbol{i} + \varepsilon\mu\frac{\partial \boldsymbol{E}(x,y,z,t)}{\partial t} \tag{6.23$'$}$$

$$\mathrm{div}\,\boldsymbol{E}(x,y,z,t) = \frac{\rho(x,y,z,t)}{\varepsilon} \tag{6.24$'$}$$

$$\mathrm{div}\,\boldsymbol{B}(x,y,z,t) = 0 \tag{6.25$'$}$$

物質がない場合には分極や磁化が起こらないから式 (6.23′)，(6.24′) において単に $\chi_e = 0, \chi_{m_B} = 0$ すなわち $\varepsilon \to \varepsilon_0, \mu \to \mu_0$ の置きかえをすれば (6.23)，(6.24) になるので，式 (6.23′)，(6.24′) のほうが一般的である．とくに区別する必要がないときは，今後これらの式を使うことにする．

自由に動きうる電子をもつ導体やプラズマのなかのように，電場により電流が誘起される場合には，さらに

$$\boldsymbol{i} = \sigma\boldsymbol{E} \tag{6.26}$$

の関係（オームの法則）が付け加わる．物質の影響はそれぞれの物質に固有の 3 つの物質定数 ε, μ, σ で表現される．これらが物理定数のどのような関数になるかは古典論でも定性的に説明できるが（II 巻，12.1 節），それぞれの物質でどのような値になるかを正しく説明するのは量子力学である（II 巻，12.2 節）．これらの定数が電場や磁場の大きさに依存しない，すなわちマクスウェル方程式が線形であるということは重要な性質である．この場合場の量のあいだに加算則が成立する．たとえば ρ_1, ρ_2 がつくる電場がそれぞれ $\boldsymbol{E}_1, \boldsymbol{E}_2$ であった場合に，$\rho_1 + \rho_2$ がつくる電場は単に重ねあわせた $\boldsymbol{E}_1 + \boldsymbol{E}_2$ になる．これを拡張すれば空間に連続的に分布する電荷 $\iiint_V \rho\mathrm{d}V$ があった場合に，全電荷がつ

くる電場は，$\rho \mathrm{d}V$がつくる電場 $\mathrm{d}\boldsymbol{E} = (1/4\pi\varepsilon)(\rho \mathrm{d}V/r^2)(\boldsymbol{r}/r)$ を単に重ね合わせた $\boldsymbol{E} = (1/4\pi\varepsilon)\iiint_V (\rho \mathrm{d}V/r^2)(\boldsymbol{r}/r)$ になる．

式 (6.21)，(6.21′) の式は力学量と電磁気学量が混在しているにもかかわらず，次元を合わせるための定数 ε_0 や μ_0 が含まれていない．電場と磁場は別々に定義されていてもその源となる電荷と電流とは時間の次元だけ異なっているだけだからである（電荷の体積密度 ρ と電流の面積密度 $\boldsymbol{i}$ は速度の次元だけ異なる：電荷の動く速度を $\boldsymbol{v}$ とする $\boldsymbol{i} = \rho\boldsymbol{v}$ の関係がある）．実際に電場，磁場の次元を SI 単位記号で表すと

電場 $\boldsymbol{E}$ の単位：$[\mathrm{m\ \ kg\ \ s^{-3}\ \ A^{-1}}]$

磁場 $\boldsymbol{B}$ の単位：$[\mathrm{kg\ \ s^{-2}\ \ A^{-1}}]$

であり，両者はちょうど速度の次元だけ異なっていることがわかる．後に述べる電磁波を構成する電場と磁場の間には，光速を c として $\boldsymbol{E} = c\boldsymbol{B}$ の関係がある．これに対して式 (6.23)，(6.23′) の場合は空間微分と時間微分を演算する相手が逆になっているので，次元を調整する定数が残っている．式 (6.23)，(6.23′) および式 (6.24)，(6.24′) で

$\boldsymbol{D} = \varepsilon\boldsymbol{E} = \varepsilon_0\boldsymbol{E} + \boldsymbol{P}$ および $\boldsymbol{H} = \dfrac{1}{\mu}\boldsymbol{B} = \dfrac{1}{\mu_0}\boldsymbol{B} - \boldsymbol{M}$ を使えば，

$$\mathrm{rot}\,\boldsymbol{H} = \boldsymbol{i} + \frac{\partial \boldsymbol{D}}{\partial t} \tag{6.23″}$$

$$\mathrm{div}\,\boldsymbol{D} = \rho \tag{6.24″}$$

が得られ，みかけ上，式から誘電率（電気定数）・透磁率（磁気定数）が消えている．

7

境界のない空間を伝播する電磁現象：電磁波

7.1　電磁現象の波動的伝播—平面波と球面波—

マクスウェルの方程式のうちで，ファラデーの電磁誘導の法則と拡張されたアンペールの力の法則とを組み合わせると，電場・磁場が因果関係をもち，からみあって空間を伝播していく様子を直感的に理解することができる．

図 7.1 に示すように，たとえば空間のある一点で，火花放電などにより瞬間的に電流が流れたとしよう．アンペールの力の法則によれば，これを取り囲む任意の閉曲線，たとえば C_1 に沿って磁場が発生することになる．つぎに，この C_1 がなかを貫くような閉曲線 C_2 を考えると，電流 $\boldsymbol{i}$ が流れたため C_2 を貫く磁束が変化したことになるから，電磁誘導の法則により C_2 に沿って電場 $\boldsymbol{E}$ が発生することになる．閉曲線 C_3 についていえば，もはやそれを貫いて実電流は流れないが，C_2 に沿って誘起された電場の変化のため変位電流 $\partial \boldsymbol{D}/\partial t$ が流れることになる．したがって，C_3 に沿っては拡張されたアンペールの力の法則により $\boldsymbol{B}$ が誘起されることになる．このように，$\boldsymbol{E}$ と $\boldsymbol{B}$ はたがいに原因となり結果となって空間を伝播していく．この過程で変位電流が重要な働きを

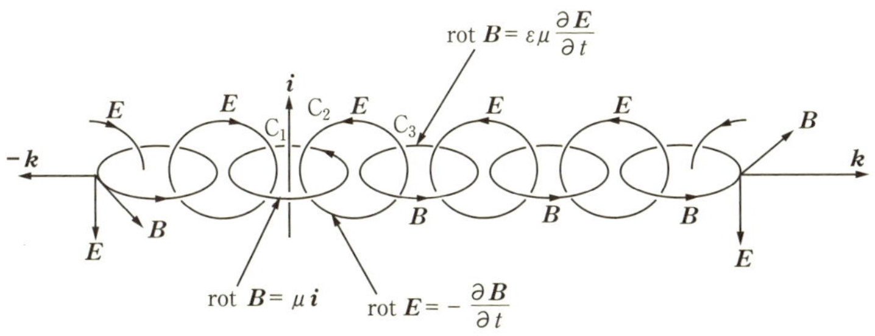

図 7.1　電場，磁場がたがいに原因となり結果となって空間を伝わっていく様子

していることがわかる．また，$\boldsymbol{E}$ や $\boldsymbol{B}$ は時間変化をすることが必要である．

これが，電磁波の発生と伝播に関する直感的説明である．電磁現象が電場および磁場としてこのように空間を伝わるということは，近接作用説が正しいということを証拠だてている．もちろん，電磁波の存在は有名なヘルツの火花放電の実験で実証されている．電磁波の存在は，変位電流という概念の実験的根拠になっているだけでなく，マクスウェル方程式の正しさを指し示している．

以下，マクスウェルの方程式から波動の式を導こう．電荷および電流の存在しない真空中あるいは一般に媒質中では，マクスウェル方程式は

$$\mathrm{rot}\,\boldsymbol{E} = -\frac{\partial \boldsymbol{B}}{\partial t} \tag{7.1}$$

$$\mathrm{rot}\,\boldsymbol{B} = \varepsilon\mu\frac{\partial \boldsymbol{E}}{\partial t} \tag{7.2}$$

$$\mathrm{div}\,\boldsymbol{B} = 0 \tag{7.3}$$

$$\mathrm{div}\,\boldsymbol{E} = 0 \tag{7.4}$$

となる．式 (7.1) の両辺に rotation の微分演算を行う．ベクトル演算の公式によって

$$\mathrm{rot}\cdot\mathrm{rot} = -\triangle + \mathrm{grad}\cdot\mathrm{div} \tag{7.5}$$

ただし

$$\triangle = \frac{\partial^2}{\partial x^2} + \frac{\partial^2}{\partial y^2} + \frac{\partial^2}{\partial z^2} \tag{7.6}$$

であるから，左辺は

$$\mathrm{rot}\cdot\mathrm{rot}\,\boldsymbol{E} = -\triangle\boldsymbol{E} + \mathrm{grad}\cdot\mathrm{div}\,\boldsymbol{E} = \triangle\boldsymbol{E} \tag{7.7}$$

となる．ただし，ここで式 (7.4) の関係を用いている．右辺は

$$-\mathrm{rot}\,\frac{\partial \boldsymbol{B}}{\partial t} = -\frac{\partial}{\partial t}\,\mathrm{rot}\,\boldsymbol{B} = -\varepsilon\mu\frac{\partial^2 \boldsymbol{E}}{\partial t^2} \tag{7.8}$$

となる．ただし，式 (7.2) を使って $\boldsymbol{B}$ を $\boldsymbol{E}$ にかきかえている．したがって，方程式

$$\triangle\boldsymbol{E} = \varepsilon\mu\frac{\partial^2 \boldsymbol{E}}{\partial t^2} \tag{7.9}$$

が得られる．まったく同様にして，式 (7.2) の両辺に rotation の演算をほどこせば

$$\triangle\boldsymbol{B} = \varepsilon\mu\frac{\partial^2 \boldsymbol{B}}{\partial t^2} \tag{7.10}$$

が得られる．式 (7.9)，(7.10) をダランベール（d'Alembert）の三次元波動

方程式とよぶ.

式 (7.9) および式 (7.10) はベクトル方程式であるがこの場合は，ベクトル関数 $\boldsymbol{E}(E_x, E_y, E_z)$ および $\boldsymbol{B}(B_x, B_y, B_z)$ のそれぞれの空間成分について，同じ形のダランベールの微分方程式が成立しているということである．そこで6つの $\boldsymbol{E}$ または $\boldsymbol{B}$ の空間成分の任意の1つを u とかくことにしよう.

平面波

その u についての微分方程式

$$\triangle u = \varepsilon\mu\frac{\partial^2 u}{\partial t^2} \tag{7.11}$$

の1つの解は

$$u(x, y, z, t) = A\sin(k_x x + k_y y + k_z z - \omega t) \tag{7.12}$$

である．ここで A および k_x, k_y, k_z は定数である．実際に式 (7.12) を式 (7.11) に代入すると，定数の間に

$$\varepsilon\mu\omega^2 = k_x{}^2 + k_y{}^2 + k_z{}^2 \tag{7.13}$$

の関係があれば，式 (7.12) は式 (7.11) を満足していることが確かめられる．式 (7.12) において，ある時刻 t に正弦関数の位相が一定値 ϕ をとる点 (x, y, z) の集合は

$$k_x x + k_y y + k_z z = \omega t + \phi \tag{7.14}$$

で表される平面の方程式をみたす．この平面の法線の方向は係数のつくるベクトル

$$\boldsymbol{k} = (k_x, k_y, k_z) \tag{7.15}$$

の方向である．t が変わっても，ϕ が変わっても法線の向き $\boldsymbol{k}$ は変わらない．すなわち同一位相点のつくる平面はすべて平行である．さて式 (7.14) と同一の時刻に位相が ϕ' である平面 (x', y', z') は

$$k_x x' + k_y y' + k_z z' = \omega t + \phi' \tag{7.16}$$

であるから，式 (7.14) と式 (7.16) の差をとると

$$k_x(x' - x) + k_y(y' - y) + k_z(z' - z) = \phi' - \phi \tag{7.17}$$

の関係がある．2つの平面上の点 (x', y', z') と (x, y, z) を結ぶ線分が $\boldsymbol{k}$ と平行，すなわち

$$\frac{x' - x}{k_x} = \frac{y' - y}{k_y} = \frac{z' - z}{k_z} \tag{7.18}$$

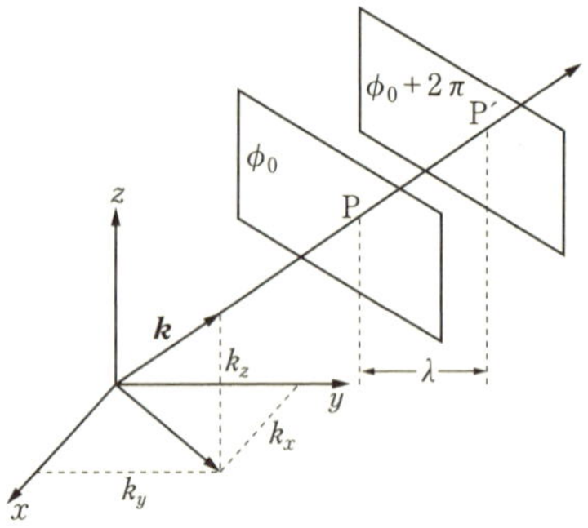

図 7.2　平面波

であるならばこの線分の長さ

$$D=\sqrt{(x'-x)^2+(y'-y)^2+(z'-z)^2}=\frac{\phi'-\phi}{k} \tag{7.19}$$

は 2 つの平面間の距離である（図 7.2）．ここで k は $\boldsymbol{k}$ ベクトルの大きさ，すなわち

$$k=\sqrt{{k_x}^2+{k_y}^2+{k_z}^2} \tag{7.20}$$

である．そして $\phi'=\phi+2\pi$ のときの D は波動（7.12）の波長 λ である（図 7.2）．すなわち

$$\lambda=\frac{2\pi}{k} \tag{7.21}$$

の関係が得られる．k は波長の逆数，すなわち単位の長さ（この場合は 2π）のなかに存在する波の数を表す．この意味で，式 (7.15) の $\boldsymbol{k}$ を波数ベクトルとよぶ．

式 (7.14) において同一位相 ϕ の平面が時刻 t' に（x', y', z'）まで移動したとすると

$$k_xx'+k_yy'+k_zz'=\omega t'+\phi \tag{7.22}$$

である．式 (7.14) と式 (7.22) の差をとると，

$$k_x(x'-x)+k_y(y'-y)+k_z(z'-z)=\omega(t'-t) \tag{7.23}$$

となる．ここでふたたび式 (7.18) の関係を使うと，

$$D'=\sqrt{(x'-x)^2+(y'-y)^2+(z'-z)^2}=\frac{\omega(t'-t)}{k} \tag{7.24}$$

となる．D' は同一位相面が t から t' の間に移動する距離である．D' が増す速

さは

$$\frac{\mathrm{d}D'}{\mathrm{d}(t'-t)} = \frac{\omega}{k} \tag{7.25}$$

である．式 (7.13) を使うと，この速さは，

$$\frac{\omega}{k} = \frac{1}{\sqrt{\varepsilon\mu}} \equiv c \tag{7.26}$$

である．すなわち電場または磁場の同一位相の平面（波面）は c の速さで進むことになる．同一位相面が進む速さなので位相速度という．$\omega = 2\pi\nu$, $k = 2\pi/\lambda$ であるから

$$c \equiv \frac{1}{\sqrt{\varepsilon\mu}} = \nu\lambda \tag{7.27}$$

である．c の値が光速になることは，改めて論じる．この波動を平面波とよぶ．

$$u'(x, y, z, t) = A\sin(k_x x + k_y y + k_z z + \omega t) \tag{7.28}$$

もまた式 (7.11) の解であり，これは $-\boldsymbol{k}$ の方向に進む平面波を表す．

式 (7.12) を参照して，式 (7.9) の解は，波数ベクトル $\boldsymbol{k}$ (k_x, k_y, k_z) と座標ベクトル $\boldsymbol{r}$ (x, y, z) の内積の式および定数ベクトル $\boldsymbol{E}^0$ を使って

$$\boldsymbol{E} = \boldsymbol{E}^0 \sin(\boldsymbol{k}\cdot\boldsymbol{r} \pm \omega t) \tag{7.29}$$

とかくことができる．波動の振幅 $\boldsymbol{E}^0$ はここまでの議論ではきめられない．もちろん

$$\boldsymbol{E} = \boldsymbol{E}^0 \cos(\boldsymbol{k}\cdot\boldsymbol{r} \pm \omega t) \tag{7.30}$$

も式 (7.9) の解である．式 (7.29) と式 (7.30) は波動の位相が $\pi/2$ 異なるだけである．

ダランベールの方程式は線形であるから，両者の一次結合もまた解である．一般の解は未定の位相 ϕ を使って

$$\boldsymbol{E} = \boldsymbol{E}^0 \cos(\boldsymbol{k}\cdot\boldsymbol{r} \pm \omega t + \phi) \tag{7.31}$$

とかいておけばよい．交流回路理論で使われるように，波動を複素関数

$$\boldsymbol{E} = \boldsymbol{E}^0 \exp[\pm i(\boldsymbol{k}\cdot\boldsymbol{r} \pm \omega t + \phi)] \tag{7.32}$$

の形に表しておくと計算に便利である．線形の演算を行う限り，実部と虚部がまじりあうことはないから，演算した結果の式の実部をとれば，式 (7.31) の実関数に対応した結果が得られる．

さらに一般には，式 (7.13) の関係を満足していれば $(\omega_n, \boldsymbol{k}_n)$ のどのような

組みあわせでもダランベール方程式の解であるから，一般解は

$$\boldsymbol{E} = \sum_{k_n \neq 0} \boldsymbol{E}_{k_n}{}^0 \sin(\boldsymbol{k}_{k_n} \cdot \boldsymbol{r} \pm \omega_{k_n} t + \alpha_{k_n}) \tag{7.33}$$

$$\boldsymbol{B} = \sum_{k_n \neq 0} \boldsymbol{B}_{k_n}{}^0 \sin(\boldsymbol{k}_{k_n} \cdot \boldsymbol{r} \pm \omega_{k_n} t + \alpha_{k_n}) \tag{7.34}$$

と表せる．ここで $\boldsymbol{E}_{k_n}{}^0$，$\boldsymbol{B}_{k_n}{}^0$ は定数ベクトルで，それぞれの方向に進む波動の電場・磁場の振幅と方向を現している．

球面波

空間を伝播する電磁波として，これまで平面波を考えてきたが，これは実は実際的でない．エネルギー的にみても無限の空間に同じ振幅の電磁波が広がっていてはそのエネルギーは無限大になってしまう．この意味で同一の位相面が球面となる解は実在性がある．

式 (7.9)，(7.10) における 2 階の微分演算子ラプラシアン $\triangle$ を極座標 (r, θ, ϕ) でかくと

$$\triangle = \frac{1}{r^2}\frac{\partial}{\partial r}\left(r^2 \frac{\partial}{\partial r}\right) + \frac{1}{r^2 \sin\theta}\frac{\partial}{\partial \theta}\left(\sin\theta \frac{\partial}{\partial \theta}\right) + \frac{1}{r^2 \sin^2\theta}\frac{\partial^2}{\partial \phi^2} \tag{7.35}$$

となる．ベクトル $\boldsymbol{E}$ および $\boldsymbol{B}$ の空間成分の 1 つを u とかき，u が $r = |\boldsymbol{r}|$ と t のみの関数とすると，ダランベールの微分方程式は

$$\triangle u = \frac{1}{r^2}\frac{\partial}{\partial r}\left(r^2 \frac{\partial u}{\partial r}\right) = \frac{1}{c^2}\frac{\partial^2 u}{\partial t^2}$$

となる．これに

$$u = \frac{\phi(r)}{r}\exp[i\omega t] \tag{7.36}$$

の形の解があるとして，代入して ϕ についての微分方程式をつくると

$$\frac{1}{r}\frac{\partial^2 \phi}{\partial r^2}\exp[i\omega t] = -\frac{\omega^2}{c^2}\frac{\phi}{r}\exp[i\omega t] \tag{7.37}$$

あるいは

$$\frac{\partial^2 \phi}{\partial r^2} = -k^2 \phi \tag{7.38}$$

に帰着される．この解は

$$\phi = a \exp[\pm ikr]$$

であることは容易にわかるから，結局電場・磁場の空間成分は

$$u = \frac{a}{r}\exp[\pm ikr]\exp[i\omega t] \tag{7.39}$$

あるいは実関数でかいて

$$u=\frac{a}{r}\sin(\pm kr-\omega t) \qquad (7.40)$$

が解である．式 (7.40) において，複号の + は，1 点から時間とともに一様に広がっていく球面波，複号の − は 1 点に集束していく球面波を表している．後に述べるように波動のエネルギー密度は電場・磁場の振幅の 2 乗に比例する．式 (7.40) では電場・磁場は，$1/r$ の依存性をもつ．球面波の場合，球面上のエネルギーの面積密度は $1/r^2$ の依存性をもつ．一方球面の全面積は $4\pi r^2$ である．両者の積すなわち波源を中心とした任意の球面上の全エネルギーは r によらず一定となる．1 点から等方的に広がっていく球面波の全エネルギーは時刻によらず一定の値をとるので合理的である．これに対して先に述べた平面波では，電場・磁場は無限に広がった平面上で同一振幅なので，その全エネルギーは無限大になってしまうので，不合理である．平面波は波原から十分遠方で観測される球面波の一部として部分的に，近似的に考える場合に実在性があるといえる．

式 (7.27) で述べたように，$\boldsymbol{E}$ や $\boldsymbol{B}$ は

$$c=\frac{1}{\sqrt{\varepsilon\mu}}$$

の速さで一様な媒質中を，また

$$c_0=\frac{1}{\sqrt{\varepsilon_0\mu_0}} \qquad (7.41)$$

の速さで真空中を伝播していく波動である．ε_0 や μ_0 を電磁気的測定できめて式 (7.41) に代入すると，c_0 の値は光速の値になることが確かめられる．すなわち電磁的な波動（電磁波）は光速 c_0 で伝播する．このことが，光の本性が電磁波であるということの有力な実験的証拠となった．真空の場合でも $c_0, \varepsilon_0, \mu_0$ は測定によってきめられるべき量であるが，現在（1986 年以後）では媒質が真空の場合に限り $c_0, \varepsilon_0, \mu_0$ はすべて定義値となっている．真空中の光速測定の精度があがり，当時の長さの単位をきめる「長さ標準」より精度が高くなり，光速を測る意味が失われた．そこで国際度量衡総会は，まず光速の値を先に定義し，これに準拠して長さの単位をきめることを協定した（1986 年）．また電流の単位アンペア A の定義そのものが，μ_0 の値が正確に $4\pi\times10^{-7}$ [N A^{-2}] になるようにされているので，μ_0 も実は定義値である．し

たがって式 (7.41) の $\varepsilon_0 = 1/\mu_0 c_0{}^2$ の関係によって，ε_0 も定義値となったわけである．これらの定義値をここにあらためてかいておく．

$$c_0 = 299792458 \ \mathrm{m\,s^{-1}} \tag{7.42}$$

$$\begin{aligned} \varepsilon_0 &= \frac{1}{4\pi\times10^{-7}\times(299792458)^2} \ \mathrm{F\ m^{-1}} \\ &= 8.854187817\cdots\times10^{-12}\,\mathrm{F\ m^{-1}} \end{aligned} \tag{7.43}$$

$$\begin{aligned} \mu_0 &= 4\pi\times10^{-7}\,\mathrm{N\ A^{-2}} \\ &= 12.566\,370\,614\cdots\times10^{-7}\ \mathrm{N\ A^{-2}} \end{aligned} \tag{7.44}$$

これまでの議論は，実定数の誘電率 ε および透磁率 μ をもつ媒質中でも，その広がりが十分大きいものであれば，電気定数 ε_0，磁気定数 μ_0 を，それぞれ誘電率 ε および透磁率 μ に置きかえれば，そのまま成立する．電流が存在しない場合の式 (7.2) は式 (6.23) の定数 ε_0, μ_0 を定数 ε, μ に置きかえる（かつ $i = 0$ とする）だけだからである．一般の媒質では $\varepsilon > \varepsilon_0, \mu > \mu_0$ であるので，媒質中の光速 c は真空中の光速 c_0 より遅くなる．すなわち

$$c = \frac{1}{\sqrt{\varepsilon\mu}} = c_0\sqrt{\frac{\varepsilon_0\mu_0}{\varepsilon\mu}} = \frac{c_0}{n} \tag{7.44}$$

となり

$$n = \sqrt{\frac{\varepsilon\mu}{\varepsilon_0\mu_0}} > 1 \tag{7.45}$$

はこの媒質の屈折率をあたえる．このような媒質中では電磁波は一定の速度をもち，減衰することなく伝播する．後に述べるように分極や磁化が電場や磁場に対して位相の遅れをもつと，（誘電率や透磁率が複素数となり）伝播とともに減衰が現れる．

式 (7.13) であたえられているように，電磁波の角周波数 ω と波数ベクトル $\boldsymbol{k}$ の間は

$$\omega = c|\boldsymbol{k}|$$

で束縛されている．しかし，いずれか一方は自由にきめられる．無限に広がった空間（自由空間）では，いかなる周波数（あるいは波長）の電磁波も伝播することが可能である．しかし限られた空間では，$\boldsymbol{E}$ や $\boldsymbol{B}$ は，その境界できまった条件を満足しなければならない．このために，$\boldsymbol{k}$ したがって ω にもある制約が加えられる．このことについては 8 章で詳しく論じることにする．

電磁現象すなわち電場・磁場は波動として空間を伝わるが，その空間は真空でもよいことがわかった．音波などの場合と違って，電磁現象の伝播には媒体

を必要としないのである．昔から光の伝播媒体として考えられ，しかしその存在には疑問がもたれていた「エーテル」という概念は，光が電磁波であるなら必要ないことになる．

表 7.1　電磁波の一覧表

周波数	波長	名称	波源	物理現象	応用
30 Hz	10 Mm				
300 Hz	1 Mm				
3 kHz	100 km	電波			電波航法
30 kHz	10 km	長波			船舶通信
300 kHz	1 km	中波	電子回路		ラジオ放送
3 MHz	100 m	短波			
30 MHz	10 m	メートル波 (VHF)			テレビ放送
300 MHz	1 m	デシメートル波 (UHF)	マグネトロン		レーダー UHF テレビ
3 GHz	100 mm	センチ波 (SHF)	クライストロン	分子の回転スペクトル	通信
30 GHz	10 mm (1cm)	ミリ波 (EHF)	メーザー		
300 GHz	1 mm	サブミリ波			
3 THz	100 μm	遠赤外	高温物体	分子の振動スペクトル	熱源
30 THz	10 μm				写真
300 THz	1 μm	近赤外	レーザー		
		可視光 近紫外			
	100 nm		石英水銀灯	原子分子の外殻	照明，写真
	10 nm	真空紫外 (極紫外)	炭素アーク灯 気体放電	電子スペクトル 光電離	光化学反応
	1 nm		シンクロトロン放射		殺菌
	100 pm	X 線 ($10 \sim 10^{-3}$ nm)	X 線管 (制動放射) (内殻電子遷移)	原子の内殻 電子スペクトル	医療 物質構造決定 写真
	10 pm		原子核崩壊		内部欠陥の探知
	1 pm			原子核反応	
		γ 線 (10 pm〜　)		素粒子反応	治療
	100 fm				
	10 fm				

マクスウェルの方程式の解（1860 年代前半），そしてヘルツの実験（1888 年）によって，電磁現象が波動として，空間を伝播することが認識され，光（可視光）もまたその 1 種であることが明らかになった．電磁波（光）の本性が正しく理解されるまでには，なお 20 世紀はじめの電磁場の量子論（II 巻，13 章参照）を待たなければならないが，ラジオ波，マイクロ波，赤外線，可視光，紫外線，X 線，γ 線など，周波数で量的に表現すれば 10^{-5} Hz から 10^{22} Hz にわたる 30 桁におよぶ広い範囲の電磁現象が，すべて同じ物理法則にしたがう現象であることが明らかにされたのは素晴らしいことである．ちなみに赤外線は 1800 年，ハーシェル（F. W. Hershel）に，紫外線は 1801 年，リッター（J. Ritter）に，X 線は 1896 年，レントゲン（W. C. Roentgen）に，ガンマ線は 1898 年に，ベクレル（Becquerel）とキューリー（P and M. Curie）によって，それぞれ発見されている．これらの周波数，波長，関連の深い物理現象，応用などの一覧を表 7.1 に示しておく．同じ物理現象といっても量的な違いが大きいと，その性質もかなり異なってくる．電波など低周波領域では波動性がつよいが，X 線など高周波領域では粒子性が顕著になる．これについてはII 巻 13 章で詳しく論ずる．

マクスウェルの方程式 (6.19)～(6.22) からダランベールの式 (7.9)，(7.10) を導く過程で，$\mathrm{rot}\cdot\mathrm{rot}\,\boldsymbol{E}$ や $\mathrm{grad}\cdot\mathrm{div}\,\boldsymbol{E}$ などの量が現れた．これがどのような物理量または場の量を表すのかをイメージすることは難しい．しかしそんなことはお構いなしに計算を進めると最後には，ダランベールの式のように，物理量の間の関係として直感的に理解できる式，あるいは少なくともその解として納得がいく物理現象が現れる．これが場の方程式を扱う電磁気学（一般には物理学）の数学的表現の素晴らしいところである．すなわち，まず自然現象を数式で表現する．その後は現象をはなれて，ただ数学の約束にしたがって演算を行う．結果得られる式を自然現象と対比または自然現象として解釈する．そこには誘導された式が指し示す自然現象が確かに存在しているのである．このことを一般的にいえば，物理学は自然現象を予測できるということになる．

7.2 自由空間における電磁波の伝播—横波，近軸光伝播モード—

横 波

ダランベール方程式は 2 階の微分方程式であるが，マクスウェル方程式は 1

階の微分方程式である．したがって，積分定数に相当する不定性のため，前者の解が必ずしも後者の解となっているかどうかわからない．そこで，式 (7.33)，(7.34) を実際にマクスウェル方程式に代入して，定数の間に存在すべき条件をもとめよう．

まず，式 (7.33) を式 (7.4) の div $\boldsymbol{E}=0$ に代入してみる．煩雑になるため添字は簡略化してかくことにする．

$$\begin{aligned}\operatorname{div}\boldsymbol{E} &= \sum_n \operatorname{div}[\boldsymbol{E}_n \sin\{(k_n)_x x+(k_n)_y y+(k_n)_z z-\omega_n t+\alpha_n\}]\\ &= \sum_n [(E_n)_x(k_n)_x+(E_n)_y(k_n)_y+(E_n)_z(k_n)_z]\cdot\cos(\boldsymbol{k}_n\boldsymbol{r}-\omega_n t+\alpha_n)\\ &= 0\end{aligned}$$

であるから，$\boldsymbol{r}$ および t の値にかかわらずこの式がいつでも成立するためには，余弦関数の係数すべてがゼロにならなければならない．すなわち

$$\boldsymbol{E}_n\cdot\boldsymbol{k}_n = 0 \tag{7.46}$$

が，式 (7.33) が div $\boldsymbol{E}=0$ を満足するための必要条件である．同様にして，式 (7.34) を div $\boldsymbol{B}=0$ に代入すると

$$\boldsymbol{B}_n\cdot\boldsymbol{k}_n = 0 \tag{7.47}$$

が得られる．さらに，式 (7.33)，(7.34) を式 (7.1) の rot $\boldsymbol{E}=\partial\boldsymbol{B}/\partial t$ に代入すると

$$(\operatorname{rot}\boldsymbol{E})_x = \left(\frac{\partial\boldsymbol{E}_z}{\partial y}-\frac{\partial\boldsymbol{E}_y}{\partial z}\right) = \sum_n\{(E_n)_z(k_n)_y-(E_n)_y(k_n)_z\}\cos(\boldsymbol{k}_n\boldsymbol{r}-\omega_n t+\alpha_n)$$

であるから

$$\sum_n(\boldsymbol{k}_n\times\boldsymbol{E}_n)\cos(\boldsymbol{k}_n\boldsymbol{r}-\omega_n t+\alpha_n) = -\sum_n(-\omega_n)\boldsymbol{B}_n\cos(\boldsymbol{k}_n\boldsymbol{r}-\omega_n t+\alpha_n) \tag{7.48}$$

であり，両辺の各余弦関数の係数が等しくなるための条件として

$$\boldsymbol{k}_n\times\boldsymbol{E}_n = \omega_n\boldsymbol{B}_n \tag{7.49}$$

の関係が得られる．

式 (7.46)，(7.47) は $\boldsymbol{E}_n$, $\boldsymbol{B}_n$ がそれぞれ $\boldsymbol{k}_n$ に直交していることを表している．さらに，式 (7.49) は $\boldsymbol{E}_n$ と $\boldsymbol{B}_n$ も直交していることを表している．したがって，3 つのベクトルは図 7.3 に示すようにたがいに直交している．これらの条件が満たされていれば，式 (7.2)

$$\operatorname{rot}\boldsymbol{B} = \varepsilon\mu\frac{\partial\boldsymbol{E}}{\partial t}$$

すなわち

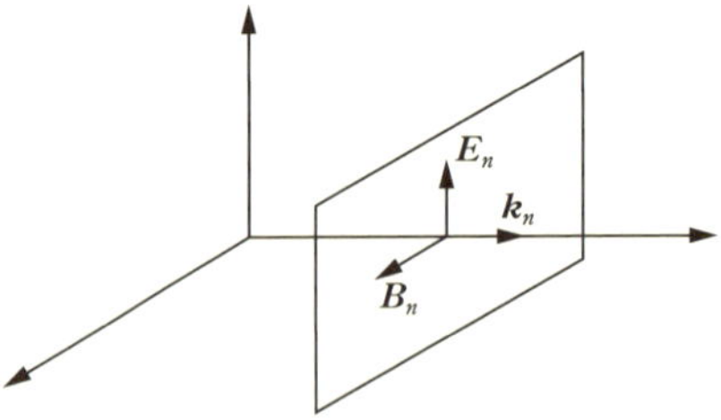

図 7.3
自由空間中を伝播する電磁波は進行方向と直角の面内に完全にかたよった横波である．

$$\boldsymbol{k}_n \times \boldsymbol{B}_n = -\varepsilon\mu\omega_n \boldsymbol{E}_n \tag{7.50}$$

の関係は自動的に満足されることがわかる．このようにして，マクスウェル方程式を満足する解 (7.33)，(7.34) は，完全な横波（進行方向に対して電場，磁場ベクトルが直交している）であることがわかった．

式 (7.49) あるいは式 (7.50) より，$\boldsymbol{E}$ と $\boldsymbol{B}$ あるいは $\boldsymbol{H}$ の大きさの間にもきまった関係があることがわかる．すなわち

$$\left|\boldsymbol{E}_n\right| = \frac{\omega_n}{k_n}\left|\boldsymbol{B}_n\right| = c\left|\boldsymbol{B}_n\right| \tag{7.51}$$

あるいは，ここで $\boldsymbol{B}_n = \mu\boldsymbol{H}_n$ の関係を代入すると

$$\frac{|\boldsymbol{E}_n|}{|\boldsymbol{H}_n|} = \mu c = \sqrt{\frac{\mu}{\varepsilon}} \tag{7.52}$$

の関係が得られる．とくに真空中での $|\boldsymbol{E}_n|$ と $|\boldsymbol{H}_n|$ の比

$$Z_0 = \sqrt{\frac{\mu_0}{\varepsilon_0}} = 376.7\ \Omega \tag{7.53}$$

は，インピーダンスの次元をもつ定数で，真空の輻射インピーダンスとよばれる．

偏光（直線偏光・円偏光・楕円偏光）

電磁波の進行方向に直角な面を考え，この面内に x 軸，y 軸をとり，進行する電磁場を $z = z_0$ の x-y 面内に射影すると，式 (7.49)，式 (7.50) によって電場ベクトルも磁場ベクトルもこの面内で振動していることになる．そこで電場ベクトルを

$$E_x = E_0 \cos\theta \cdot \sin(kz_0 - \omega t), \quad E_y = E_0 \sin\theta \cdot \sin(kz_0 - \omega t) \tag{7.54}$$

とかくと，電場ベクトルの先端は $x-y$ 面内で，x 軸と θ の角度をもつ直線の上を振幅 E_0 で振動していることになる．磁場については，常に式 (7.49), (7.50) にしたがい電場と直交した方向にとればよいので，今後議論を省略する．さて式 (7.54) でかかれるような電磁波を直線偏光という．正確に表現すれば，電気ベクトルは，進行方向の軸（z 軸）を含み x 軸から θ の角度をもつ面内の振動に限られている．この面を振動面または偏光面ともよぶ（なお昔は磁場の振動方向と光の進行方向をともに含む面を偏光面と定義することもあったので，この言葉を使うときは注意する必要がある）．さて式 (7.54) は確かにマクスウェル方程式の解であるが，マクスウェル方程式からこの偏角 θ はきまらない．すなわち θ はなんでもよいのである．実際に自然に存在する光（自然光）は θ について一様な分布をもっている．むしろ θ について一様でない分布をもっている電磁波を偏りをもった電磁波（光）という．その意味で，式 (7.54) は完全な偏りをもっているので，完全偏光といわれる．

式(7.54) において x, y の 2 つの成分の間で，振動の位相が 90° 異なっていても，やはりマクスウェル方程式の解である．すなわち

$$E_x = E_0 \cos(kz_0 \pm \omega t), \ \ E_y = E_0 \sin(kz_0 \pm \omega t) \tag{7.55}$$

このベクトルの先端は x-y 面内で，半径 E_0 の円周上を回転している（この場合，式 (7.52) のなかの θ を含む項は意味がないので省略した）．このような電磁波は円偏光しているという．進行波を正面からみて回転が右回り（時計回り）の場合を右円偏光，回転が左回りの場合を左円偏光という．式 (7.55) も完全偏光の 1 種である．式 (7.55) において x 成分と y 成分の振幅が異なる場合は，ベクトルの先端の軌跡が楕円となるので，楕円偏光という．

自然光は，振動の方向も，両成分の振動の振幅も，位相差もまったくランダムなものであるということになる．しかし，偏光子とか偏光板とよばれる光学素子を使うと自然光から偏光した光をつくることができる．自然光が物質によって反射される場合，反射率は電気ベクトルの振動方向に依存する．このため反射光はある程度偏光する．複屈折結晶では電気ベクトルの振動方向によって屈折率が異なる．たとえば電気ベクトルの振動方向を直交する 2 つの振動方向にわけて考えると，屈折角の違いを利用して透過後の両者を分離することができる．このようにして自然光を入射させて，直線偏光を取り出すことができる．もちろん偏光の分離は完全には行えない．透過光の偏光成分の強度と入射

光全強度の比を偏光度という．

直線偏光を円偏光に，あるいは円偏光を直線偏光に変換する光学素子もある．たとえば移相子とよばれる複屈折結晶では，その厚さ d を直線偏光の光が透過する間に，E_x 成分と E_y 成分に $\Delta=(n_x-n_y)d$ だけの光路差（屈折率と進行した長さの積）ができ，したがって両成分の振動の間には $\phi=2\pi(n_x-n_y)d/\lambda$ の位相差が生じる．$(n_x-n_y)d=\lambda/4$ であると $\phi=\pi/2$ となり式(7.55)と同様に両成分の位相差は 90° となる．もし両成分の振幅が等しければ[*1)]，直線偏光は透過後に円偏光に変換される．この物質に吸収がなければ，この変換はエネルギー的に 100 %の変換となる．このような素子をその厚さから 1/4 波長板という．

円複屈折結晶（旋光性結晶）といわれる物質は左右の円偏光に対して異なる屈折率をもつ．直線偏光は左右の円偏光に分解できるからこれを利用すれば直線偏光を円偏光に変換することも可能である．また位相のずれを π にすれば右回りから左回りに変換することも可能である．

円偏光の光は角運動量をもつと当初から考えられていたが，これが古典的な実験で実証されたのは比較的最近（1936 年）である．量子力学ことに分光学では原子・分子が光を吸収したり放出したりして，その状態を変化させる際に，角運動量も変化するので，光自身も角運動量をもっていることは光と物質の間の相互作用の重要な要件である．電磁波の角運動量については次節で改めて考察する．

近軸光の自由空間の伝播

最近レーザー光が空間を細いビームとなって伝播していく様子をみることがある．これは同じ自由空間を伝わるものでありながら，平面波や球面波とはかなり違った伝播の仕方（伝播モード）である．光軸に沿った狭い範囲に電磁波のエネルギーが局在して伝播している．その断面の強度分布をみると，光軸上で最大となり，軸からの距離 r のガウス関数で減少していくモードがよく実現する．このようなビームをガウスビームとよぶ．すぐ後に述べるように，ビーム断面の 2 次元強度分布がガウス関数とエルミート関数の積で表される伝播

*1) 吸収のない複屈折結晶には直交する直線偏光がともに偏光状態が変化せずに伝播できる方向があり，これを中性軸または主方向という．この中性軸に 45° の傾きをもった方向に振動する直線偏光を入射させるとこの条件が得られる．

モード，およびガウス関数とラゲール関数の積で表される伝播モードも存在する．これらをエルミート-ガウスビーム，ラゲール-ガウスビームとよぶ．これらは近似的にではあるが，マクスウェル方程式の解である（近軸光近似）．実はここにあげた両者は数学的にも，物理的にも互いに変換することが可能である．物理的な変換は，ビーム中に空間的に非対称の光学素子を挿入することで実現できる．たとえばエルミート-ガウスビームの光軸上に円筒型レンズを置くとラゲール-ガウスビームに変換される（図 7.5）．これらについてはガウス光学，近軸線光学という分野で詳しく論じられる．

電磁波は z 方向に伝播しているとする．たとえば電場は

$$\boldsymbol{E}(x, y, z) = \boldsymbol{u}(x, y, z)\exp[i\omega t - ikz]$$

のかたちをもつとする．振幅位相関数 $u(x, y, z)$ は，なお z（進行方向）の関数であるが，その z 依存性は，$\exp[-ikz]$ の z 依存性に比べても，x, y 方向の変化に比べても，はるかにゆっくりしていると仮定して，u の z についての二次微分の項を無視する．これを波動方程式

$$[\triangle + k^2]\boldsymbol{E}(x, y, z) = 0$$

に代入して解をもとめる．有限な広がりをもつ解はもはや完全な横波ではありえず，電場または磁場は進行方向の成分をもつ．しかし電場または磁場の 1 つの空間成分をゼロにしてもマクスウェル方程式を満足させられる．よく使われる伝播モードに次の 3 つが存在する．

平面電磁場モード（plane polarized electric magnetic mode）

電場および磁場の 1 つの成分がゼロになる解である．すなわち電磁場の各成分が

$$\begin{aligned} E_x &= E_0 u \exp[i\omega t - ikz] & B_x &= 0 \\ E_y &= 0 & B_y &= B_0 u \exp[i\omega t - ikz] \\ E_z &= E_0 \frac{1}{k}\frac{\partial u}{\partial x}\exp[i\omega t - ikz] & B_z &= -B_0 \frac{1}{k}\frac{\partial u}{\partial y}\exp[i\omega t - ikz] \end{aligned} \tag{7.56}$$

と書き表される．

TE モード（transverse electric mode）

電場のみが横波（z 成分がゼロ）で表現されるモード，すなわち

$$E_x = E_0 u \exp[i\omega t - ikz] \qquad B_x = -B_0 f \exp[i\omega t - ikz]$$
$$E_y = E_0 f \exp[i\omega t - ikz] \qquad B_y = B_0 u \exp[i\omega t - ikz] \tag{7.57}$$
$$E_z = 0 \qquad B_z = -B_0 \frac{1}{k}\left(\frac{\partial u}{\partial y} - \frac{\partial f}{\partial x}\right)\exp[i\omega t - ikz]$$

TM モード（transverse magnetic mode）

磁場のみが横波の伝播モード，すなわち

$$E_x = E_0 f \exp[i\omega t - ikz] \qquad B_x = B_0 u \exp[i\omega t - ikz]$$
$$E_y = -E_0 u \exp[i\omega t - ikz] \qquad B_y = B_0 f \exp[i\omega t - ikz] \tag{7.58}$$
$$E_z = iE_0 \frac{1}{k}\left(\frac{\partial u}{\partial y} - \frac{\partial f}{\partial x}\right)\exp[i\omega t - ikz] \qquad B_z = 0$$

上の 3 つのモードに共通のスカラー振幅位相関数 u は，ヘルムホルツ方程式とよばれる

$$\frac{\partial^2 u}{\partial x^2} + \frac{\partial^2 u}{\partial y^2} = 2ik\frac{\partial u}{\partial z} \tag{7.59}$$

の解であり，同じくスカラー関数 f は u から

$$\frac{\partial u}{\partial x} + \frac{\partial f}{\partial y} = 0 \tag{7.60}$$

の関係式によってもとめられる．ヘルムホルツ方程式の直交座標系での解はエルミート-ガウス関数であたえられる（たとえば，A.E. Siegman：“*Lasers*”, University Science Book（1968）をみよ）．すなわち

$$u_{nm}(x, y, z) = A\left(\frac{1}{w(z)}\right) \times H_n\left(\frac{\sqrt{2}x}{w}\right) H_m\left(\frac{\sqrt{2}y}{w}\right) \exp\left[-\frac{(x^2+y^2)}{w^2(z)}\right] \times \exp\left[-\frac{ik(x^2+y^2)}{2R} \times \exp[i(n+m+1)\Psi(z)]\right] \tag{7.61}$$

また円筒座標での解はラゲール関数とガウス関数の積で

$$u_{pl}(r, \theta, z) = B\left(1 + \frac{z^2}{{z_R}^2}\right)^{-1/2}\left(\frac{r}{w(z)}\right)^l \times L^l{}_p(2r^2/w^2(z)) \exp\left[-\frac{r^2}{w^2(z)}\right] \times \exp\left[-\frac{ikr^2}{2R}\right] \times \exp[-il\theta] \times \exp[i(2p+l+1)\Psi(z)] \tag{7.62}$$

によってあたえられる．これらは解の例であるが，エルミート-ガウス関数群（正しくは重み関数を乗じた $\exp[-\xi^2/2]H_n(\xi)$ の関数群）も，ラゲール関数群（正しくは重み関数を乗じた $\exp[-\eta/2]L_n(\eta)$ の関数群）も完全直交系をつくっ

ていて，いかなる関数もいずれかの関数群で展開できる．当然，両者もたがいにほかの関数群によって表される．

これらの式に現れるパラメーターはガウスビームを特徴づける定数で，その意味からビーム伝播の様子をだいたい知ることができる．ビームは回折により伝播とともに広がっていく．細いビームほど広がり方は急激である．エルミート関数またはラゲール関数が最低次で定数の場合には，振幅位相関数はたとえば

$$u = \left(\frac{2}{\pi}\right)^{1/2}\frac{\exp[-ikz+i\Psi(z)]}{w(z)}\exp\left[-\frac{x^2+y^2}{w^2(z)}-ik\frac{x^2+y^2}{2R(z)}\right] \tag{7.63}$$

となる．$w(z)$ はビームの半径で，その最小値（ウエスト）を w_0，それが存在する座標を $z = z_0$ とすると，

$$w(z) = w_0\sqrt{1+\left(\frac{z}{z_R}\right)^2} \tag{7.64}$$

のように，ビームは伝播とともに広がっていく．R は波面の曲率半径であるが，これも伝播とともに

$$R(z) = z+\frac{{z_R}^2}{z} \tag{7.65}$$

のように変化する（$z = 0$，すなわちウエストの位置で $R = \infty$ すなわち平面であるとしている）．波動の位相は軸上では

$$\exp[-ikz+i\Psi(z)] \tag{7.66}$$

で表され，平面波の位相（kz）から

$$\Psi(z) = \tan^{-1}\frac{z}{z_R} \tag{7.67}$$

だけシフトしている．$\Psi(z)$ はグイ（Gouy）位相とよばれる．これらの式に入っているパラメーター

$$z_R = \frac{1}{2}k{w_0}^2 = \frac{\pi {w_0}^2}{\lambda} \tag{7.68}$$

はレーリー長（rayleigh range）とよばれ，式 (7.64) から明らかなように，ビーム半径が $\sqrt{2}$ 倍（ビーム面積が 2 倍）になるまでの距離である．また光軸上の光強度 $I(z)$ の z 依存性を特徴づける定数でもある．すなわちウエストから十分はなれたところでは，光軸上の光強度は

$$I(z) = I(z=0)\times\frac{{z_R}^2}{z^2} \tag{7.69}$$

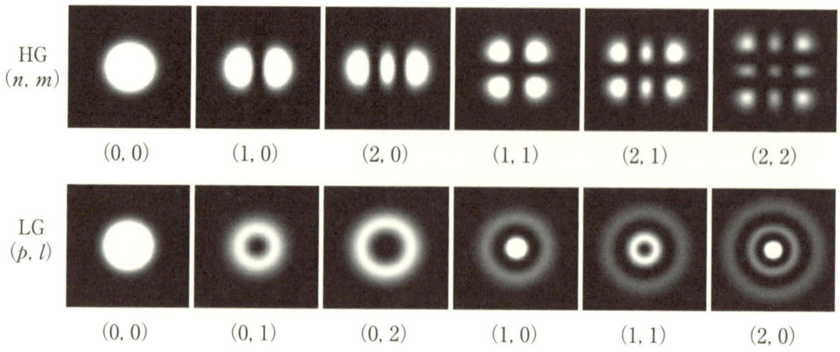

図 7.4　自由空間中を伝播する光ビーム断面の強度分布

近軸波動方程式の解であるエルミート-ガウスビーム HG（n, m）とラゲール-ガウスビーム LG（p, l）の計算例．次数が増すにつれて節線，節円の数が増す様子がわかる（慶應義塾大学理工学部物理学科佐々田博之教授のホームページより許諾をうけて転載）．

となる．

エルミート関数やラゲール関数の次数が上がると，ビーム断面に強弱のモード構造が現れる．この横モード構造を計算によってパターン化したものを図 7.4 に示す．x-y 平面（紙面）において，エルミート関数 $H_n(\sqrt{2}x/w)$ の指数 n は x 方向のノード（節）の数を，$H_m(\sqrt{2}y/w)$ の m は y 方向のノード（節）の数を表す．したがって $n=1$，$m=0$ のエルミート-ガウスビーム HG (1,0) は x 方向にゼロ点が 1 つあり，y 方向にはゼロ点のない（すなわちガウス関数そのもの）モード構造をもつ．HG (2,0) ビームは x 方向にゼロ点が 2 つあるモードである．HG (1,1) ビームは x, y 両方向にゼロ点が 1 つずつ存在する．以下同様にして，図 7.4 にみられるようなモードパターンが得られる．

ラゲール-ガウス・モード（LG モード）の強度（振幅の式(7.62) の 2 乗 uu^*）には r^{2l} の項があるので，$l=0$ のモード（図 7.4 の LG (0,0)，(1,0)，(2,0) のモード）以外のモードでは，$r=0$（光軸上）で強度はゼロである．そして $r^{2l}\times\exp[-2r^2/w^2(z)]$ の値が最大になる半径で強度が最大になる．その形からドーナッツモードとよばれる（図 7.4 の LG (0,1)，(0,2)）．$p\neq 0$ の高次のモードになるとラゲール関数 $L_p^l(2r^2/w^2(z))$ の p 個のゼロ点が現れるため同心円状のリングになる〔図 7.4 の LG (1,0)，(1,1)，(2,0)〕．

式 (7.62) の二乗強度 uu^* は角度 θ によらないが，$\exp[-il\theta]$ と $\exp[il\theta]$ の

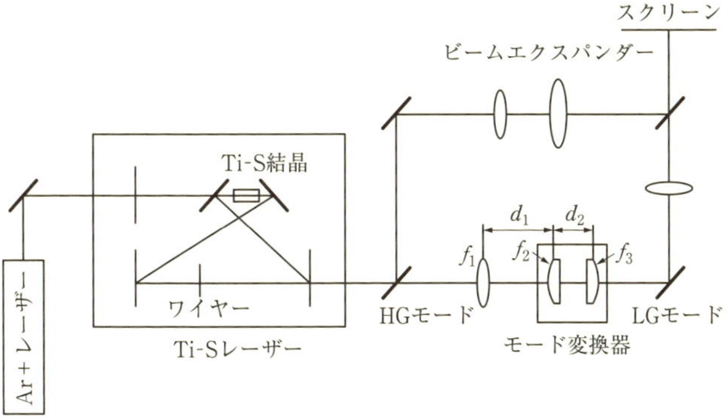

図 7.5　HG ビーム，LG ビームを発生させる実験装置

レーザーの光共振器のなかに HG モードの節線の位置にワイヤーを張ることにより，レーザーは HG (n, m) モードの光ビームを出力する．これを円筒レンズから構成させるモード変換器に通すことにより LG ビームに変換する．実際にはワイヤーまたは円筒レンズ系は軸の周りに 45° 傾ける．これを LG ビームに変換するには 45° 傾いた HG ビーム $(1/\sqrt{2})\mathrm{HG}(1,0)+(1/\sqrt{2})\mathrm{HG}(0,1)$ を円筒レンズ系に入れる必要があるからである（本文の説明参照）．凸レンズ焦点距離 $f_1 = 250$ mm，円筒レンズ間隔 $d_2 = 35$ mm，円筒レンズ間隔 $d_2 = 35$ mm（清水祐公子博士，学位論文「エルミート及びラゲールガウスビームによる冷却原子の運動制御」，東京大学広域科学（2001）より許諾をうけて転載）．

重ねあわせになるモードでは，$\cos 2l\theta$ の角度依存性をもつ．光軸のまわりに 1 回転する間に指数 l の大きさによっていくつかのゼロ点が現れる（たとえば $l = 3$ なら 6 つ）．

HG ビームや LG ビームを作りだす実験装置を図 7.5 に示す．高次の HG モードのビームは，たとえばレーザー共振器の中で，横モードのノード線の位置に細線を張ることによってつくられる．LG モードのビームは HG モードビームを円筒レンズ系に通すことでつくられる．これはラゲール関数とエルミート関数の間の数学的な関係，たとえば

$$\mathrm{LG}\,(0,1) = \frac{1}{\sqrt{2}}\mathrm{HG}\,(1,0) - \frac{i}{\sqrt{2}}\mathrm{HG}\,(0,1)$$

を使う．これを実現するには，x 方向と y 方向で光路長がことなる光学系（円筒レンズ系）に 2 つのエルミートビーム，たとえば y 方向に強度分布をもつ $(1/\sqrt{2})$ HG (1, 0) と x 方向に強度分布をもつ $(1/\sqrt{2})$ HG (0, 1) とを同時入射させ，それらの間に 90° の位相差をつくり，透過後それらを重ねあわせればよい．

7.3　電磁波が運ぶエネルギー・運動量・角運動量

エネルギーの伝播

任意の２つのベクトル $\boldsymbol{X}, \boldsymbol{Y}$ についてつぎの関係式が恒等的に成立する．

$$\mathrm{div}(\boldsymbol{X}\times\boldsymbol{Y}) = \boldsymbol{Y}\,\mathrm{rot}\,\boldsymbol{X} - \boldsymbol{X}\,\mathrm{rot}\,\boldsymbol{Y} \tag{7.70}$$

この式において，$\boldsymbol{X}=\boldsymbol{E}$，$\boldsymbol{Y}=\boldsymbol{B}$ とし，かつ真空中の $\mathrm{rot}\,\boldsymbol{E} = -\partial\boldsymbol{B}/\partial t$，$\mathrm{rot}\,\boldsymbol{B} = \varepsilon_0\mu_0(\partial\boldsymbol{E}/\partial t)$ の関係をそれぞれ代入すると

$$\begin{aligned}\frac{1}{\mu_0}\mathrm{div}(\boldsymbol{E}\times\boldsymbol{B}) &= \frac{1}{\mu_0}\boldsymbol{B}\,\mathrm{rot}\,\boldsymbol{E} - \frac{1}{\mu_0}\boldsymbol{E}\,\mathrm{rot}\,\boldsymbol{B}\\ &= \frac{1}{\mu_0}\boldsymbol{B}\left(-\frac{\partial\boldsymbol{B}}{\partial t}\right) - \boldsymbol{E}\left(\varepsilon_0\frac{\partial\boldsymbol{E}}{\partial t}\right)\\ &= -\frac{\partial}{\partial t}\left(\frac{\varepsilon_0}{2}\boldsymbol{E}^2 + \frac{1}{2\mu_0}\boldsymbol{B}^2\right)\end{aligned} \tag{7.71}$$

が得られる．この式の左辺に現れる

$$\boldsymbol{S} = \frac{1}{\mu_0}\boldsymbol{E}\times\boldsymbol{B} \tag{7.72}$$

というベクトルをポインティングベクトル（Poyinting vector）と名づける*2)．ここでポインティングベクトル $\boldsymbol{S}$ の次元を単位記号を使って確かめておく．

$$[\boldsymbol{S}] = \left[\frac{1}{\mu_0}\boldsymbol{E}\times\boldsymbol{B}\right] = \left[\frac{\mathrm{m\ kg\ s^{-3}\ A^{-1}\ kg\ s^{-2}\ A^{-1}}}{\mathrm{m\ kg\ s^{-2}\ A^{-2}}}\right] = \left[\frac{\mathrm{m^2\ kg\ s^{-2}}}{\mathrm{m^2\ s}}\right] = \left[\frac{\mathrm{J}}{\mathrm{m^2\ s}}\right]$$

となるから，この量の大きさは，単位面積を通り，単位時間に流れるエネルギーとなり，その方向はベクトル積の定義により，$\boldsymbol{E}$ にも $\boldsymbol{B}$ にも直角の方向（$\boldsymbol{k}$ の方向）である．また $(1/2)\varepsilon_0\boldsymbol{E}^2$ の次元（単位）は

$$\left[\frac{1}{2}\varepsilon_0\boldsymbol{E}^2\right] = [\mathrm{m^{-3}\ kg^{-1}\ s^4\ A^2(m\ \ kg\ \ s^{-3}\ A^{-1})^2}] = [\mathrm{m^{-1}\ kg\ \ s^{-2}}\ ] = \left[\frac{\mathrm{J}}{\mathrm{m^3}}\right]$$

で確かめられるように，単位体積あたりの電場のエネルギーである（2.8 節参照）．また式 (7.51) を使えば

$$\frac{1}{2}\varepsilon_0|\boldsymbol{E}|^2 = \frac{1}{2}\varepsilon_0 c_0{}^2|\boldsymbol{B}|^2 = \frac{1}{2\mu_0}|\boldsymbol{B}|^2 \tag{7.73}$$

であるから，電場のエネルギー密度と磁場のエネルギー密度は等しい．もちろ

---

*2)　ポインティングベクトルには通常 $\boldsymbol{S}$ の記号を用いる．面積ベクトル $\boldsymbol{S}$ と同じ式に現れることもあるので注意する必要がある．

ん後者の体積密度 $(1/2\mu_0)\boldsymbol{B}^2$ も同じ次元になる．また

$$|\boldsymbol{S}| = \frac{1}{\mu_0}|\boldsymbol{E}||\boldsymbol{B}| = \frac{1}{\mu_0 c_0}|\boldsymbol{E}|^2 = c_0\varepsilon_0|\boldsymbol{E}|^2 = c_0 U \tag{7.74}$$

ただし

$$U = \varepsilon_0|\boldsymbol{E}|^2 = \frac{1}{2}\varepsilon_0|\boldsymbol{E}|^2 + \frac{1}{2\mu_0}|\boldsymbol{B}|^2 \tag{7.75}$$

であるので，ポインティングベクトルの大きさは，電磁場のエネルギーの体積密度に光速を乗じたものとなる．一般に適切な物理量の体積密度に速度をかけると，その物理量の単位面積・単位時間あたりの流れの量がもとまる．

有限な大きさの閉曲面に囲まれた体積について，式 (7.71) の両辺を積分すると，まず左辺はガウスの定理によって

$$\iiint_V \frac{1}{\mu_0}\,\mathrm{div}(\boldsymbol{E}\times\boldsymbol{B})\mathrm{d}V = \iiint_V \mathrm{div}\,\boldsymbol{S}\mathrm{d}V = \iint_S S_n \mathrm{d}S \tag{7.76}$$

が得られるから，これは閉曲面の表面から出て行くポインティングベクトルの総和である．一方，右辺は閉曲面内にある全エネルギーの減少を表す．すなわちポインティングベクトル $\boldsymbol{S} = (1/\mu_0)\boldsymbol{E}\times\boldsymbol{B}$ は閉曲面表面の単位面積を通って流れ出ていくエネルギーであり，式 (7.71) は有限の体積について，エネルギーの収支を表現している．

以上の関係式は一般の媒質のなかでも，正味の電荷，電流がなく，ε や μ を定数として扱えれば，形式的に ε_0, μ_0 をそれぞれ ε, μ に置きかえれば，そのままの形で成立する．電流が存在する場合には $\mathrm{rot}\,\boldsymbol{B} = \mu\boldsymbol{i} + \varepsilon\mu(\partial\boldsymbol{E}/\partial t)$ となるので，式 (7.71) は

$$-\frac{\partial}{\partial t}\left(\frac{\varepsilon}{2}\boldsymbol{E}^2 + \frac{1}{2\mu}\boldsymbol{B}^2\right) = \frac{1}{\mu}\mathrm{div}(\boldsymbol{E}\times\boldsymbol{B}) + \boldsymbol{E}\boldsymbol{i} \tag{7.77}$$

となりジュール熱に相当するエネルギーの損失が現れる．媒質内に誘起される分極 $\boldsymbol{P} = \varepsilon_0\chi_{\mathrm{e}}\boldsymbol{E}$ や磁化 $\boldsymbol{M} = (\chi_{\mathrm{m}}/\mu_0)\boldsymbol{B}$ を陽にかくと，

$$\mathrm{rot}\,\boldsymbol{B} = \mu_0\,\mathrm{rot}\,\boldsymbol{H} + \mu_0\,\mathrm{rot}\,\boldsymbol{M} = \mu_0(\varepsilon_0\dot{\boldsymbol{E}} + \dot{\boldsymbol{P}}) + \mu_0\,\mathrm{rot}\,\boldsymbol{M}$$

であるから式 (7.71) は

$$\frac{1}{\mu_0}\mathrm{div}(\boldsymbol{E}\times\boldsymbol{B}) = -\frac{1}{\mu_0}\boldsymbol{B}\dot{\boldsymbol{B}} - \boldsymbol{E}(\varepsilon_0\dot{\boldsymbol{E}} + \dot{\boldsymbol{P}}) - \boldsymbol{E}\boldsymbol{i} - \boldsymbol{E}\,\mathrm{rot}\,\boldsymbol{M} \tag{7.78}$$

となる．ここで $\mathrm{rot}\,\boldsymbol{M}$ は磁場に誘導される電流の次元をもった量であるから，

これを $\boldsymbol{i}_{\mathrm{m}}$ とかき，整理すると

$$-\frac{\partial}{\partial t}\left(\frac{\varepsilon_0}{2}\boldsymbol{E}^2+\frac{1}{2\mu_0}\boldsymbol{B}^2\right)=\frac{1}{\mu_0}\mathrm{div}(\boldsymbol{E}\times\boldsymbol{B})+\boldsymbol{E}\boldsymbol{i}+\boldsymbol{E}\dot{\boldsymbol{P}}+\boldsymbol{E}\boldsymbol{i}_{\mathrm{m}} \qquad (7.79)$$

の関係が得られる．すなわち単位体積で費やされる電磁エネルギーは，その点から流れ出ていくポインティングベクトルのほかに，その点で発生するジュール熱と分極電流による発熱と磁化電流による発熱との和になることがわかる．ただし後に議論するようにジュール熱はいつでも発生するが，後の 2 つは必ずしも発生するとは限らない．電場または磁場に対する応答として分極 $\boldsymbol{P}$ あるいは磁化 $\boldsymbol{M}$ が現れるわけであるが，上記の電流はこれを時間または空間で 1 回微分するので，原因と応答との間で $\pi/2$ の位相差ができるからである．原因と応答との間で時間の遅れがない場合には，時間平均はゼロとなり，これらの損失は現れない（7.4 節参照）．

電磁波がエネルギーを運ぶということは，われわれの日常の経験からみても容易に理解できることであるが，運動量をもつということはすぐには納得できないかもしれない．力学によれば，運動量は質量にともなわれるものであるが，電磁波が質量をもっているとは考えられないからである．しかし，電磁波が荷電粒子に力をあたえてその運動状態を変化させ，したがってその力学的運動量を変化させる以上，電磁波もやはり運動量をもつと考えないわけにはいかない．電磁波も運動量をもつとすれば，電磁波と荷電粒子との相互作用においても，力学的運動量保存の法則が成立することになる．

運動量をもつからには，電磁波が物体にあたった場合圧力を及ぼすはずである．しかし，巨視的現象においてその効果がわれわれの眼にふれることはほとんどない．その圧力の大きさはごく小さいものと考えられる．電磁波が非常に強くなったときはその効果がみられることが期待される．事実，最近になって，レーザーという非常に強力な光源を使って，実際に物体を動かし光の圧力を具体的に示した実験が行われた．天体現象では，たとえば彗星の尾が太陽と反対方向に流されるが，これは太陽からくる光の圧力によるものと考えられている．

ミクロの世界ではこの光の圧力は重要な役割を演じる．すぐ後に述べるように光子は運動量 $h\nu/c$ をもつので，原子が光子を吸収あるいは放出する場合，原子は光子からの反跳を受け，その運動エネルギーが変化する．すなわち光子のエネルギーは，原子の内部エネルギー（エネルギー準位間の遷移で生じるエ

ネルギー）と原子の運動エネルギーの変化分と釣り合う．このため共鳴周波数がずれることになる．また一方向からくる光子を多数回吸収すると原子は次第に減速されることになる．このため（少なくとも特定の方向の）熱エネルギーは減少する．複数のレーザー光を適切に原子に照射することで，原子を空間の一点にほとんど止めてしまうことができる．これを原子のレーザー冷却という．

さてもとにもどって，古典論の範囲内で，電磁波のもつ運動量の表式をもとめるには，電磁波が荷電粒子にあたえる力を詳細に調べてみればよい．力は運動量の時間微分であたえられるからである．電磁場があたえる力を静電磁気学で得られているもの（4.3 節）と矛盾しないように，時間に依存する場合について拡張していこう．マクスウェルの応力テンソルは式 (4.32)

$$T_{ik} = \varepsilon E_i E_k - \frac{\varepsilon}{2}\delta_{ik}\boldsymbol{E}^2 + \frac{1}{\mu}B_i B_k - \frac{1}{2\mu}\delta_{ik}\boldsymbol{B}^2 \qquad (7.80)$$

と同じ式（時間の関数）で表されることがわかっている．ここで，E_i，B_k などは直交座標系における $\boldsymbol{E}$，$\boldsymbol{B}$ の成分，δ_{ik} はクロネッカー（Kronecker）の δ 記号 ($\delta_{ii} = 1$，$\delta_{ik} = 0\ (i \neq k)$) である．

まず，式 (7.80) の電場の部分だけを考えてみよう．面積 S を通して x 方向に働く力は，応力の定義によって

$$F_x \iint_S T_{xx}\,\mathrm{d}y\mathrm{d}z + T_{xy}\,\mathrm{d}z\mathrm{d}x + T_{xz}\,\mathrm{d}x\mathrm{d}y \qquad (7.81)$$

であるが，(T_{xx}, T_{xy}, T_{xz}) をベクトルの成分と考えて，式 (7.81) にガウスの定理を適用すると，面積積分が次の体積積分にかきかえられる．

$$F_x = \iiint_v \left(\frac{\partial T_{xx}}{\partial x} + \frac{\partial T_{xy}}{\partial y} + \frac{T_{xz}}{\partial z}\right)\mathrm{d}V \qquad (7.82)$$

式 (7.80) より

$$T_{xx} = \frac{\varepsilon}{2}(E_x{}^2 - E_y{}^2 - E_z{}^2)$$
$$T_{xy} = \varepsilon E_x E_y$$
$$T_{xz} = \varepsilon E_x E_z$$

であるから，これらを式 (7.82) に代入して整理すると

$$F_x = \iiint_v \left[\varepsilon E_x\left(\frac{\partial E_x}{\partial x} + \frac{\partial E_y}{\partial y} + \frac{\partial E_z}{\partial z}\right) + \varepsilon E_z\left(\frac{\partial E_x}{\partial z} - \frac{\partial E_z}{\partial x}\right) - \varepsilon E_y\left(\frac{\partial E_y}{\partial x} - \frac{\partial E_x}{\partial y}\right)\right]\mathrm{d}V$$
$$= \varepsilon \iiint_v [\mathrm{div}\,\boldsymbol{E}\cdot E_x + E_z(\mathrm{rot}\,\boldsymbol{E})_y - E_y(\mathrm{rot}\,\boldsymbol{E})_z\,]\mathrm{d}V$$

$$= \iiint_v \left[\rho E_x + \left(\varepsilon \boldsymbol{E}_x \times \frac{\partial \boldsymbol{B}}{\partial t}\right)_x\right] \mathrm{d}V \tag{7.83}$$

が得られる．ただし計算の途中で $\varepsilon\,\mathrm{div}\,\boldsymbol{E} = \rho$ および $\mathrm{rot}\,\boldsymbol{E} = -\partial\boldsymbol{B}/\partial t$ の関係が使われている．式 (7.81) をベクトルで表現すると，電荷に働く力として

$$\boldsymbol{F} = \iiint_v \left(\rho\boldsymbol{E} + \varepsilon\boldsymbol{E} \times \frac{\partial \boldsymbol{B}}{\partial t}\right) \mathrm{d}V \tag{7.84}$$

が得られる．なお静電気学の場合は，$\mathrm{rot}\,\boldsymbol{E} = 0$ であるので，力はいわゆるクーロン力 $\rho\boldsymbol{E}$ だけなのであるが，磁場の時間的変化がある電磁力学の場合には，$\varepsilon\boldsymbol{E}\times(\partial\boldsymbol{B}/\partial t)$ の力が付け加わっていることが重要な点である．この力の原因となっているものは，もちろん $\mathrm{rot}\,\boldsymbol{E} = -\partial\boldsymbol{B}/\partial t$，すなわち電磁誘導である．

式 (7.80) の磁場の部分についても同様の計算ができる（演習問題 7.1 参照）．その結果，電磁力学は

$$\boldsymbol{F} = \iiint_v \left(\rho\boldsymbol{E} + \boldsymbol{D} \times \frac{\partial \boldsymbol{B}}{\partial t} + \boldsymbol{i} \times \boldsymbol{B} - \varepsilon\boldsymbol{B} \times \frac{\partial \boldsymbol{E}}{\partial t}\right) \mathrm{d}V$$

$$= \iiint_v \left[\rho\boldsymbol{E} + \boldsymbol{i} \times \boldsymbol{B} + \varepsilon\frac{\partial}{\partial t}(\boldsymbol{E} \times \boldsymbol{B})\right] \mathrm{d}V \tag{7.85}$$

であたえられることになる．この式をみると，クーロン力 $\rho\boldsymbol{E}$，アンペール力 $\boldsymbol{i}\times\boldsymbol{B}$ のほかに

$$\varepsilon\frac{\partial}{\partial t}(\boldsymbol{E} \times \boldsymbol{B}) \tag{7.86}$$

という力が働くことがわかる．この力は電荷 ρ，電流 $\boldsymbol{i}$ には比例しない力である．したがってこの力は電磁波自身がもっているものから生じていると考えざるを得ない．運動量の時間微分が力となるので，$\varepsilon\boldsymbol{E}\times\boldsymbol{B} = (1/c^2)\boldsymbol{S}$ を電磁波のもつ運動量の体積密度と定義しておけばよい．これに光速 c を乗じた

$$\boldsymbol{G} = c\varepsilon\boldsymbol{E} \times \boldsymbol{B} = \frac{1}{c}\frac{1}{\mu}\boldsymbol{E} \times \boldsymbol{B} = \frac{\boldsymbol{S}}{c} \tag{7.87}$$

という量は，単位面積を通って，単位時間に流れる運動量と考えられる．エネルギーの流れであるポインティングベクトル $\boldsymbol{S}$ とは，光速 c の次元が違うだけである．

電磁波のもつ運動量の流れとエネルギーの流れ間の式 $|\boldsymbol{G}| = (1/c)|\boldsymbol{S}|$ の関係は，電磁場の量子化によって現れる光子のエネルギーが $h\nu$，運動量が $h\nu/c$ であることに対応している．また，相対論的なエネルギー E と運動量 p の関係式

$$E^2 = p^2c^2+(mc^2)^2 \tag{7.88}$$

において，質量がゼロの場合の

$$p = \frac{E}{c} \tag{7.89}$$

にも対応している．電磁波の運動量という概念は，相対論的な新しい概念，すなわち，質量がなくてもエネルギーにともなって運動量が現れるという事実と整合している．

角運動量の伝播

電磁波は量子力学でみれば光子の集団の流れである．素粒子としての光子はスピン角運動量 $\hbar$ をもつ．光子の集団が個々の光子エネルギー $h\nu$ の整数倍のエネルギー，個々の光子の運動量 $h\nu/c$ の整数倍の運動量を運ぶのであれば，角運動量 $\hbar$ の整数倍の角運動量を運ぶはずであるが，これは前 2 者に比べてなかなか検出できなかった．エネルギーと運動量についてはすべての光子のそれらが進行方向にそろっているが，角運動量については進行方向に対して，右回りと左回りとがあり，その重ねあわせは多数の平均ではゼロになってしまうからである．前節で述べた円偏光の場合には，この対称性がやぶれるから，角運動量が検出される可能性がある．実際，ベス（Beth）は 1/2 波長板に円偏光を透過させ，逆回りの円偏光に変換させた場合に，その反作用として（角運動量の保存原理から）波長板に回転のトルクが生じることを測定した〔Phys. Rev.50, 115（1936）〕. 円偏光が角運動量をもっていた実験的な証拠である．古典物理学と量子力学の言葉が混在してはいるが，これを電磁波がもつスピン角運動量といっておこう．

電磁波は軌道角運動量に相当するものをもつことができるであろうか．平面波や球面波は対称性から考えて角運動量をもたないであろう．実際に式(7.87)の運動量密度の流れ $\boldsymbol{G}$ は，$\boldsymbol{E}$ にも $\boldsymbol{B}$ にも直交，すなわち電磁波の進行方向を向いているから，任意の点からみたこの運動量の能率（角運動量）$\boldsymbol{r}\times\boldsymbol{G}$ には $\boldsymbol{G}$ の方向すなわち進行方向の成分は現れない．

しかし電磁波の強度・位相について，特別な空間分布をもった電磁波には角運動量の進行方向成分ができるかもしれない．アレン（Allen）らは，前節で述べたラゲール-ガウスモードの近軸光の光ビームは進行方向に巨視的な角運動量をもつことを示した（*Phys. Rev. A*, 45, 8185（1992））．前節の式(7.62）の

ラゲール-ガウスビームの表式において，軸のまわりの角 θ を変数とする関数

$$\exp[-il\theta]$$

は，量子力学の波動関数が，軸のまわりに $l\hbar$ の角運動量をもつ関数形と同一である．この項があるために，$l \neq 0$ のラゲールビームは進行方向に角運動量をもつことになる．

$$E(r, \theta, z) = u_{pl}(r, \theta, z)\exp[i\omega t - ikz]$$

において空間座標に直接依存する位相の項は，式 (7.62) を参照して

$$\exp[-ikz - il\phi]$$

であるから，位相が等しくなる点の軌跡は

$$-kz - l\phi = \mathrm{const}$$

で表されるらせんの方程式に従う．すなわち近似的な等位相面は進行方向にらせん状の面をつくる．この面に直角な運動量成分は進行方向に対して傾いているので，いたるところで偏角 θ 方向の成分をもつことになる．この成分は全空間で和をとっても消えない．したがって $\boldsymbol{r}\times\boldsymbol{p}_0$ からできる進行方向の角運動量は有限な値をもつこととなる．これを電磁波の軌道角運動量とよぼう．軸からの距離ベクトルを $\boldsymbol{r}$ とすると，運動量の体積密度は $(1/c^2)\boldsymbol{S} = (1/c^2\mu)\boldsymbol{E}\times\boldsymbol{B}$ であるから，角運動量密度は $(1/c^2\mu)\boldsymbol{r}\times(\boldsymbol{E}\times\boldsymbol{B})$ であり，単位面積あたりの角運動量の流れは $(1/c\mu)\boldsymbol{r}\times(\boldsymbol{E}\times\boldsymbol{B})$ であたえられる．

電磁波の運ぶ軌道角運動量は断面がリング状の強度分布をもつラゲール-ガウス・ビームを微粒子の水溶液にあて，微粒子の回転する流れによって，実験的にも確かめられている．

一方で電磁波のもつスピン角運動量は光子１つ１つがもつ角運動量として分光学的に確認されている．原子や分子が光を吸収または放出して角運動量の異なる準位に遷移する場合にはその角運動量の変化は“主として”電磁波のスピン角運動量から供給される．“主として”とかいたのは軌道角運動量が遷移に関与する場合もあるからである（12.5 節参照）．

■ 演習問題 7.1

マクスウェルの応力テンソルのうち磁場による項

$$T_{ik} = \frac{1}{\mu}\boldsymbol{B}_i\boldsymbol{B}_k - \frac{1}{2\mu}\delta_{ik}\boldsymbol{B}^2$$

から導かれる力は

$$\boldsymbol{F} = \iiint\left(\boldsymbol{i}\times\boldsymbol{B}-\varepsilon\boldsymbol{B}\times\frac{\partial\boldsymbol{E}}{\partial t}\right)\mathrm{d}V$$

の形にかけることを示せ.

〔解　答〕

たとえば力の x 成分を考えると

$$\begin{aligned}
F_x &= \iiint\left\{\frac{\partial T_{xx}}{\partial x}+\frac{\partial T_{xy}}{\partial y}+\frac{\partial T_{xz}}{\partial z}\right\}\mathrm{d}V\\
&= \iiint\frac{\partial}{\partial x}\left\{\frac{1}{2\mu}(B_x{}^2-B_y{}^2-B_z{}^2)+\frac{\partial}{\partial y}\frac{1}{\mu}B_xB_y+\frac{\partial}{\partial z}\frac{1}{\mu}B_xB_z\right\}\mathrm{d}V\\
&= \frac{1}{\mu}\iiint\left(B_x\frac{\partial B_x}{\partial x}-B_y\frac{\partial B_y}{\partial x}-B_z\frac{\partial B_z}{\partial x}+B_x\frac{\partial B_y}{\partial y}+B_y\frac{\partial B_x}{\partial y}+B_x\frac{\partial B_z}{\partial z}+B_z\frac{\partial B_x}{\partial z}\right)\mathrm{d}V\\
&= \frac{1}{\mu}\iiint\{B_x\,\mathrm{div}\,\boldsymbol{B}+(\mathrm{rot}\,\boldsymbol{B}\times\boldsymbol{B})_x\}\mathrm{d}V\\
&= \iiint\left\{\left(\boldsymbol{i}+\varepsilon\frac{\partial\boldsymbol{E}}{\partial t}\right)\times\boldsymbol{B}\right\}_x\mathrm{d}V
\end{aligned}$$

となる.

7.4　電磁波に対する媒質の応答—物質の電磁気的特性を記述する古典的パラメーター—

媒質中の電磁波の伝播を論じるのに先だって，電場・磁場に対する媒質の応答を表す物質定数について，古典論の範囲で検討しておこう．媒質の応答は3つの独立な定数，誘電率 $\varepsilon=\varepsilon_0+\varepsilon_0\chi_\mathrm{e}$，透磁率 $\mu=(1/\mu_0-\chi_\mathrm{m}/\mu_0)^{-1}$，電気伝導率 σ で表され，これらの定数がマクスウェルの方程式に現れている．再三述べたように，これらが定数であれば，真空中での電磁波の伝播の議論は，定数を $\varepsilon\to\varepsilon_0$，$\mu\to\mu_0$ に置きかえるだけでそのまま成立する．ただし σ が有限なときは次節で述べるように減衰項が現れる．電気感受率 χ_e はベクトルとベクトルを結ぶ式 $\boldsymbol{P}=\varepsilon_0\chi_\mathrm{e}\boldsymbol{E}$ のなかに現れる量なので，一般にはテンソルである．実際，結晶など電気的に等方的でない媒質ではテンソル量として扱わなければならない．また非常に強い電場に対しては定数にならず，それ自身が電場の関数になる．その場合，電磁波は伝播とともに周波数が2倍，3倍，……となる高調波が発生したりする（非線形光学現象）．またこれらの量は電磁波の周波数にも依存する．磁気感受率も強磁性体などに対しては非線形性と履歴現象を示しさらに複雑な現象をあたえる．

物質定数を論じるには量子力学が必要である．その雛形は 12.2 で示される．ここでは，物質定数は定数であるとして，話を進める．ただし原因に対して，結果の位相が遅れる場合を表現するために，複素数であるとする．

位相の遅れを論じるために，まず式 (7.78) に現れた $\boldsymbol{E}\dot{\boldsymbol{P}}$ の項を検討しよう．$\boldsymbol{P}=\varepsilon_0\chi_e\boldsymbol{E}$ において χ_e が実数ならば，$\boldsymbol{P}$ と $\boldsymbol{E}$ とは同位相で，入射した電場が $\boldsymbol{E}=\boldsymbol{E}_0\cos(\boldsymbol{kr}-\omega t)$ ならば $\boldsymbol{P}=\varepsilon_0\chi_e\boldsymbol{E}_0\cos(\boldsymbol{kr}-\omega t)$ である．したがって

$$\begin{aligned}\boldsymbol{E}\dot{\boldsymbol{P}}&=\omega\varepsilon_0\chi_e\boldsymbol{E}_0\cos(\boldsymbol{kr}-\omega t)\sin(\boldsymbol{kr}-\omega t)\\&=\frac{1}{2}\omega\varepsilon_0\chi_e\boldsymbol{E}_0\sin 2(\boldsymbol{kr}-\omega t)\end{aligned}\tag{7.90}$$

となる．この関数は，空間の各点で，電磁波の周期 $T=2\pi/\omega$ にわたって積分すれば，ゼロとなる．すなわちこの項は媒質と電磁波の間でエネルギーのやり取りをしていることを表し，時間平均としてゼロになる．$\boldsymbol{P}$ が $\boldsymbol{E}$ に対して遅れていて

$$\boldsymbol{P}=\varepsilon_0\chi_e\boldsymbol{E}_0\cos(\boldsymbol{kr}-(\omega t-\phi))$$

と表されるすると

$$\begin{aligned}\boldsymbol{E}\dot{\boldsymbol{P}}&=\omega\varepsilon_0\chi_e\boldsymbol{E}_0{}^2\cos(\boldsymbol{kr}-\omega t)\sin(\boldsymbol{kr}-\omega t+\phi)\\&=\frac{1}{2}\omega\varepsilon_0\chi_e\boldsymbol{E}_0{}^2[\sin 2(\boldsymbol{kr}-\omega t)\cos\phi+\cos 2(\boldsymbol{kr}-\omega t))\sin\phi+\sin\phi]\end{aligned}\tag{7.91}$$

となる．括弧内の第 1 項と第 2 項は時間平均でゼロとなる．結局第 3 項だけが残り，

$$\frac{1}{T}\int_0^T\boldsymbol{E}\dot{\boldsymbol{P}}\mathrm{d}t=\frac{1}{2}\omega\varepsilon_0\chi_e\boldsymbol{E}_0{}^2\sin\phi\tag{7.92}$$

が有限な値となる．これは誘電損失とよばれる．電磁波の周波数が高くなるほど $\boldsymbol{P}$ が $\boldsymbol{E}$ に追随できず，位相の遅れが顕著になり，損失が大きくなる．そのためこの効果は高周波損失ともよばれる．

電磁場の複素数表示と相まって，物質定数も複素数で記述すると計算が楽になる．上記の位相の遅れなどは物質の性質であるので，この効果を物質定数のなかに組み入れるほうが，合理的である．分極が時間遅れをもつ場合に，電気感受率を複素数

$$\chi_e=\chi_r-i\chi_i=|\chi_e|e^{-i\phi}\tag{7.93}$$

で定義する．ここで ϕ は位相の遅れで，$\tan\phi=\chi_i/\chi_r$ である．つまり物質定

数に虚数部分があるということは，時間遅れがあるということである．したがって

$$\boldsymbol{P} = \varepsilon_0|\chi_e|e^{-i\phi}\boldsymbol{E}_0\, e^{i\omega t}$$
$$\dot{\boldsymbol{P}} = i\omega\varepsilon_0|\chi_e|\boldsymbol{E}_0\, e^{i(\omega t-\phi)} \tag{7.94}$$

であるが，$\boldsymbol{E}\dot{\boldsymbol{P}}$ の計算は，線形演算ではないので，注意が必要である．交流理論と同じに，発熱の時間平均を

$$\langle \boldsymbol{E}\dot{\boldsymbol{P}}\rangle = \mathrm{Re}\left(\frac{1}{2}\boldsymbol{E}\dot{\boldsymbol{P}}^*\right) \qquad (\dot{\boldsymbol{P}}^* \text{ は } \dot{\boldsymbol{P}} \text{ の複素共役}) \tag{7.95}$$

から計算すると約束しておくと，時間に依存する項は打ち消し合って，

$$\mathrm{Re}\left(\frac{1}{2}\boldsymbol{E}\dot{\boldsymbol{P}}^*\right) = \mathrm{Re}\left(-\frac{1}{2}i\omega\varepsilon_0|\chi_e|\boldsymbol{E}_0{}^2\mathrm{e}^{-i\phi}\right) = \frac{1}{2}\omega\varepsilon_0|\chi_e|\boldsymbol{E}_0{}^2\sin\phi \tag{7.96}$$

のように，式 (7.92) と同じ結果が自動的に得られて便利である．

式 (7.74) の磁気損失に該当する項 $\boldsymbol{E}\boldsymbol{i}_M = \boldsymbol{E}\ \mathrm{rot}\,\boldsymbol{M}$ には時間微分の演算が入っていないが，$\boldsymbol{M} = (\chi_\mathrm{m}/\mu_0)\boldsymbol{B}$ に，たとえば $\boldsymbol{B} = \boldsymbol{B}_0\cos(\boldsymbol{kr}-\omega t)$ からの時間遅れがないとすると，

$$(\mathrm{rot}\,\boldsymbol{M})_x = (\chi_\mathrm{m}/\mu_0)(-B_0{}^zk_y + B_0{}^yk_z)\sin(\boldsymbol{kr}-\omega t)$$

などであるから，

$$\boldsymbol{E}\boldsymbol{i}_\mathrm{M} = \boldsymbol{E}\,\mathrm{rot}\,\boldsymbol{M} = -(\chi_\mathrm{m}/\mu_0)\boldsymbol{E}_0(\boldsymbol{B}_0\times\boldsymbol{k})\cos(\boldsymbol{kr}-\omega t)\sin(\boldsymbol{kr}-\omega t) \tag{7.97}$$

と計算されて，この項の時間平均はやはりゼロになる．

媒質のなかに自由に動き得る電子がある場合には，$\boldsymbol{i} = \sigma\boldsymbol{E}$ の関係で電流が誘導される．しかしその様子は，プラズマのように希薄な媒質と金属のように密度の高い媒質では大きく異なってくる．伝導率を複素数で表示するならば，後者では実数であるが，前者では純虚数となる．まず金属（例として銅）とプラズマ（例として高度 300 km 付近の電離層）について，粒子密度 N，電子密度 n，平均電子速度 v，電子の平均自由行程 l，電子の平均自由飛行時間 τ の値を概算してみよう．これらの量の間には $(1/2)mv^2 = kT$，$l = v\tau = 1/Ns$ などの関係がある（T はケルビン温度，s は電子と粒子の間の衝突断面積）．上層大気の組成は $O^+ + e^-$，圧力は 8.8×10^{-8} hPa，温度は 976 K と仮定した．

この表 7.2 からわかることは，平均自由飛行時間が金属の場合とプラズマの場合とでは極端に違うことである．金属の場合には，電磁波の周波数が非常に高くないかぎり，電子が飛行している間はほぼ一定の電場を受けていると考え

表 7.2　金属とプラズマの平均自由飛行時間の違い

	$N\,[\mathrm{m}^{-3}]$	$n\,[\mathrm{m}^{-3}]$	$l\,[\mathrm{m}]$	$v\,[\mathrm{m/s}]$	$\tau\,[\mathrm{s}]$
プラズマ	4×10^{14}	10^{12}	10^{5}	1.8×10^{5}	0.6
金属	8.5×10^{28}	8.5×10^{28}	3×10^{-10}	10^{5}	3×10^{-15}

てよい．プラズマの場合には飛行中に電場によって，加速減速がおびただしい回数繰り返される．この差が伝導度に如実に現れる．

実は金属の場合には，7.5 節で述べるように周波数の低い電磁波は金属内に進入できない．しかし金属内に変化する電場があるとして伝導率は計算できる．表 7.2 から $1/\tau\sim3\times10^{14}\,\mathrm{s}^{-1}$ なので，波長 1 cm のマイクロ波 ($\omega\sim2\times10^{11}$ Hz) でもまだ $\omega\ll1/\tau$ であり，5.3 節で述べた静電場の場合の議論がそのまま使える．すなわち

$$m\boldsymbol{v} = -e\boldsymbol{E}\tau \tag{5.31}$$

$$\boldsymbol{i} = ne\boldsymbol{v} = \frac{ne^2\tau}{m}\boldsymbol{E} = \sigma\boldsymbol{E} \tag{5.30}$$

から

$$\sigma = \frac{ne^2\tau}{m} \tag{7.98}$$

が導かれる．この式に表の値を代入してみると

$$\sigma = 7.2\times10^{7}\ \Omega^{-1}\mathrm{m}^{-1}$$

となり，その逆数の比抵抗は

$$\rho = 1/\sigma = 1.4\times10^{-8}\ \Omega\,\mathrm{m}$$

となり，多くの金属の比抵抗の実測値に近い値となる．σ が実数の場合にはジュール損失 $\boldsymbol{E}\boldsymbol{i} = \sigma\boldsymbol{E}^2$ が起こる．

プラズマの場合には電子が飛行する間 $\boldsymbol{E}$ が一定とはいえないので，

$$m\frac{\mathrm{d}\boldsymbol{v}}{\mathrm{d}t} = e\boldsymbol{E}_0\,e^{i\omega t}$$

の式から出発する．これを積分して

$$m\boldsymbol{v} = \frac{1}{i\omega}e\boldsymbol{E}_0\,e^{i\omega t}$$

したがって，

$$\sigma = -i\,\frac{ne^2}{m\omega} \tag{7.99}$$

が得られる．式 (7.98) の σ が実数であるのに対して，この式の σ は純虚数である．この場合電場に誘導される電流は $\pi/2$ だけ位相が遅れていることにな

る．次節で詳しく論じるようにこの場合，電磁波の損失（ジュール損失）が発生しない．金属の場合でも $\omega \gg (1/\tau)$ が成立するほどの高周波の電磁波（X 線や γ 線）に対しては，電気伝導率はプラズマ的になりジュール損失は発生しない．

誘電体と総称される多くの固体・液体では比誘電率 $\varepsilon/\varepsilon_0 = 1+\chi_e$ の値は 2 から 10 ぐらいの間にある．水の場合は，特に大きくて 88 程度になる．また位相遅れを表す $\tan\phi$ の値は 10^{-4} から 10^{-2} の値をとる．気体の場合には χ_e の値が近似的に（圧力）に比例し，ケルビン温度の 2 乗に逆比例するが，1 気圧・常温で 10^{-4} から 10^{-2} の間の値をとる．金属の場合にも誘電率は考えられないわけではなく，その値は誘電体の場合より数桁大きくなると考えられるが，電子にあたえる効果は伝導率を通じるものが大きく，これにマスクされて，顕著には現れない．

7.5　媒質中の電磁波の伝播

媒質中を電磁波が伝播する場合には，その電場・磁場が媒質に影響（物理的効果）をあたえる．電場・磁場によって，物質には分極 $\boldsymbol{P} = \varepsilon_0\chi_e\boldsymbol{E}$ が起こり，磁化 $\boldsymbol{M} = (\chi_m/\mu_0)\boldsymbol{B}$ が生じ，そして誘導電流 $\boldsymbol{i} = \sigma\boldsymbol{E}$ が誘起される．これらの反作用が電磁波の伝播の様子を変化させる．つまり物質と電磁波の間に相互作用が起こるわけである．その結果，電磁波は，真空中の場合とかなり異なった様子で伝播する．前節で述べたように古典電磁気学，すなわちマクスウェルの方程式では物質の示すこれらの応答を，誘電率 $\varepsilon = \varepsilon_0(1+\chi_e)$，透磁率 $\mu = \mu_0(1-\chi_m)^{-1}$，電気伝導率 σ というそれぞれの物質に固有の 3 つの定数を使って表現する．これらの定数の内容の定量的な理解は，量子力学によらなければならないが（12.2 節），ここではこれらの量は物質ごとにあたえられた定数とみなして，議論を進めていく．

線形応答の場合 $\boldsymbol{P}$ や $\boldsymbol{M}$ の効果はパラメーター ε, μ のなかにそれぞれ包含される．電流の効果は陽に現れて，マクスウェル方程式は

$$\mathrm{rot}\,\boldsymbol{E}+\frac{\partial \boldsymbol{B}}{\partial t}=0$$
$$\mathrm{rot}\,\boldsymbol{B}-\varepsilon\mu\frac{\partial \boldsymbol{E}}{\partial t}-\sigma\mu\boldsymbol{E}=0 \tag{7.100}$$
$$\mathrm{div}\,\boldsymbol{E}=0$$
$$\mathrm{div}\,\boldsymbol{B}=0$$

となる．7.1 節で行ったのと同じ演算手法で，$\boldsymbol{E}$ および $\boldsymbol{B}$ だけの式に変形すると

$$\triangle\boldsymbol{E}-\varepsilon\mu\frac{\partial^2 \boldsymbol{E}}{\partial t^2}-\sigma\mu\frac{\partial \boldsymbol{E}}{\partial t}=0$$
$$\triangle\boldsymbol{B}-\varepsilon\mu\frac{\partial^2 \boldsymbol{B}}{\partial t^2}-\sigma\mu\frac{\partial \boldsymbol{B}}{\partial t}=0 \tag{7.101}$$

が得られる．これらの式は伝播方程式とよばれる．これらの式と式 (7.9)，式 (7.10) との違いは時間による 1 次微分の項が付加されていることである．力学における時間に関する微分方程式で 1 次微分の項（速度に比例する項）は，減衰を表していたことを思い出すと，式 (7.101) の解の電磁波は伝播するにつれて減衰することが予想される．減衰の原因は誘起された電流によるジュール熱 $\sigma\boldsymbol{E}^2$ の発生である．

伝播方程式を解くにあたり，簡単のために電磁波は z 方向に進む直線偏光の平面波とする．すなわち

$$E_x=E\exp[i\gamma z-i\omega t]$$
$$B_y=B\exp[i\gamma z-i\omega t] \tag{7.102}$$

のみがゼロでない解を探す．ここで γ は，自由空間の電磁波ならば波数になる定数で一般に伝播定数（propagation constant）とよばれる．式 (7.102) を式 (7.101) に代入すると，電場・磁場いずれの場合にも定数の間に

$$-\gamma^2+\varepsilon\mu\omega^2+i\sigma\mu\omega=0 \tag{7.103}$$

の関係があれば，方程式は満足されることがわかる．

まず ε,μ,σ はすべて実数の場合を考える．その場合にも式 (7.103) の解の γ は複素数となる．これを $\gamma=\pm(\gamma_{\mathrm{r}}+i\gamma_{\mathrm{i}})$ とおくと

$$\gamma_{\mathrm{r}}=\frac{\omega}{\sqrt{2}c}\left(\sqrt{1+\frac{\sigma^2}{\varepsilon^2\omega^2}}+1\right)^{\frac{1}{2}} \tag{7.104}$$

$$\gamma_{\mathrm{i}}=\frac{\omega}{\sqrt{2}c}\left(\sqrt{1+\frac{\sigma^2}{\varepsilon^2\omega^2}}-1\right)^{\frac{1}{2}} \tag{7.105}$$

となる．ここで $c = 1/\sqrt{\varepsilon\mu}$ は媒質中の光速である．たとえば電場は

$$E_x = E\exp[i\gamma_r z - i\omega t]\cdot\exp[-\gamma_i z] \tag{7.106}$$

となり，γ_r は伝播の波数を表し，γ_i は指数関数的減衰の定数を表す．B_y 成分についても同様の式が得られる．γ_r の正負は波の進行方向（z か $-z$）に対応するが，γ_i の正負は減衰か増幅かに対応する．しかし熱平衡状態にある一般の媒質のなかでは，電磁波の増幅は起こりえず，したがって γ_i は正の値をとる．特別な媒質（たとえばレーザー媒質）の場合には γ_i が負となり増幅が起こる．その場合媒質は負の温度の状態または反転分布状態にある（II 巻，13.4 節）．電磁波の伝播の様子は σ と $\varepsilon\omega$ の大小関係で異なってくる．

誘電体（絶縁体）の場合（$\sigma \ll \varepsilon\omega$）

媒質が誘電体の場合には $\sigma \approx 10^{-12}\,\Omega^{-1}\,\mathrm{m}^{-1}$，$\varepsilon \approx 10^{-11} \sim 10^{-12}\,\mathrm{F\ m^{-1}}$ 程度の値をもつので，上記括弧内の不等式は $\omega \gg 0.1-0.01\,\mathrm{Hz}$ となり，ほとんどの電磁波について，$\sigma \ll \varepsilon\omega$ の条件が容易に成立する．この場合，式 (7.105) から γ_i はゼロになり，電磁波は減衰なく伝播する．伝播速度が遅くなることのほかは，真空中の伝播とほとんど変わりない．

金属の場合（$\sigma \gg \varepsilon\omega$）

電気伝導率が $\sigma \approx 10^7\,\Omega^{-1}\,\mathrm{m}^{-1}$ と絶縁体に比べて 20 桁近く大きくなるので，ε が数桁大きくなったとしても（$\varepsilon \approx 10^{-11} \sim 10^{-12}\,\mathrm{F\,m^{-1}}$）可視光程度の周波数までは $\sigma \gg \varepsilon\omega$ の条件が成立している．この場合

$$\gamma_r \approx \gamma_i \approx \sqrt{\frac{\sigma\omega}{2c^2\varepsilon}} = \sqrt{\frac{\sigma\omega\mu}{2}} \equiv \frac{1}{\delta} \tag{7.107}$$

すなわち

$$\begin{aligned} E_x &= E\exp[-i\omega t + i\gamma_r z]\cdot\exp[-\gamma_i z] \\ &= E\exp\left[-i\omega t + i\frac{z}{\delta}\right]\cdot\exp\left[-\frac{z}{\delta}\right] \end{aligned} \tag{7.108}$$

となり，波数が $1/\delta$（波長 δ）である伝播モード $E\exp[i\gamma_r z - i\omega t]$ が存在するが，その振幅に含まれる $\exp[-\gamma_i z]$ の項による減衰が著しく，距離が $\delta = \sqrt{2/\sigma\omega\mu}$（すなわち 1 波長程度）進むごとに振幅が $1/e$ になる．このように電磁波が媒質のなかに入り込めない現象を表皮効果 (skin effect) といい，δ を表皮効果の深さ (skin-depth) という．$\varepsilon \approx 10^{-7}\,\mathrm{F\,m^{-1}}$ としても，$\sigma/\varepsilon \approx 10^{14}$

したがって，赤外線より周波数の低い電波については，この近似が成立し，金属内に進入できない．波長 500 nm の可視光でも，表皮効果の深さは 10 nm の程度である．X 線，γ 線になると，$\sigma \gg \varepsilon\omega$ の条件は成立せず，金属は透明になる．ただし光（光子）のエネルギーが高くなると，ここでのべたこととは異なる散乱や吸収の過程が現れるので，単純に透明になるわけではない．この場合は次のプラズマ中の電磁波の透過と同様の式で論じたほうがよい．

誘電損失（ε が複素数の場合）

σ がほとんど無視できる誘電体の場合にも，分極 $\boldsymbol{P}$ が電場 $\boldsymbol{E}$ に対して位相の遅れをもつ場合にはエネルギーの損失が発生する．この場合誘電率を複素数で表して

$$\varepsilon = \varepsilon' - i\varepsilon'' \tag{7.109}$$

とおくと，式 (7.103) の解は

$$\gamma_{\mathrm{r}} = \frac{\omega}{\sqrt{2}\,c'}\left(\sqrt{1+\left(\frac{\varepsilon''}{\varepsilon'}\right)^2}+1\right)^{1/2} \tag{7.110}$$

$$\gamma_{\mathrm{i}} = \frac{\omega}{\sqrt{2}\,c'}\left(\sqrt{1+\left(\frac{\varepsilon''}{\varepsilon'}\right)^2}-1\right)^{1/2} \tag{7.111}$$

となり，減衰の定数 γ_{i} が現れる．この式のなかの誘電率の虚数部分と実数部分の比を

$$\frac{\varepsilon''}{\varepsilon'} = \tan\delta$$

とかく．誘電損失の目安となるこの量は物性定数表などに掲載されている．$\tan\delta \ll 1$ のとき電場・磁場は

$$\begin{aligned} E_x &= E\exp\left[i\omega t - i\frac{2\pi}{\lambda}z - \pi\tan\delta\cdot\frac{z}{\lambda}\right] \\ B_y &= B\exp\left[i\omega t - i\frac{2\pi}{\lambda}z - \pi\tan\delta\cdot\frac{z}{\lambda}\right] \end{aligned} \tag{7.112}$$

となり，電磁波は $\lambda/(\pi\tan\delta)$ を減衰長として減衰する．

プラズマ（σ が純虚数の場合）

同じく自由電子をもつ媒質であるにもかかわらず，プラズマ中の伝播は金属中の伝播とはまったく様子を異にする．式 (7.98) で $\sigma = ine^2/m\omega$ であるか

ら，伝播定数をきめる方程式，式 (7.103) は

$$-\gamma^2+\varepsilon\mu\omega^2-\frac{\mu ne^2}{m}=0 \tag{7.113}$$

となる．これを解いて

$$\gamma=\pm\sqrt{\varepsilon\mu}\sqrt{\omega^2-\frac{ne^2}{m\varepsilon}}=\pm\frac{1}{c}\sqrt{\omega^2-\omega_{\mathrm{p}}{}^2}=\pm\frac{\omega}{c}\sqrt{1-\frac{\omega_{\mathrm{p}}{}^2}{\omega^2}} \tag{7.114}$$

が得られる．ここで

$$\omega_{\mathrm{p}}=\sqrt{\frac{ne^2}{\varepsilon m}} \tag{7.115}$$

は，プラズマ周波数とよばれ，電子密度（したがって電離度）できまるプラズマ固有の定数である．$\omega>\omega_{\mathrm{p}}$ の高い周波数 ω の電磁波に対しては，γ は実数となり，減衰なしに伝播する．逆に $\omega<\omega_{\mathrm{p}}$ となる低い周波数 ω の電磁波では伝播定数が純虚数となるので，減衰項のみとなり伝播できない．

電磁波とプラズマの相互作用で重要なのは電離層である．地球の上層の大気が太陽からの紫外線などにより一部電離して，電離層というプラズマの層をつくっている．地上から発射された電磁波は周波数が高ければ，この層を減衰なく通りぬけるが，低い周波数の電磁波は反射されて地上に帰ってくる．このことを利用してラジオ波を地球の反対側にまで，伝播させたりすることができる．逆に電離層より高い位置にある衛星などとの通信には高い周波数の電磁波を使わなければならない．

プラズマ周波数より高い周波数の電磁波はプラズマ層を突き抜けるので，プラズマ周波数はまた突き抜け周波数とよばれることもある．この値がどの程度になるかあたってみよう．電離層における電離度はその高度にもよるし，また昼間と夜間では異なり，かなり幅の広い値をもつ．高度の低い方から順に D 層（60〜90 km），E 層（90〜130 km），$\mathrm{F_1}$ 層（130〜210 km），$\mathrm{F_2}$ 層（200〜1000 km）などの名前がつけられている．日中の電子密度は，それぞれ 10^9〜$10^{10}\,\mathrm{m^{-3}}$, 10^{10}〜$10^{11}\,\mathrm{m^{-3}}$，10^{11}〜$5\times10^{11}\,\mathrm{m^{-3}}$，$4\times10^{11}$〜$4\times10^{12}\,\mathrm{m^{-3}}$ で，夜間には 1 桁程度小さくなる．ちなみに電子密度 $10^{10}\,\mathrm{m^{-3}}$ に対するプラズマ周波数 $\omega_{\mathrm{p}}/2\pi$ は約 1 MHz である．おおまかにいってラジオ波なら反射されるが，テレビ波はつきぬける．

誘電体は非常に小さな電子密度をもった媒質であるとみなせば，それに対するプラズマ周波数が非常に小さい場合と考えられ，$\sigma\ll\varepsilon\omega$ の条件は

$\omega^2 \gg ne^2/\varepsilon m = {\omega_p}^2$ すなわち $\omega \gg \omega_p$ の条件と等価となる．金属でもX線などに対しては $\sigma \ll \varepsilon\omega$ の条件が成立して，透明になる．

電磁波の位相を表す項 $\phi = \gamma z - \omega t$ を時間で微分して位相速度をもとめると

$$\frac{\mathrm{d}z}{\mathrm{d}t} = \frac{\omega}{\gamma} = \frac{c}{\sqrt{1-({\omega_p}^2/\omega^2)}} \tag{7.116}$$

となる．これは屈折率が実効的に（磁気的相互作用がなければ）

$$n = \sqrt{\frac{\varepsilon}{\varepsilon_0}}\sqrt{1-\frac{{\omega_p}^2}{\omega^2}} \tag{7.117}$$

とかかれていることになる．電磁波の位相速度はみかけ上，誘電体的相互作用で遅くなり，自由電子との相互作用で速くなる．

電気的相互作用と磁気的相互作用

電磁波は振動する電場と磁場とで構成される．したがって磁場と物質の相互作用もあるはずであるが，往々にして電気的相互作用のみが取り上げられて，磁気的な相互作用は無視され，$\mu = \mu_0$ として扱われることも少なくない．これは一般に磁気的相互作用が電気的相互作用に比べて，場合にもよるが2桁ほど小さいこと，磁気的相互作用が顕著になる媒質が少ないことのためである．ラジオ，テレビ，通信などに使われる長波，中波，短波，マイクロ波などの電磁波（表7.1参照）は総称して電波とよばれることがある．このような名称が使われる背景には，電気的相互作用のみが強調されているためと思われる．

ここで両相互作用のオーダーをあたっておこう．相互作用の結果分極 $\boldsymbol{P}$，磁化 $\boldsymbol{M}$ が誘導されて，それがまた電磁波に反作用を引き起こす．$\boldsymbol{P}$，$\boldsymbol{M}$ はそれぞれ単位体積中に存在する電気双極子モーメント，磁気双極子モーメントである．物質のなかにははじめから電気双極子モーメント，磁気双極子モーメントをもっているものもある．これらの量の大きさは，II巻，9.8節，12.2節で計算するが，ここではその結果だけを引用する．上限として電気双極子モーメントについては単位電荷が水素原子の大きさ程度引きはなされた場合すなわち

$$\mu_e = ea_B = \frac{\varepsilon_0 h^2}{\pi m_e e} = 8.5\times10^{-30}\ \mathrm{C\,m} \tag{7.118}$$

を考える．ここで

$$a_B = \frac{\varepsilon_0 h^2}{\pi m_e e^2} = 5.3\times10^{-11}\ \mathrm{m} \tag{7.119}$$

はボーア半径とよばれ，水素原子の第一電子軌道の半径を表す基礎物理定数である．

磁気双極子モーメントについては水素原子の第1軌道電流を小さな円形電流とみなし，それがつくる磁気双極子モーメントすなわち

$$\mu_{\mathrm{m}} = \pi a_{\mathrm{B}}{}^2 I_{\mathrm{H}} = \frac{eh}{4\pi m_{\mathrm{e}}} \tag{7.120}$$

を考える．この式の右辺の量

$$\mu_{\mathrm{B}} = \frac{eh}{4\pi m_{\mathrm{e}}} = 9.2\times10^{-22}\ \mathrm{A\ m^2}\ (\mathrm{J\,T^{-1}}) \tag{7.121}$$

はボーア磁子とよばれやはり基礎物理定数である．スピンに起因する磁気双極子モーメントもこの単位で表されるような大きさになる．実際に誘導されるモーメントは，原因となる電場，磁場の強さによるが一般にはこれらよりかなり小さいことを注意しておこう．ここでは，量のオーダーとしてこれらをとりあげる．さて式 (7.118) と式 (7.121) では単位がちがうのでそのまま比較できないが，両者の間には水素原子の第一軌道上の電子の速さを

$$v_{\mathrm{H}} = \frac{e^2}{2\varepsilon_0 h} = 2.2\times10^6\ \mathrm{m\,s^{-1}} \tag{7.122}$$

としたとき

$$\mu_{\mathrm{m}} = \frac{v_{\mathrm{H}}}{2}\mu_{\mathrm{e}} \tag{7.123}$$

の関係がある．電気的および磁気的相互作用のエネルギーはそれぞれ $\mu_{\mathrm{e}}\boldsymbol{E}$, $\mu_{\mathrm{m}}\boldsymbol{B}$ でありまた電磁波を構成する電場と磁場の間には

$$|\boldsymbol{B}| = \frac{|\boldsymbol{E}|}{c}$$

の関係があるから，両相互作用エネルギーの比は

$$\frac{\mu_{\mathrm{m}}\boldsymbol{B}}{\mu_{\mathrm{e}}\boldsymbol{E}} = \frac{\mu_{\mathrm{m}}}{c\mu_{\mathrm{e}}} = \frac{v_{\mathrm{H}}\mu_{\mathrm{e}}}{2c\mu_{\mathrm{e}}} = \frac{v_{\mathrm{H}}}{2c} = \frac{1}{272} \tag{7.124}$$

となる．

8

境界で限られた空間を伝播する電磁波

8.1　異なる媒質の境界における電場・磁場

もともとマクスウェル方程式は，場が連続的に変化しているような領域で成立しているものである．媒質に不連続な面があるときは，そこでは境界条件で式を置きかえなければならない．この条件をもとめよう．

まず，図 8.1 のように不連続面に突きささるような形で，長さ l，高さ Δl の矩形の閉曲線 C を考えてみよう．この閉曲線がつくる面積について式 (6.21′) を積分する．ストークスの定理を使うと，

$$\iint_S \mathrm{rot}\,\boldsymbol{E}\cdot\mathrm{d}\boldsymbol{S} = \oint \boldsymbol{E}\mathrm{d}\boldsymbol{l} = -\frac{\partial}{\partial t}\iint \boldsymbol{B}\mathrm{d}\boldsymbol{S} \tag{8.1}$$

を得る．閉曲線の幅 Δl を無限小にしていくと，閉曲線が囲む面積も無限小になるから

$$\boldsymbol{E}_\mathrm{t}l - \boldsymbol{E}_\mathrm{t}'l = -\frac{\partial}{\partial t}\iint \boldsymbol{B}\mathrm{d}\boldsymbol{S} = 0 \tag{8.2}$$

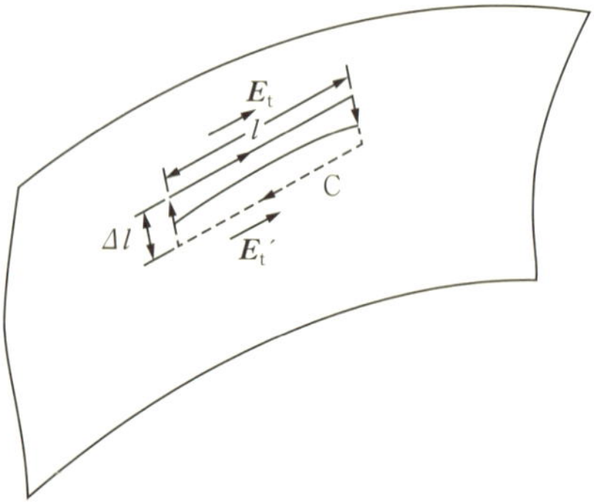

図 8.1　境界面の $\boldsymbol{E}$ ベクトル

すなわち

$$\boldsymbol{E}_\mathrm{t} = \boldsymbol{E}_\mathrm{t}' \tag{8.3}$$

が得られる．ここで $\boldsymbol{E}_\mathrm{t}, \boldsymbol{E}_\mathrm{t}'$ は，それぞれ不連続面の上側および下側の媒質中の電場の接線成分の値である．同じ閉曲線について式 (6.22′) を積分すると

$$\oint \boldsymbol{H} \mathrm{d}l = \frac{\partial}{\partial t}\iint \boldsymbol{D} \mathrm{d}\boldsymbol{S} + \iint \boldsymbol{i} \mathrm{d}\boldsymbol{S} \tag{8.4}$$

となる．右辺の第 1 項は面積無限小でゼロになるが，第 2 項は $i\Delta l \neq 0$，すなわち表面電流が存在するときはゼロにならない．ここで $\boldsymbol{i}$ は表面に沿った電流である．したがって

$$(\boldsymbol{H}_\mathrm{t} - \boldsymbol{H}_\mathrm{t}')l = i\Delta l \cdot l$$

すなわち

$$\boldsymbol{H}_\mathrm{t} = \boldsymbol{H}_\mathrm{t}' + i\Delta l \tag{8.5}$$

で表されるように，磁場の接線成分は必ずしも連続にはならない．

つぎに図 8.2 のように，不連続面に沿って面積 S_0，厚さ Δl の直方体の閉曲面を考える．この体積について，式 (6.25′) の $\mathrm{div}\,\boldsymbol{B} = 0$ を積分する．ガウスの定理を用いると，$\Delta l \to 0$ の極限で

$$\iiint_v \mathrm{div}\,\boldsymbol{B}\,\mathrm{d}V = \iint B_\mathrm{n}\,\mathrm{d}S = B_\mathrm{n} S_0 - B_\mathrm{n}' S_0 = 0 \tag{8.6}$$

を得る．図 8.2 の上下の面では面の法線の向きが逆方向なので上の式で B_n と B_n' は逆の符号になっている．

すなわち，磁束密度の法線成分に対しては

$$\boldsymbol{B}_\mathrm{n} = \boldsymbol{B}_\mathrm{n}' \tag{8.7}$$

の連続の式が成立する．また，式 (6.24″) を積分すると，面の上下では法線が

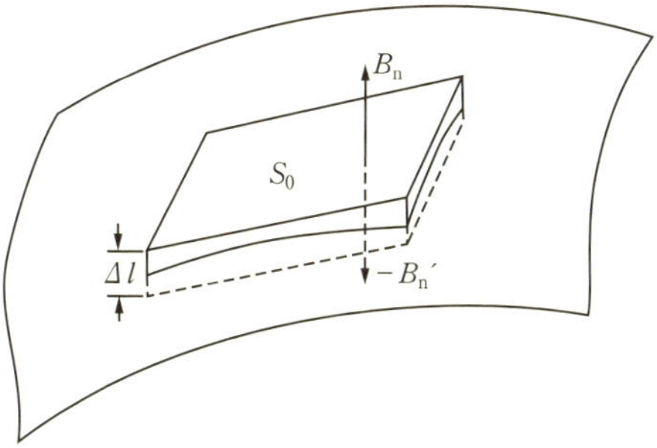

図 8.2　境界面での $\boldsymbol{B}$ ベクトル

逆向きであることに注意して

$$\iiint_v \mathrm{div}\, \boldsymbol{D}\, \mathrm{d}V = \iint_S D_n \mathrm{d}S = \iiint_v \rho \mathrm{d}V$$

$$\therefore \quad S_0(\boldsymbol{D}_\mathrm{n} - \boldsymbol{D}_\mathrm{n}') = \rho \Delta l S_0$$

$$\therefore \quad \boldsymbol{D}_\mathrm{n} - \boldsymbol{D}_\mathrm{n}' = \rho \Delta l \tag{8.8}$$

が得られる．$\rho\Delta l$ がゼロでないとき，すなわち表面電荷があるときは，式 (8.8) の右辺はゼロにならない．すなわち，$\boldsymbol{D}$ の法線成分は境界で必ずしも連続とはならない．

以上の結果をまとめると，不連続面において電場 $\boldsymbol{E}$ の接線成分と磁場 $\boldsymbol{B}$ の法線成分は連続であり，磁場 $\boldsymbol{H}$ の接線成分と電束密度 $\boldsymbol{D}$ の法線成分は，それぞれ，表面電流密度，表面電荷密度の分だけ不連続になることとなる．

完全導体表面での境界条件

完全導体の場合は $\sigma = \infty$ である．電磁波の周波数 ω が非常に高くないかぎり，ほとんどの金属でこの条件は成立するものと考えてよい．さて $\sigma = \infty$ の場合は，導体内部に電場 $\boldsymbol{E}$ は存在しえない．なぜならば，さもないと，$\boldsymbol{i} = \sigma\boldsymbol{E}$ により無限大の電流が金属内に流れることになり不都合であるからである．ところで，$\boldsymbol{E}_\mathrm{t}$ は境界面でつねに連続であるから，導体内部で $\boldsymbol{E}_\mathrm{t} = 0$ なら導体外部でもゼロでなければならない．$\boldsymbol{E}_\mathrm{n}$ は表面で連続である必要はないから，境界の外で必ずしもゼロにならなくてよい．すなわち，電場は導体表面で法線成分だけをもつことになる．

磁場は導体内部に存在できないとはいえない．しかし，高周波磁場は存在できない．なぜなら，導体内では $\boldsymbol{E} = 0$ であるから，式 (6.22′) より $\partial\boldsymbol{B}/\partial t$ はつねにゼロとなっていなければならないからである．B_n の連続性より，境界の外でも $B_\mathrm{n} = 0$ とならなくてはならない．したがって，磁場は接線成分のみをもつことになる．

以上をまとめると，高周波電磁場は，導体の表面では $\boldsymbol{E}$ の法線成分と $\boldsymbol{B}$ の接線成分のみをもつことになる．すなわち，導体表面の法線方向のベクトルを $\boldsymbol{n}$ とすると

$$\boldsymbol{n} \times \boldsymbol{E} = 0 \tag{8.9}$$

$$\boldsymbol{n} \cdot \boldsymbol{B} = 0 \tag{8.10}$$

が，導体表面で高周波の $\boldsymbol{E}$, $\boldsymbol{B}$ にあたえられた境界条件である（図 8.3）．

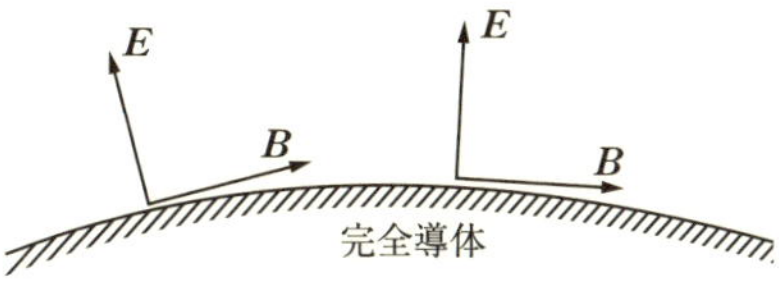

図 8.3 完全導体表面での電場，磁場

電磁波の反射率・透過率

無限に広がった2種の媒質の境界面が x-y 面内にあるとする．1の媒質中を z 方向に進む平面波は完全な横波であるから，電場 E_x，磁場 B_y のみをもつとして一般性が失われない．2の媒質に透過する電磁波を E_x', B_y', 1の媒質に反射される電磁波を E_x'', B_y'' とする．$\boldsymbol{E}$ も $\boldsymbol{B}$ も境界に対して接線成分しかもたないが，$\boldsymbol{E}$ については式 (8.3) により媒質1の電場と媒質2の電場は連続で等しい．すなわち

$$E_x + E_x'' = E_x' \tag{8.11}$$

である．もし境界面に電流がなければ式 (8.5) により磁場 $\boldsymbol{H} = \boldsymbol{B}/\mu$ の接線成分も連続になる．すなわち

$$\frac{B_y + B_y''}{\mu} = \frac{B_y'}{\mu'} \tag{8.12}$$

である．各媒質中で電場と磁場の大きさには式 (7.49) により $|\boldsymbol{E}| = c|\boldsymbol{B}|$ の関係があるから

$$E_x = \frac{B_y}{\sqrt{\varepsilon\mu}}, \qquad E_x' = \frac{B_y'}{\sqrt{\varepsilon'\mu'}}, \qquad E_x'' = -\frac{B_y''}{\sqrt{\varepsilon\mu}} \tag{8.13}$$

が成立する．ここで第3の反射波に対する式では進行方向が逆になるので，負号がはいっていることに注意しよう．振幅反射率を r，振幅透過率を t とすると

$$E_x'' = rE_x, \ E_x' = tE_x \tag{8.14}$$

などの関係があるので，これらの式を式 (8.11)，式 (8.12) に代入すると

$$1 + r = t, \quad \sqrt{\frac{\varepsilon}{\mu}} - \sqrt{\frac{\varepsilon}{\mu}} r = \sqrt{\frac{\varepsilon'}{\mu'}} t \tag{8.15}$$

が得られる．これから r，t を解くと

$$r = \frac{\sqrt{\varepsilon/\mu} - \sqrt{\varepsilon'/\mu'}}{\sqrt{\varepsilon/\mu} + \sqrt{\varepsilon'/\mu'}} \tag{8.16}$$

$$t = \frac{2\sqrt{\varepsilon/\mu}}{\sqrt{\varepsilon/\mu}+\sqrt{\varepsilon'/\mu'}} \tag{8.17}$$

がもとまる．

エネルギーの流れはエネルギー密度に速さを乗じたものであるから

$$c\varepsilon E^2 = \sqrt{\varepsilon/\mu}\,E^2$$

である．したがってエネルギー反射率は

$$R = r^2 = \left(\frac{\sqrt{\varepsilon/\mu}-\sqrt{\varepsilon'/\mu'}}{\sqrt{\varepsilon/\mu}+\sqrt{\varepsilon'/\mu'}}\right)^2 \tag{8.18}$$

となる．エネルギー透過率 T は 2 つの媒質中で電磁波の速さが異なることから t^2 にはならず

$$T = \frac{\sqrt{\varepsilon'/\mu'}\,E'^2}{\sqrt{\varepsilon/\mu}\,E^2} = \frac{\sqrt{\varepsilon'/\mu'}}{\sqrt{\varepsilon/\mu}}t^2 = \frac{4\sqrt{\varepsilon/\mu}\sqrt{\varepsilon'/\mu'}}{(\sqrt{\varepsilon/\mu}+\sqrt{\varepsilon'/\mu'})^2} \tag{8.19}$$

となる．

8.2　限られた空間内の電磁波の伝播

7.1，7.5 節では，真空中にせよ媒質中にせよ，無限に広がった空間内での電磁波の伝播を考えてきた．この節では，限られた空間の例として，理想的導波管すなわち完全導体で囲まれた真空のなかを伝播する電磁波について考えてみよう（光通信などに使われる光ファイバーなど誘電体導波路については別に議論される）．この場合には，電磁波はどんなかたちででも伝播できるというわけにはいかなくなる．導体表面における境界条件によって制約を受け，いくつかの特別な姿態（モード，mode）の電磁波のみが伝わっていくことができる．導波管内での電磁波の姿態すなわち電場，磁場の強度および方向の分布は，実際に観測することが可能である．マクスウェルの方程式はかなり抽象化された数学的な式であるが，いわばこれを視覚化したよい例として，導波管内の電磁波の振舞いを調べることをあげることができる．

“限られた空間”の意味をもう少し説明しておく必要がある．議論の対象となるのは，電磁波の波長と“空間”の大きさが同じ程度の場合である．“空間”の大きさに比べて波長がはるかに短い電磁波に対しては，この空間はほとんど自由空間とみなしてよい．“空間”の大きさよりはるかに長い波長をもつ電磁

波は，特別な場合（たとえば単連結ではない空間）を除いて，いかなるモードでもこの空間内を伝播できないことが証明される．われわれが細工し使用するのに手ごろな大きさの構造物程度の波長をもつ電磁波といえば，マイクロ波（センチ波，ミリ波）である．マイクロ波は通信や放送，また加熱などわれわれの身のまわりでも便利に使用されている．最近では，電波天文学の分野で宇宙のかなたからくる情報のにない手としてマイクロ波が多用されるようになってきた．電磁波のエネルギーが空間に散ってしまわないようにして，必要な場所まで導くために導波管が使用されている．同軸ケーブルやレッヒェル（Lecher）線も導波管の特殊な例と考えることができる．実は同軸ケーブルの場合には，後で述べるようにいくら長い波長の電磁波でも伝えることができるので，メートル波などの伝送に用いられている．

長さ z の方向に断面が一様である導波管を考えよう．導波管内は真空と仮定したから，内部でのマクスウェルの方程式は，$\sigma=0$ として

$$\mathrm{rot}\,\boldsymbol{E}+\frac{\partial \boldsymbol{B}}{\partial t}=0 \tag{8.20}$$

$$\mathrm{rot}\,\boldsymbol{B}-\varepsilon_0\mu_0\frac{\partial \boldsymbol{E}}{\partial t}=0 \tag{8.21}$$

$$\mathrm{div}\,\boldsymbol{E}=0 \tag{8.22}$$

$$\mathrm{div}\,\boldsymbol{B}=0 \tag{8.23}$$

である．この解として，z 方向に伝播する波動

$$\boldsymbol{E}=\boldsymbol{E}'(x,y)\exp[-i\omega t+i\gamma' z] \tag{8.24}$$

$$\boldsymbol{B}=\boldsymbol{B}'(x,y)\exp[-i\omega t+i\gamma' z] \tag{8.25}$$

を仮定してみる．γ' は z 方向への伝播の様子を表す定数である．この式で電場・磁場の振幅 $\boldsymbol{E}',\boldsymbol{B}'$ は定数ではなく，x,y の関数にしておくことが，境界条件を満足させるために必要である．まず式 (8.20) に rotation を演算し，式 (8.21) を代入すると

$$-\triangle\boldsymbol{E}+\varepsilon_0\mu_0\frac{\partial^2}{\partial t^2}\boldsymbol{E}=0 \tag{8.26}$$

が得られる．これに式 (8.25) を代入すると，式 (8.26) は

$$\frac{\partial^2\boldsymbol{E}'}{\partial x^2}+\frac{\partial^2\boldsymbol{E}'}{\partial y^2}-\gamma'^2\boldsymbol{E}'+\varepsilon_0\mu_0\omega^2\boldsymbol{E}'=0 \tag{8.27}$$

となる．$\boldsymbol{E}'$ は x,y の関数なので第 1，2 項が残るところが，式 (7.13) と違っている．

$$k'^2 = -\gamma'^2 + \varepsilon_0\mu_0\omega^2 = -\gamma'^2 + \frac{\omega^2}{c^2} = -\gamma'^2 + \left(\frac{2\pi}{\lambda}\right)^2 \tag{8.28}$$

によって定数 k' を定義すると，式 (8.27) は

$$\frac{\partial^2 \boldsymbol{E}'}{\partial x^2} + \frac{\partial^2 \boldsymbol{E}'}{\partial y^2} + k'^2 \boldsymbol{E}' = 0 \tag{8.29}$$

となる．ここで λ は，この電磁波の自由空間での波長である．さきに 7.5 節で定義された，無限にひろがった媒質中での伝播定数

$$\gamma^2 = \varepsilon\mu\omega^2 + i\omega\sigma\mu \tag{8.30}$$

の場合には，電磁波の周波数と媒質の定数とがきまれば，その値は一義的にきまるべきものであったが，式 (8.24)，(8.25) の伝播定数

$$\gamma'^2 = \frac{\omega^2}{c^2} - k'^2 \tag{8.31}$$

の場合には，k' の値によって γ' はいろいろな値をとりうる．そして，この k' は境界条件からきめられる．すなわち，k' は導波管の形に左右される導波管固有の定数である（式 (8.73) をみよ）．

式 (8.31) において，電磁波の周波数 ω が

$$\omega < \omega_c = k'c \tag{8.32}$$

のようにある値より小さいか．あるいは自由空間波長 λ が

$$\lambda > \frac{2\pi}{k'} = \frac{2\pi c}{\omega_c} = \lambda_c \tag{8.33}$$

のように，ある値より長くなると，式 (8.31) において γ' は純虚数となることがわかる．この場合，式(8.24) は

$$\boldsymbol{E}' = \boldsymbol{E}'(x, y)\exp\left[-i\omega t \pm \sqrt{k'^2 - \frac{\omega^2}{c^2}}\, z\right] \tag{8.34}$$

となる．伝播定数 γ' に実数部のないこの電場は波動とはならず，z 方向に進むにしたがって振幅が指数関数的に減衰（複号のマイナス）または増大（複号のプラス）する振動する電場を表す．一般の媒質中では増大することはないから複号のマイナスをとる．結局，$\omega < \omega_c$ あるいは $\lambda > \lambda_c$ の電磁波は導波管内を伝わることができないことになる．この臨界を表す周波数 ω_c または波長 λ_c を，それぞれ遮断周波数（cut-off frequency），遮断波長（cut-off wavelength）とよぶ．周波数が低い場合に波動がこの領域に侵入することができないという事情は，先に述べた金属表面での表皮効果の場合とまったく逆であることは興味深い．

$\omega > \omega_c$ の場合には，式 (8.31) より γ' は実数となる．これを

$$\gamma' = \frac{2\pi}{\lambda_g} \tag{8.35}$$

とかくと，導波管内の電場は

$$\boldsymbol{E}' = \boldsymbol{E}'(x, y) \exp\left[-i\omega t \pm \frac{i\,2\pi}{\lambda_g} z\right] \tag{8.36}$$

とかける．すなわち，電磁波は λ_g の波長をもって，減衰することなく z 方向に伝播していく．λ_g を管内波長とよぶ．

λ_g, λ_c を用いると，式 (8.28) の関係は

$$\frac{1}{{\lambda_g}^2} = \frac{1}{\lambda^2} - \frac{1}{{\lambda_c}^2} \tag{8.37}$$

とかき表される．この式から明らかなように，λ_g は自由空間の波長 λ よりつねに長くなる．

同位相の点が管内を動く速さは，式 (8.36) の位相の項をぬき出した

$$-i\omega t \pm \frac{i\,2\pi}{\lambda_g} z = 一定$$

の式を時間で微分して

$$V_p \equiv \left|\frac{dz}{dt}\right| = \frac{\omega \lambda_g}{2\pi} = \nu \lambda_g \tag{8.38}$$

ともとめられる．これを位相速度という．これはまた，式 (8.38) および自由空間の電磁波の速さ $c = \omega\lambda/2\pi$ を用いて

$$V_p = \frac{c}{\sqrt{1-(\lambda/\lambda_c)^2}} = \frac{c}{\sqrt{1-(c/\lambda_c \nu)^2}} \tag{8.39}$$

とかき直される．式 (8.39) をみると，電磁波の位相速度は周波数あるいは波長の関数となっていることがわかる．導波管内は真空であるにもかかわらず，位相速度の波長依存性，すなわち“分散”が存在することに注意しなければならない．

式 (8.38) または式 (8.39) から明らかなように

$$V_p > c \tag{8.40}$$

の関係がある．すなわち，導波管内の電磁波の位相速度は自由空間の光の速さより大きくなる．位相速度は $\lambda \ll \lambda_c$ のときは真空中の光速に近い値をとるが，λ が λ_c に近づくと急激に大きくなり発散する．しかし，これは後に述べる相対性理論が主張する「いかなる信号の伝播速度も光速を超えることはない」と

いう要請に反してはいない．式 (8.36) は，$t=-\infty$ から $t=\infty$ まで続く完全は正弦波が流れていることを表しているので，その位相によって信号を伝えることはできないからである．

信号を伝えるには，位相，周波数あるいは振幅のいずれかに“乱れ”がなければならない．通信や放送の場合には，正弦波を音声信号により変調する．たとえば最も簡単な単一周波数 ω_s による振幅変調の場合には，変調された波は

$$v = A\sin\omega_s t\cos\omega_0 t \tag{8.41}$$

の形にかける．この場合，信号を運ぶ波 ω_0 を搬送波とよぶ．v はまた

$$v = \frac{A}{2}\{\sin(\omega_0+\omega_s)t-\sin(\omega_0-\omega_s)t\} \tag{8.42}$$

とかき直せる．これは周波数の異なる 2 つの正弦関数の和になっている．搬送波の周波数が，信号波 $\omega_m\cos\omega_s t$ で変調されている場合には，変調波 v の位相は

$$\int_0^t(\omega_0+\omega_m\cos\omega_s t)\mathrm{d}t = \omega_0 t+\frac{\omega_m}{\omega_s}\sin\omega_s t \tag{8.43}$$

となるから，変調波はベッセル関数 $J_n(\omega_m/\omega_s)$ を使って

$$\begin{aligned} v &= A\cos\left[\omega_0 t+\frac{\omega_m}{\omega_s}\sin\omega_s t\right] \\ &= J_0\cos\omega_0 t+\sum_{n=1}^{\infty}J_n\cos(\omega_0+n\omega_s)t+\sum_{n=1}^{\infty}J_n(-1)^n\cos(\omega_0-n\omega_s)t \end{aligned} \tag{8.44}$$

のように無限個の正弦関数の和となる．量子力学では波動関数でかかれた粒子の運動に波束（wave packet）の概念が使われるが，電磁波についてもこれを考えよう．波束はいろいろな周波数の波動の重ね合わせでつくることができる．たとえば

$$\varphi = \int_{-\infty}^{\infty}A(\lambda)\exp\left[i\omega t-i\frac{2\pi}{\lambda}z\right]\mathrm{d}\left(\frac{1}{\lambda}\right) \tag{8.45}$$

のように表される波束は，もちろん信号を伝えることができる．さて，このようにいろいろな波の重なり合ったものが空間を伝わる速度を考えよう．自由空間を伝わる場合には，各成分波の位相速度は当然等しい．この場合は，変調波や波束はその形を変えずに伝播する．この場合，各成分波が一緒に伝わる速さ，すなわち群速度（group velocity）は位相速度に等しい．

媒質中や導波管内のように，各成分波の位相速度が周波数（波長）によって

異なる場合，すなわち分散がある場合はどうなるであろうか．波長によって位相速度が異なるということは，周波数と波数が単純な比例関係にないということである．いま，変調波が，搬送波の周波数 ω_0 のまわりのせまい範囲の周波数の波の重ねあわせでつくられているとして，ω を k_0 のまわりに展開して

$$\omega(k) = \omega_0 + \left(\frac{\mathrm{d}\omega}{\mathrm{d}k}\right)_{k_0}(k-k_0) \tag{8.46}$$

のようにその第1項だけをとることにする．そうすると，変調された波 φ は

$$\varphi = \exp\,[i\omega_0 t - ik_0 z]\int_{-\infty}^{\infty} A(k)\,\exp\left[i(k-k_0)\frac{\mathrm{d}\omega}{\mathrm{d}k}t - i(k-k_0)z\right]\mathrm{d}k \tag{8.47}$$

とかけるであろう．積分の外にある関数は搬送波の伝播を表している．変調された部分の伝播速度は，被積分関数の位相の伝わる速さとして

$$V_{\mathrm{g}} = \left(\frac{\mathrm{d}\omega}{\mathrm{d}k}\right)_{k_0} \tag{8.48}$$

ともとめられる．

導波管の中を波が伝播できる場合には

$$\gamma' = \frac{2\pi}{\lambda_{\mathrm{g}}} = k_{\mathrm{g}}$$

であったから，式 (8.28) は

$$-k_{\mathrm{g}}{}^2 = k'^2 - \varepsilon_0\mu_0\omega^2 \tag{8.49}$$

となる．ここで両辺を k_{g} で微分すると

$$-2k_{\mathrm{g}} = -2\varepsilon_0\mu_0\omega\frac{\mathrm{d}\omega}{\mathrm{d}k_{\mathrm{g}}}$$

すなわち

$$V_{\mathrm{g}} = \frac{\mathrm{d}\omega}{\mathrm{d}k_{\mathrm{g}}} = \frac{1}{\varepsilon_0\mu_0}\frac{k_{\mathrm{g}}}{\omega} = \frac{1}{\varepsilon_0\mu_0}\frac{1}{V_{\mathrm{p}}} \tag{8.50}$$

のように群速度がもとめられる．群速度と位相速度の間には

$$V_{\mathrm{g}}V_{\mathrm{p}} = \frac{1}{\varepsilon_0\mu_0} = c^2 \tag{8.51}$$

の関係がある．したがって，$V_{\mathrm{p}} > c$ なら $V_{\mathrm{g}} < c$ である．信号を伝える速度 V_{g} は，真空中の光速よりおそくなる．

式 (8.51) に示す3種類の速度の間の一般的な関係は，次節で述べる導波管のなかの電磁波の伝播の様子から，直感的に理解できる．図8.4において，上下の平行線を導波管の壁とし，その中を電磁波が反射されながら，管の軸方向

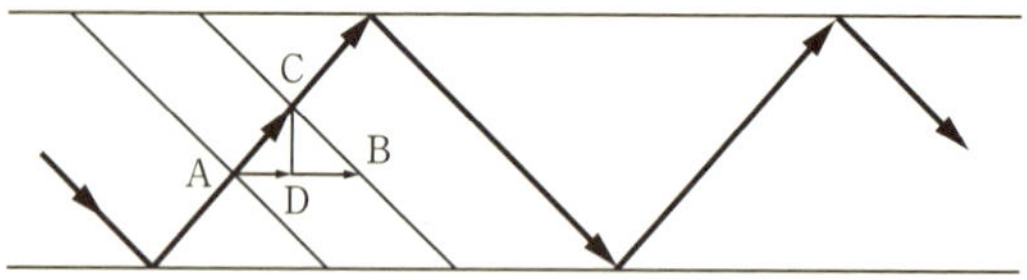

図 8.4　導波管内を進む波動の 3 つの速さの関係

にジグザクに進行しているとする．斜めの線はこの電磁波の進行方向に直交する同一位相面とする．単位時間に電磁波が A から C まで，真空中の光速 c で斜めに移動したとすると（その同一位相面は A から C まで移動している），同一位相の点は，軸に沿って A から B まで移動したことになる．一方実際の電磁波（たとえば電磁波のエネルギー）の軸に沿った移動は A から D までである．すなわち真空中の光速 c，その軸方向のエネルギーの速度（群速度）V_g，位相速度 V_p はそれぞれ，AC，AD，AB の線分の長さに比例している．
ところで △ABC と △ACD は相似であるから，

$$\frac{\overline{\mathrm{AC}}}{\overline{\mathrm{AB}}}=\frac{\overline{\mathrm{AD}}}{\overline{\mathrm{AC}}}$$

したがって

$$\frac{c}{V_p}=\frac{V_g}{c}$$

すなわち式 (8.51) の関係が得られる．

誘電体導波路

最近光を使った通信などの分野では，誘電体の細線（光ファイバー）が，電磁波エネルギーの伝播に多用されている．電磁波（光）は屈折率の大きい方に屈折して集まるので，ファイバーのなかにエネルギーを十分とじこめて，伝播させることができる．7.2 節で述べた光ビームは一様な媒質のなかの伝播であったのに対して，ファイバーの場合は屈折率がファイバーの断面のなかで適当な関数で変化させられる．一様な媒質でできているファイバーなら屈折率変化は内部で 1 より大きい一定値をとり，側面で 1 となるステップ型（矩形型）である．光軸からの距離 r に対して屈折率が

$$n^2(r)=n_0^2\left[1-\left(\frac{r}{L}\right)^2\right] \tag{8.52}$$

のように2次関数分布をもつ場合もよく使われる．これらの場合も，自由空間のビームの場合と同じように，軸に近い場でマクスウェル方程式の近似解が得られる．

ファイバーのサイズが，ビームウエストより十分大きければ，自由空間のビームの解がそのまま使えるであろう．屈折率がファイバーのなかで，式(8.52)のような2次関数分布を持つ場合も，波動方程式は近似的に解けて，自由空間の場合と同じように，エルミート-ガウス，ラゲール-ガウス型の伝播モードがあることが知られている．ただし実際には，側面で反射されてジグザクに伝播するモードも存在するので，解析は複雑になる．

8.3　矩形導波管内の電磁波の伝播

この節では導体壁で囲まれた断面が矩形の導波管のなかの電場を具体的にもとめよう．式(8.24)，式(8.25)の形の解があるものとして，これらを式(8.20)，式(8.21)に代入して，z および t についての微分を実行すると

$$\frac{\partial E_z}{\partial y} - i\gamma' E_y = i\omega B_x \tag{8.53}$$

$$i\gamma' E_x - \frac{\partial E_z}{\partial x} - = i\omega B_y \tag{8.54}$$

$$\frac{\partial E_y}{\partial x} - \frac{\partial E_x}{\partial y} - = i\omega B_z \tag{8.55}$$

$$\frac{\partial B_z}{\partial y} - i\gamma' B_y = -i\varepsilon_0\mu_0\omega E_x \tag{8.56}$$

$$i\gamma' B_x - \frac{\partial B_z}{\partial x} = -i\varepsilon_0\mu_0\omega E_y \tag{8.57}$$

$$\frac{\partial B_y}{\partial x} - \frac{\partial B_x}{\partial y} = -i\varepsilon_0\mu_0\omega E_z \tag{8.58}$$

が得られる．これらの関係を使って電磁場のある成分をほかの成分でかくことができる．そこでまず，各成分を E_z, B_z の関数として表してみよう．

たとえば式(8.54)と式(8.56)より B_y を消去すると

$$E_x = \frac{1}{k'^2}\left[i\gamma'\frac{\partial E_z}{\partial x} + i\omega\frac{\partial B_z}{\partial y}\right] \tag{8.59}$$

が得られる．k' は式(8.31)であたえられている．同様な計算をすることによ

りほかの成分も

$$E_y = \frac{1}{k'^2}\left[i\gamma'\frac{\partial E_z}{\partial y} - i\omega\frac{\partial B_z}{\partial x}\right] \tag{8.60}$$

$$B_x = \frac{1}{k'^2}\left[-i\varepsilon_0\mu_0\omega\frac{\partial E_z}{\partial y} + i\gamma'\frac{\partial B_z}{\partial x}\right] \tag{8.61}$$

$$B_y = \frac{1}{k'^2}\left[i\varepsilon_0\mu_0\omega\frac{\partial E_z}{\partial x} + i\gamma'\frac{\partial B_z}{\partial y}\right] \tag{8.62}$$

のように表される．すなわちこの場合には，E_z, B_z の 2 成分がもとまれば，ほかの成分は微分演算により自動的にもとめられることになる．E_z, B_z は式 (8.29) より微分方程式

$$\left(\frac{\partial^2}{\partial x^2} + \frac{\partial^2}{\partial y^2}\right)E_z + k'^2 E_z = 0 \tag{8.63}$$

$$\left(\frac{\partial^2}{\partial x^2} + \frac{\partial^2}{\partial y^2}\right)B_z + k'^2 B_z = 0 \tag{8.64}$$

の解としてあたえられる．ところで，$E_z = 0$，$B_z = 0$ はそれぞれ式 (8.63)，(8.64) を満足するが，E_z, B_z が同時にゼロの場合は，式 (8.59)～(8.62) によって他の成分もすべてゼロになってしまう．これは無意味な解である．すなわち，自由空間の場合とは違って，導波管のなかを伝播する電磁波として，完全な横波は存在しえない．電場か磁場か，少なくともいずれか一方については，波の進行方向の成分が存在しなくてはならない．

$E_z = 0$ の場合，電場については横波となる．これを TE 波（transverse electric wave）または H 波とよぶ．$B_z = 0$ の伝播モードは TM 波（transverse magnetic wave）または E 波とよばれる．

図 8.5 のような矩形断面の導波管について TE 波をもとめてみよう．まず

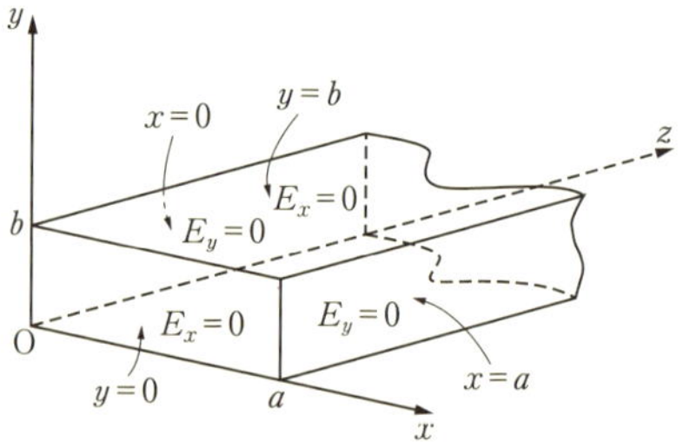

図 8.5　矩形断面導波管

$E_z = 0$ であるから，式 (8.59)～(8.62) は簡単に

$$E_x = \frac{i\omega}{k'^2}\frac{\partial B_z}{\partial y} \tag{8.65}$$

$$E_y = -\frac{i\omega}{k'^2}\frac{\partial B_z}{\partial x} \tag{8.66}$$

$$B_x = \frac{i\gamma'}{k'^2}\frac{\partial B_z}{\partial x} \tag{8.67}$$

$$B_y = \frac{i\gamma'}{k'^2}\frac{\partial B_z}{\partial y} \tag{8.68}$$

とかける．$x = 0$ および $x = a$ の平面が表す導波管壁では，電場は E_x 成分しかもてないから $E_y = 0$ である．これを式(8.66) に代入すると

$$\left(\frac{\partial B_z}{\partial x}\right)_{x=0,\,a} = 0 \tag{8.69}$$

の境界条件が B_z について得られる．同様に，$y = 0$，$y = b$ の平面上では $E_x = 0$ でなければならないから，式(8.65) に代入して

$$\left(\frac{\partial B_z}{\partial y}\right)_{y=0,\,b} = 0 \tag{8.70}$$

を得る．式(8.69)，(8.70) の条件を満足する B_z として

$$B_z = B_0 \cos\frac{m\pi}{a}x \cos\frac{n\pi}{b}y \exp[-i\omega t + i\gamma' z] \tag{8.71}$$

を仮定すると，式 (8.64) の波動方程式は，定数の間に

$$-\left(\frac{m\pi}{a}\right)^2 - \left(\frac{n\pi}{b}\right)^2 + k'^2 = 0 \tag{8.72}$$

すなわち

$$k'^2 = \left(\frac{m\pi}{a}\right)^2 + \left(\frac{n\pi}{b}\right)^2 \tag{8.73}$$

の関係があれば満足される．ここで m, n は整数であるが，$m = n = 0$ の場合は $k' = 0$ となってしまうので除かなければならない．このようにして未定定数 k' が，境界条件を満足するようにきめられた．矩形導波管内を z 方向に伝播する電磁場の各成分は，式 (8.65)～(8.68) よりその実数部をとって

$$E_x = -\frac{n\pi}{bk'^2}\omega B_0 \cos\frac{m\pi}{a}x \sin\frac{n\pi}{b}y \sin(\omega t - \gamma' z) \tag{8.74}$$

$$E_y = \frac{m\pi}{ak'^2}\omega B_0 \sin\frac{m\pi}{a}x \cos\frac{n\pi}{b}y \sin(\omega t - \gamma' z) \tag{8.75}$$

$$E_z = 0 \tag{8.76}$$

$$B_x = -\frac{m\pi}{ak'^2}\gamma' B_0 \sin\frac{m\pi}{a}x \cos\frac{n\pi}{b}y \sin(\omega t - \gamma' z) \tag{8.77}$$

$$B_y = -\frac{n\pi}{bk'^2}\gamma' B_0 \cos\frac{m\pi}{a}x \sin\frac{n\pi}{b}y \sin(\omega t - \gamma' z) \tag{8.78}$$

$$B_z = B_0 \cos\frac{m\pi}{a}x \cos\frac{n\pi}{b}y \cos(\omega t - \gamma' z) \tag{8.79}$$

と表される．このような波を TE_{mn} と表記する．式 (8.73) から遮断波長 λ_c は

$$\lambda_c = \frac{2\pi}{k'} = \frac{1}{\sqrt{(m/2a)^2 + (n/2b)^2}} \tag{8.80}$$

で表されるから，m, n の値が大きくなるほど λ_c の値は小さくなる．いま $a > b$ とすると，$m = 1$，$n = 0$ が λ_c を最大にする組みあわせである．すなわち，TE_{10} モードが最も長い波長の電磁波まで伝播できるモードである．このときの遮断波長は，

$$\lambda_c = 2a \tag{8.81}$$

である．また電磁場の成分は，式 (8.73) より $k'^2 = (\pi/a)^2$ であるから

$$E_y = \frac{a}{\pi}\omega B_0 \sin\frac{\pi}{a}x \sin(\omega t - \gamma' z) \tag{8.82}$$

$$B_x = -\frac{a}{\pi}\gamma' B_0 \sin\frac{\pi}{a}x \sin(\omega t - \gamma' z) \tag{8.83}$$

$$B_z = B_0 \cos\frac{\pi}{a}x \cos(\omega t - \gamma' z) \tag{8.84}$$

だけがゼロでない．すなわち，電場はつねに y-z 面に平行で，y 方向を向き，磁場は x-z 面に平行である．導波管のある断面で電磁場の強さと方向を図示すると，図 8.6 のようになる．m, n の値が大きくなると，このような模様が x および y 方向に繰り返される．

TM 波の場合には，$x = 0$，$x = a$ および $y = 0$，$y = b$ の平面上で $E_z = 0$ とならなければならないから，E_z は

$$E_z = E_0 \sin\frac{m\pi}{a}x \sin\frac{n\pi}{b}y \times \exp[-i\omega t + i\gamma' z] \tag{8.85}$$

のかたちをしていなければならない．他の成分は式 (8.59)～(8.62) を用いて容易にもとめられるが，TE 波の場合と違うところは，m, n いずれかが，ゼロであっても，$\boldsymbol{E} = 0$，$\boldsymbol{B} = 0$ の無意味な解となってしまうことである．したがって TM 波の最低次のモードは TM_{11} である．

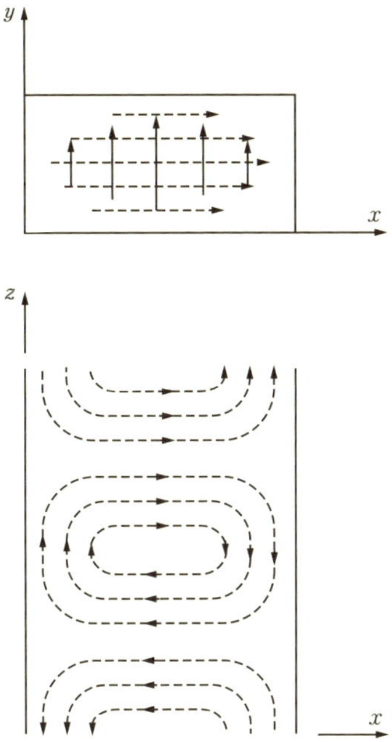

図 8.6　矩形導波管の TE_{10} モード（実線：電場，点線：磁場）

8.4　導体円筒導波管内の電磁波の伝播

円形断面の導波管内を伝わる電磁波をもとめる場合には，境界条件が設定しやすいように，方程式を円筒座標でかき直しておく方が便利である．電場，磁場の時間依存性が $\exp[i\omega t]$ とかけるならば，式 (8.20)～(8.23) は円筒座標 (r, φ, z) によって

$$\frac{\partial E_z}{r\partial\varphi}-\frac{\partial E_\varphi}{\partial z}=-i\omega B_r \tag{8.86}$$

$$\frac{\partial E_r}{\partial z}-\frac{\partial E_z}{\partial r}=-i\omega B_\varphi \tag{8.87}$$

$$\frac{\partial(rE_\varphi)}{r\partial r}-\frac{\partial E_r}{r\partial\varphi}=-i\omega B_z \tag{8.88}$$

$$\frac{\partial B_z}{r\partial\varphi}-\frac{\partial B_\varphi}{\partial z}=i\varepsilon_0\mu_0\omega E_r \tag{8.89}$$

$$\frac{\partial B_r}{\partial z}-\frac{\partial B_z}{\partial r}=i\varepsilon_0\mu_0\omega E_\varphi \tag{8.90}$$

$$\frac{\partial(rB_\varphi)}{r\partial r}-\frac{\partial B_r}{r\partial\varphi}=i\varepsilon_0\mu_0\omega E_z \tag{8.91}$$

$$\frac{\partial}{r\partial r}(rE_r)+\frac{\partial E_\varphi}{r\partial\varphi}+\frac{\partial E_z}{\partial z}=0 \tag{8.92}$$

$$\frac{\partial}{r\partial r}(rB_r)+\frac{\partial B_\varphi}{r\partial\varphi}+\frac{\partial B_z}{\partial z}=0 \tag{8.93}$$

とかき直せる．

式(8.86)，(8.87) の B_r, B_φ を式(8.91) に代入して整理すると

$$-\frac{\partial}{\partial z}\left(\frac{E_r}{r}+\frac{\partial E_r}{\partial r}+\frac{1}{r}\frac{\partial E_\varphi}{\partial\varphi}\right)+\frac{1}{r}\frac{\partial E_z}{\partial r}+\frac{\partial^2 E_z}{\partial r^2}+\frac{1}{r^2}\frac{\partial^2 E_z}{\partial\varphi^2}$$
$$=-\varepsilon_0\mu_0\omega^2 E_z \tag{8.94}$$

となる．この式の第 1 項の括弧のなかは式 (8.92) によって $-\partial E_z/\partial z$ とかき直せるから，

$$\frac{\partial^2 E_z}{\partial r^2}+\frac{1}{r}\frac{\partial E_z}{\partial r}+\frac{1}{r^2}\frac{\partial^2 E_z}{\partial\varphi^2}+\frac{\partial^2 E_z}{\partial z^2}+\varepsilon_0\mu_0\omega^2 E_z=0 \tag{8.95}$$

が得られる．この式の解 E_z を

$$E_z=R(r)\Phi(\varphi)\exp[i\omega t-i\gamma' z] \tag{8.96}$$

とおいてみる．これは z 方向に伝播定数 γ' で伝わる波動を表している．式 (8.95) に式 (8.96) を代入して，式全体を E_z/r^2 で割ると，

$$\frac{r^2}{R}\frac{\mathrm{d}^2 R}{\mathrm{d}r^2}+\frac{r}{R}\frac{\mathrm{d}R}{\mathrm{d}r}+(\varepsilon_0\mu_0\omega^2-\gamma'^2)r^2+\frac{1}{\Phi}\frac{\mathrm{d}^2\Phi}{\mathrm{d}\varphi^2}=0 \tag{8.97}$$

が得られる．この式の第 1 項から第 3 項までは r だけの関数，第 4 項は φ だけの関数である．その和が r, φ の値にかかわらずつねにゼロであるためには，それぞれの項が定数でなければならない．そこで

$$\frac{1}{\Phi}\frac{\mathrm{d}^2\Phi}{\mathrm{d}\varphi^2}=-n^2 \tag{8.98}$$

$$\frac{r^2}{R}\frac{\mathrm{d}^2 R}{\mathrm{d}r^2}+\frac{r}{R}\frac{\mathrm{d}R}{\mathrm{d}r}+(\varepsilon_0\mu_0\omega^2-\gamma'^2)r^2=n^2 \tag{8.99}$$

とおいてみる．式 (8.98) はただちに解けて

$$\Phi=\Phi_0\exp[\pm in\varphi] \tag{8.100}$$

が得られる．しかも $\Phi(\varphi)$ と $\Phi(\varphi\pm 2n\pi)$ は同じ値をもたなければならないから，n は整数である．式 (8.99) は

$$\frac{\mathrm{d}^2R}{\mathrm{d}r^2}+\frac{1}{r}\frac{\mathrm{d}R}{\mathrm{d}r}+\left(\varepsilon_0\mu_0\omega^2-\gamma'^2-\frac{n^2}{r^2}\right)R=0 \tag{8.101}$$

となるから，$\rho=\sqrt{\varepsilon_0\mu_0\omega^2-\gamma'^2}\,r$ を変数とするベッセル（Bessel）の微分方程式

$$\frac{\mathrm{d}^2R}{\mathrm{d}\rho^2}+\frac{1}{\rho}\frac{\mathrm{d}R}{\mathrm{d}\rho}+\left(1-\frac{n^2}{\rho^2}\right)R=0 \tag{8.102}$$

に帰着する．これらの微分方程式で $r=0$，したがって $\rho=0$ で有界となる解は，ベッセル関数

$$R=J_n(\sqrt{\varepsilon_0\mu_0\omega^2-\gamma'^2}\,r) \tag{8.103}$$

である．

$r=a$ の導体壁の上で $E_z=0$ となる条件

$$J_n(\sqrt{\varepsilon_0\mu_0\omega^2-\gamma'^2}\,a)=0 \tag{8.104}$$

から γ' の値がきまる．すなわち，$J_n(\rho)$ の m 番目のゼロ点を ρ_{nm} で表すと，γ' は

$$\gamma'_{nm}{}^2=\varepsilon_0\mu_0\omega^2-\frac{\rho_{nm}{}^2}{a^2} \tag{8.105}$$

となる．γ' が実数になるためには

$$\omega^2>\frac{\rho_{nm}{}^2}{\varepsilon_0\mu_0 a^2} \tag{8.106}$$

でなければならない．したがって

$$\omega_\mathrm{c}=\frac{\rho_{nm}}{\sqrt{\varepsilon_0\mu_0}\,a}\quad\text{および}\quad\lambda_\mathrm{c}=\frac{2\pi a}{\rho_{nm}} \tag{8.107}$$

が遮断周波数および遮断波長である．管内波長は

$$\frac{2\pi}{\gamma'_{nm}}=\lambda_\mathrm{g}=\frac{2\pi}{\sqrt{\varepsilon_0\mu_0\omega^2-\rho_{nm}{}^2/a^2}} \tag{8.108}$$

となる．結局 E_z は

$$E_z=E_0J_n(\sqrt{\varepsilon_0\mu_0\omega^2-\gamma'_{nm}{}^2}\,r)\exp[\pm in\varphi]\exp[-i\gamma'_{nm}z]\exp[i\omega t] \tag{8.109}$$

の形をしていることがわかる．式 (8.100) より，n は φ 方向で E_z がゼロになる点の数（node の数）を表している．また，ρ_{nm} は $J_n(\rho)$ のゼロ点であるから，m は r 方向の E_z のノードの数を表している．

電場および磁場の各成分は，式 (8.86)～(8.91) の式を用いて容易にもとめられる．TM 波の場合には $B_z=0$ であるから，式 (8.89) より

$$B_\varphi=\frac{\varepsilon_0\mu_0\omega}{\gamma'}E_r \tag{8.110}$$

となる．ただし，z に対する関数は式 (8.96) を仮定して微分を実行した．式 (8.110) を式 (8.87) へ代入すると

$$\begin{aligned} E_r&=\frac{i\gamma'}{\varepsilon_0\mu_0\omega^2-\gamma'^2}\frac{\partial E_z}{\partial r} \\ &=\frac{i\gamma'_{nm}E_0}{\sqrt{\varepsilon_0\mu_0\omega^2-\gamma'^2_{nm}}}J_n'\cdot\exp[\pm in\varphi-i\gamma'_{nm}z+i\omega t] \end{aligned} \tag{8.111}$$

が得られる．ただし，$J_n'=\partial J_n/\partial r$ を表す．同様にして，式(8.90) より

$$B_r=-\frac{\varepsilon_0\mu_0\omega}{\gamma'}E_\varphi \tag{8.112}$$

さらに，これを式 (8.86) に代入して

$$\begin{aligned} E_\varphi&=\frac{i\gamma'}{\varepsilon_0\mu_0\omega^2-\gamma'^2}\frac{1}{\gamma}\frac{\partial E_z}{\partial\varphi} \\ &=\frac{\mp n\gamma'_{nm}}{\varepsilon_0\mu_0\omega^2-\gamma'^2_{nm}}E_0\frac{1}{\gamma}J_n\cdot\exp[\pm in\varphi-i\gamma'_{nm}z+i\omega t] \end{aligned} \tag{8.113}$$

が得られる．式 (8.112) より

$$B_r=\mp\frac{\varepsilon_0\mu_0\omega n}{\varepsilon_0\mu_0\omega^2-\gamma'^2_{nm}}E_0\frac{1}{\gamma}J_n\cdot\exp[\pm in\varphi-i\gamma'_{nm}z+i\omega t] \tag{8.114}$$

式 (8.110) より

$$B_\varphi=-\frac{i\varepsilon_0\mu_0\omega}{\sqrt{\varepsilon_0\mu_0\omega^2-\gamma'^2_{nm}}}E_0J_n'\cdot\exp[\pm in\varphi-i\gamma'_{nm}z+i\omega t] \tag{8.115}$$

がもとめられる．

TEM 波

矩形導波管内あるいは円筒導波管内のマクスウェルの式 (8.53)～(8.58) あるいは式 (8.86)～(8.91) のいずれの場合にも，同時に $E_z=0$，$B_z=0$ とすると，他のすべての電磁場の成分もゼロとなって無意味な解となってしまうことがわかった．一般に導体によって囲まれた単連結な空間の場合，そのなかには完全な横波は伝播しないということができる．しかし，2つ以上の導体が存在する空間，たとえば同軸ケーブルやレッヘル線のつくる空間には，完全な

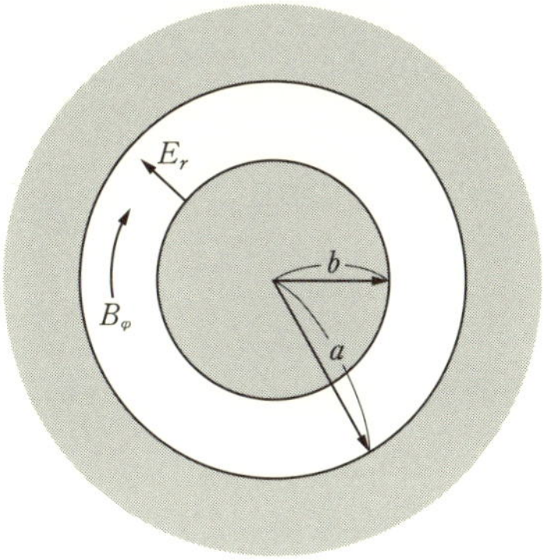

図 8.7 同心円筒導体内部空間での TEM モード

横波が存在することを示すことができる．1本の導線の外部の空間にも横波が伝播しうる．この場合には，無限遠で電磁場がゼロになるという境界条件を設定するが，これは無限遠に導体が置かれた場合と等価であるからである．TEM 波を principal mode とよぶことがある．

簡単な例として，図 8.7 に示すような同軸ケーブル内に伝播する TEM 波について調べよう．電磁波は，半径 b の円筒導体の外部，および半径 a の中空の円筒導体の内部がつくる空間を伝播する．まず，$r=b$ および $r=a$ の導体表面で，$E_t=0$，$B_n=0$ の境界条件をみたすためには，電場は E_r 成分のみ，磁場は B_φ 成分のみをもつとすればよいことがわかる．$E_\varphi=E_z=0$，$B_r=B_z=0$ とおくと，式 (8.86)〜(8.91) で意味のある式は

$$-\frac{\partial B_\varphi}{\partial z}=i\varepsilon\mu\omega E_r \tag{8.116}$$

$$\frac{\partial(rB_\varphi)}{r\partial r}=0 \tag{8.117}$$

$$\frac{\partial E_r}{\partial z}=-i\omega B_\varphi \tag{8.118}$$

$$-\frac{\partial E_r}{r\partial\varphi}=0 \tag{8.119}$$

だけとなる．式 (8.118) を式 (8.116) へ，逆に式 (8.116) を式 (8.118) へそれぞれ代入して B_φ または E_r を消去すると

$$\frac{\partial^2 E_r}{\partial z^2}=-\varepsilon\mu\omega^2 E_r \tag{8.120}$$

$$\frac{\partial^2 B_\varphi}{\partial z^2} = -\varepsilon\mu\omega^2 B_\varphi \tag{8.121}$$

が得られる．E_r, B_φ は，ともに

$$\gamma' = \pm\sqrt{\varepsilon\mu}\,\omega \tag{8.122}$$

を伝播定数として

$$\exp[i\omega t \pm i\sqrt{\varepsilon\mu}\,\omega z] \tag{8.123}$$

の形で z 方向へ伝わる波である．式(8.117) より rB_φ は r を含まず，また式(8.119) より E_r は φ を含まないことがわかる．したがって，式(8.118) より B_φ も φ を含まないことがわかる．結局

$$E_r = \sqrt{\frac{\mu}{\varepsilon}} H_0 \frac{1}{r} \exp[i\omega t \pm i\gamma' z] \tag{8.124}$$

$$B_\varphi = \mu H_0 \frac{1}{r} \exp[i\omega t \pm i\gamma' z] \tag{8.125}$$

$$E_\varphi = 0,\quad E_z = 0$$

$$B_r = 0,\quad B_z = 0$$

が境界条件およびマクスウェル方程式のすべてをみたす解であることがわかる．この場合，式(8.122) で γ' が実数であるために，ω には何の条件も必要としない．すなわち，同軸ケーブルには遮断周波数がなく，いかなる波長の電磁波も伝播できる．その伝播速度は，式(8.123) より明らかなように $1/\sqrt{\varepsilon\mu}$，すなわち２つの導体の間を占める媒質中の光速度に等しい．

同軸ケーブルの場合中心部に電磁波にとって，いわば障害物（中心軸導体）があるほうが，電磁波が伝播しやすい（波長がいくら長くても伝播する）という事実は興味深い．単連結空間では，式(8.124)，(8.125) のかたちの解は $r=0$ で発散してしまうので，実在できない．同軸ケーブルでは，中心軸導体がこの発散をうまく避けているのである．

■ 演習問題 8.1

各辺の長さが a，b，c の直方体の導体壁でかこまれた空洞共振器内にはどんな周波数の電磁波が存在できるか．

〔解　答〕

$x=0$，$x=a$，$y=0$，$y=b$，$z=0$，$z=c$ の各導体面で $\boldsymbol{E}=0$ の境界条件を満足するような波動として

$$\boldsymbol{E} = \boldsymbol{E}_0 \sin\frac{l\pi}{a}x \sin\frac{m\pi}{b}y \sin\frac{n\pi}{c}z \sin 2\pi\nu t \quad (\text{ただし，} l, m, n \text{ は整数})$$

が考えられる．これが波動方程式 (8.26) を満足するためには

$$\left(\frac{l\pi}{a}\right)^2 + \left(\frac{m\pi}{b}\right)^2 + \left(\frac{n\pi}{c}\right)^2 = \varepsilon\mu(2\pi\nu)^2$$

$$\therefore \quad \nu = \frac{1}{2\sqrt{\varepsilon\mu}}\sqrt{\frac{l^2}{a^2} + \frac{m^2}{b^2} + \frac{n^2}{c^2}}$$

がもとまる．

■ 演習問題 8.2

1 辺の長さ 5 cm の立方体の形をした銅でできた空洞共振器がある．高周波電流は skin depth δ' のところまで一様に流れていると仮定して，この共振器の Q 値のおおよその値を見積もってみよ．

解答：

導体内では高周波磁場はゼロであるが，空洞内の磁場は表面電流によってつくられている．表皮効果の深さを δ' とすると，式 (8.5) より

$$H = i\delta', \qquad \delta' = \sqrt{2/\omega\sigma\mu}$$

表面の電気抵抗は，電気伝導率を σ とすると

$$R = l/\sigma S = 1/\sigma\delta'$$

ここで l は導体壁の一辺の長さ，$S = \delta' l$ は電流の流れる断面の面積である．i は電流の面密度であるから，1 枚の表面を流れる全電流は $\boldsymbol{I} = iS = i\delta' l = Hl$ である．さて共振器の Q 値は

$$Q = \frac{\text{空洞内に貯えられている電磁エネルギー}}{\text{1周期の間に失われるエネルギー}}$$

で定義される．この式の分子は $\left(\frac{1}{2}\varepsilon E^2 + \frac{1}{2}\mu H^2\right)l^3 = \mu H^2 l^3$，また分母は面が 6 枚あることから

$$\frac{6RI^2}{\omega} = 6\left(\frac{1}{\sigma\delta'}\right)\frac{H^2 l^2}{\omega} = \frac{6H^2 l^2}{\sigma\delta'\omega}$$

である．したがって

$$Q = \frac{\mu H^2 l^3}{6H^2 l^2/\sigma\delta'\omega} = \frac{l}{3}\frac{\mu\sigma\omega}{2}\delta' = \frac{1}{3}\frac{l}{\delta'}$$

δ' の式に $\mu = 1.26\times10^{-6}\ \mathrm{H\,m^{-1}}$，$c = 3\times10^8\ \mathrm{m\,s^{-1}}$，$\sigma = 5.8\times10^7\ \Omega^{-1}\,\mathrm{m^{-1}}$ を代入すると

$$\delta' = 3.8\times10^{-6}\sqrt{\lambda}\ \mathrm{m}$$

となる．この式では電磁波の波長も [m] の単位で表す．この共振器に共振する基本波の波長は $\lambda = 2l$ であるから，これを Q の式に入れると

$$Q = \frac{l}{3\times 3.8\times 10^{-6}\sqrt{2l}} = 6.2\times 10^{4}\sqrt{l}$$

したがって，$l = 0.05$ m とすると $Q = 1.4\times 10^{4}$ という値が得られる．

索　引

サ 行

タ 行

ナ　行

ハ　行

マ　行

ヤ　行

ラ　行

ワ　行

memo

著者略歴

清水忠雄（しみずただお）

1934年　東京に生まれる
1956年　東京大学理学部物理学科卒業
1961年　東京大学大学院数物系研究科博士課程修了
　　　　理化学研究所研究員
1971年　東京大学理学部助教授
1983年　同教授
1994年　東京理科大学理学部教授
1996年　山口東京理科大学基礎工学部教授
現　在　東京大学名誉教授（理学部）
　　　　理学博士

基礎物理学シリーズ　9

電磁気学 I

—静電気学・静磁気学・電磁力学—　　定価はカバーに表示

2009年9月25日　初版第1刷

著　者　清　水　忠　雄
発行者　朝　倉　邦　造
発行所　株式会社　朝　倉　書　店
東京都新宿区新小川町 6-29
郵便番号　162-8707
電　話　03(3260)0141
FAX　03(3260)0180
http://www.asakura.co.jp

〈検印省略〉

真興社・渡辺製本

ISBN 978-4-254-13709-5　C 3342　　Printed in Japan

戸田盛和著
物理学30講シリーズ6
電磁気学30講
13636-4 C3342 A5判 216頁 本体3800円
〔内容〕電荷と静電場／電場と電荷／電荷に働く力／磁場とローレンツ力／磁場の中の運動／電気力線の応力／電磁場のエネルギー／物質中の電磁場／分極の具体例／光と電磁波／反射と透過／電磁波の散乱／種々のゲージ／ラグランジュ形式／他

前東工大 永田一清著
基礎の物理4
電磁気学
13584-8 C3342 A5判 224頁 本体3800円
工夫をこらした例題・挿図を豊富に掲げ，大学初年級学生向きにていねいに解説。〔内容〕ベクトル場の微分と積分／電荷と静電場／導体と静電場／誘電体中の静電場／電流と静磁場／磁性体中の静磁場／電磁誘導とマックスウェルの方程式

横国大 君嶋義英・横国大 藏本哲治著
基礎からわかる物理学3
電磁気学
13753-8 C3342 A5判 192頁 本体2900円
電磁気学を豊富な例題で丁寧に解説。〔内容〕電荷とクーロンの法則／静電場とガウスの法則／電位／静電エネルギー／電気双極子と誘電体／導体と静電場／定常電流／電流と静磁場／電磁誘導とインダクタンス／マクスウェル方程式と電磁波

前東工大 後藤尚久著
ポイント電磁気学
13080-5 C3042 A5判 168頁 本体2800円
高校で学ぶ範囲の数学を用いて電磁気学の根幹をクーロン力とローレンツ力で体系的に解説した画期的教科書。大学初年度学生に最適。〔内容〕電荷／電界／電流／磁荷と磁界／電荷と磁荷の相互作用／電磁誘導／電磁波／付録／演習問題詳細解答

前電通大 伊東敏雄著
朝倉物理学選書2
電磁気学
13757-6 C3342 A5判 248頁 本体2800円
基本法則からわかりにくい単位系，さまざまな電磁気現象までを平易に解説。初学者向け演習問題あり。〔内容〕歴史と意義／電荷と電場／導体／定常電流／オームの法則／静磁場／ローレンツ力／誘電体／磁性体／電磁誘導／電磁波／単位系／他

W.H.ヘイト著
山中惣之助・岡本孝太郎・宇佐美興一訳
工学系の基礎電磁気学（改訂新版）
22032-2 C3054 A5判 328頁 本体4200円
工学系の学生を対象に，ベクトル解析という手法を駆使してわかりやすく解説した電磁気学の入門書。〔内容〕クーロンの法則・電界の強さ／電束密度・ガウスの定理／エネルギー・電位／誘電体・静電容量／定常磁界／マクスウェル方程式／他

九大 岡田龍雄・九大 船木和夫著
電気電子工学シリーズ1
電磁気学
22896-0 C3354 A5判 192頁 本体2800円
学部初学年の学生のためにわかりやすく，ていねいに解説した教科書。静電気のクーロンの法則から始めて定常電流界，定常電流が作る磁界，電磁誘導の法則を記述し，その集大成としてマクスウェルの方程式へとたどり着く構成とした。

前学習院大 江沢 洋著
現代物理学
13068-3 C3042 A5判 584頁 本体7000円
理論物理学界の第一人者が，現代物理学形成の経緯を歴史的な実験装置や数値も出しながら具象的に描き出すテキスト。数式も出てくるが，その場所で丁寧に説明しているので，予備知識は不要。この一冊で力学から統一理論にまで辿りつける！

北大 新井朝雄著
現代物理数学ハンドブック
13093-5 C3042 A5判 736頁 本体18000円
辞書的に引いて役立つだけでなく，読み通しても面白いハンドブック。全21章が有機的連関を保ち，数理物理学の具体例を豊富に取り上げたモダンな書物。〔内容〕集合と代数的構造／行列論／複素解析／ベクトル空間／テンソル代数／計量ベクトル空間／ベクトル解析／距離空間／測度と積分／群と環／ヒルベルト空間／バナッハ空間／線形作用素の理論／位相空間／多様体／群の表現／リー群とリー代数／ファイバー束／超関数／確率論と汎関数積分／物理理論の数学的枠組みと基礎原理